CRAFTS MADE EASY 200 PROJECTS

居家手工饰品大百科

200 件经典作品，近 1200 种技法、工具及材料介绍，约 2000 幅彩图详解

（英）西蒙娜·希尔 编著

韩 芳 孙 慧 王晨曦 李 洁 译

河南科学技术出版社
· 郑州 ·

Original Title: Crafts Made Easy: 200 Projects

Copyright in design, text and images © Anness Publishing Limited, U.K. 2006

Copyright © Simplified Chinese translation, Henan Science & Technology Press, 2010

版权所有，翻印必究

著作权合同登记号： 图字16—2010—65

图书在版编目(CIP)数据

居家手工饰品大百科 / (英) 希尔编著；韩芳等译.—郑州：河南科
学技术出版社，2013.2

ISBN 978-7-5349-6077-2

Ⅰ.①居… Ⅱ.①希… ②韩… Ⅲ.①手工艺品—制作 Ⅳ.①TS973.5

中国版本图书馆CIP数据核字（2012）第307571号

出版发行：河南科学技术出版社
　　　　　地址：郑州市经五路66号　邮编：450002
　　　　　电话：（0371）65737028　　65788613
　　　　　网址：www.hnstp.cn
策划编辑：刘　欣
责任编辑：葛鹏程
责任校对：李淑华
封面设计：杨红科
责任印制：张艳芳
印　　刷：北京盛通印刷股份有限公司
经　　销：全国新华书店
幅面尺寸：215mm×280mm　印张：32　字数：650千字
版　　次：2013年2月第1版　2013年2月第1次印刷
定　　价：198.00元

如发现印、装质量问题，影响阅读，请与出版社联系。

目录

人类天生热爱创作，生活中没有比制作家居饰物更让人惬意的事了。本书所讲的关于制作家居饰物的基本知识、技巧和设计灵感简单易懂，便于掌握。

前言
Introduction

对于想制作饰物装点家居的人们来说，这本书可谓包罗万象，是一本名副其实的好书。书中介绍了13个大类、200款精美家居饰品的制作。本书不仅适用于初学者，也能为熟练的手工制作者提供设计灵感。

每款手工饰品都包括对其所需材料及基本技巧的解释，同时也包括对制作步骤的详细讲解，必要时还加入了图样。制作时可完全按照书上所讲的，也可加入自己的设计与创意。只要掌握了书中所讲的技巧，想制作任何家居饰品都会得心应手。

"织物装饰"一章讲解了如何在布上进行绘画、印染和蜡染，并有许多装饰桌布、床单、毛巾、被罩、灯罩以及垫子的绝妙创意。

从"丝绸绘制"一章中你能了解丝绸与颜料之间的亲密关系，学会如何将最普通的物品通过染色变成漂亮的饰物。你可以制作遮阳伞、扇子、坐垫套甚至是衣物，也可以用染色的丝绸制作相框、半透明的镶板或贺卡。

如果你想使家装更具个人风格，可以参考"巴提克蜡染"一章。防蚀蜡染法适用于棉质或丝质桌布、坐垫套、睡袍、方巾的制作，

也可用来将一块普通的材料染成漂亮的挂件。更具创意的莫过于将蜡染应用于皮革，最后制作出精美的书皮。

"织物染色"一章可以教会你用简单而又传统的方法进行织物染色，以取得不同的效果。你可以用此法设计制作绝佳的桌布、浴帘、坐垫、靠垫罩、灯罩以及眼镜袋、热水袋套、薰衣草香袋或文具套袋等家居饰品。

"丝带工艺品"一章教你怎样用丝带制作或装饰枕套、礼品盒、桌垫、灯罩、窗帘、窗帘结、衣架、针线包、晚礼包、花冠等家居饰品，

人人喜爱的珠子，可用来制作许多具有实用和装饰功能的饰品。

金属丝是一种唾手可得的材料，用作装饰品的原材料由来已久，可以制作出各式各样漂亮的饰品。

锡器曾是居家必备的材料，如今多用来作为饰品。

制作画框的灵感可来自日常所用的各种材料。

如今掌握玻璃染色技巧并非难事，而且制作起来乐趣颇多。

作为一种工艺，马赛克装饰有着持久的魅力，如今更是蔚然成风。

以及怎样用丝带编织华丽的马甲。

在"珠子工艺品"一章中，讲解了用来制作饰品或对家居用品进行装饰的串珠技巧。书中列出的饰品有：罐子盖、烛台、窗饰、靠垫和灯罩，以及各种私人物品，如小包、腰带、古色古香且可作为胸针的帽针以及其他珠子首饰。

制作珐琅饰品需要特殊的材料，并要掌握一定的技巧，但如果依照"珐琅饰品"一章的方法，你很快就能学会制作各种精致的饰物。

金属丝价格便宜，易于制作各种精致的饰品。"金属丝饰品"一章能教会你制作各种物品。蝇拍、字母衣架、烛台、花园灯、书桌饰物、餐垫以及烧烤架等都可由金属丝制成，你也可用金属丝制作支架用来盛放牙刷、擀面杖、瓶子、蔬菜以及调料等。

"锡饰品"一章讲解如何使用各种金属片、锡纸以及可循环利用的易拉罐制作工艺品。用此处所讲的方法可制作贺卡、珠宝盒、调料架、衣钩、相框、门挡、烛灯，也可制作室外用品，如鸟池、风向标、门号牌等。

通过"画框装裱"一章，你可学会怎样制作和装饰画框，使其更具独特风格。

"陶瓷彩绘"一章教会你创作出各种精致的饰品，除了颜料，其他大部分工具一般家里都有。对于想要彩绘瓷砖的朋友，这一章也有专门的说明。

玻璃是另一种较难掌握的工艺品制作材料。"玻璃彩绘"一章提供了许多灵感，你可以将普通的瓶子、花瓶、碗甚至是玻璃面的橱柜装饰成艺术品，利用染色或含铅玻

璃工艺可创作出极具装饰效果的挂件及标牌，甚至能将最普通的玻璃罐变成花园里漂亮的吊灯。

最后一章是"马赛克饰品"，是关于室内和室外的表面装饰美化，包括如何做出真正的马赛克地板。你可以使用买来的小块镶嵌地砖，但是用漂亮的碎瓷片或是玻璃片会更让人回味无穷。

无论是想制作饰品装点家居，还是作为礼物赠予他人，这本书都能满足你的要求。它能让你已掌握的手工技艺得到锻炼，也可以让你从书中得到灵感进行新的尝试。说不定你会从中发现自己深藏已久的天赋，并将其发展成新的爱好呢！

织物装饰

Decorating Fabric

　　在织物上进行绘画和印染能发挥自己的无限想象，且能将一块普通的织物变成独一无二的饰品。下面所讲的织物装饰只需稍稍具备绘画技巧即可完成，你可以简单地将颜料涂成线条，也可以用模板印出装饰图案。从清新的现代花卉图案到墨西哥风情设计，你可以自由发挥，在布片上挥洒自己的创意。

织物颜料品种繁多，有固体油性染色棒、粉末状染料，还有彩色记号笔，这些都是在织物表面进行图案设计染色的理想工具。家用的染料在进行大片织物染色时非常适用。

材料
Materials

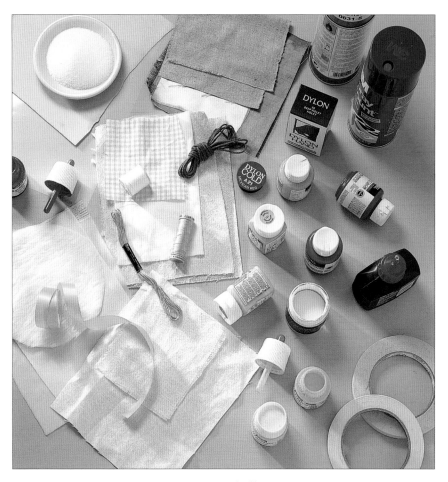

织物介质
用来使织物染料变稠。

织物染料
种类繁多，颜色持久。金属色染料有：金色、古铜色、银色。多数染料都需用热熨斗熨烫固色，使用前一定要认真阅读使用说明。也有笔状染料，可用于绘制图样，使用起来十分方便。

增稠胶或防渗剂
用来使织物染料变稠。

油画棒
状如蜡笔，可用来在不需洗涤的织物表面进行绘画，其颜色种类繁多。

粉末状染料
用于给物体染色，可与麦芽醋和麦芽糖混合使用形成传统的釉色亮光。

丝带
丝带与穗带可使织物更显华丽，可用织物胶水粘贴，也可机缝。

清漆
使用上光清漆、亚光丙烯酸清漆或聚氨酯清漆黏合地垫，刷不同清漆的刷子要分开。

丙烯染料
用于不需洗涤的大型壁挂织物或地垫织物的染色。

绣线
粗细各异，使用时可选择与织物厚度匹配的绣线。

乳胶染料
用于不需洗涤的壁挂织物或地垫织物的染色。

织物
天然材质的织物适于手绘，且品种繁多。本章中所使用的织物包括亚麻、天鹅绒、有机棉帆布以及一些精细织物，如雪纺绸、透明硬纱和预洗过的可水洗织物。

记住要保护好作品表面，在靠垫罩中间塞入薄纸板以防染料渗到另一面。

不管你要装饰一块大型的帆布地板布或是一条精致的雪纺绸围巾，都要选择合适的画笔和其他工具。大的物体需要大的工具和制作空间。

工具
Equipment

遮蔽胶带

用于暂时覆盖背景布表面的不染色区域，等染料晾干后才能揭去胶带。

针

应选用与绣线粗细匹配的针，手缝时可使用普通针。

画笔

绘制精致图案或添加细节时可使用细头画笔，大型图案可使用大号画笔。

记号笔和铅笔

软芯铅笔用来描绘图样，尖铅笔或者记号笔用来绘制边缘平直的线条。

盘子或调色盘

用于盛放颜料和调色。

直尺、标尺和卷尺

用于大型图案设计的测量。

海绵

小块天然海绵可用于绘制斑点效果，大块家用海绵可在织物上进行大面积绘制。

消失笔

多呈笔状，可用于直接在织物表面描绘图样。

碳素复写纸

用于往织物上转换图样设计。将纸的碳素面朝下放在描图纸下，用大号绣花针将两层纸扎透，使针孔紧密排列成线条状，将图样转印至织物上。

美工刀

用于剪切纸板。刀要锋利，使用时要在下方垫切割垫。

丝绸珠针（高顶图画钉）

将织物拉紧平铺于木框上后，可用珠针固定。

缝纫珠针

用于将布片暂时固定在一起。

织物胶水

用于将丝带或穗带粘于不需洗涤的织物上。使用时要小心，否则会污染织物。

不同的染色工具在不同的织物上可绘出不同的效果，染料的流畅性也会影响染色效果，开始绘制之前要使用新工具进行试验。

织物染色技巧
Fabric Techniques

染色效果　　要想在织物上染色，不一定非要使用画笔，手指、海绵、破布、棉团或牙刷都是很好的染色工具。

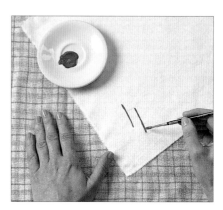

用小块天然海绵轻轻在织物上绘制斑点效果。海绵中吸取的染料多少决定染色效果。

用大块家用海绵可在织物上进行大面积染色。

细头画笔在绘制精致图案或添加细节图案时是理想的工具。

在湿润织物上染色会形成晕染效果，图案边缘会形成柔和的羽状。

用大号刷子小心染色会形成浅浅的间隙纹路，先垂直染色、再水平染色就会形成网状图案。

要想形成淡淡的斑点效果，可将牙刷在染料中蘸一下，甩掉多余的染料，用大拇指拨动牙刷毛表面进行染色。

水洗法染色

水洗法染色适用于大面积背景染色，各种染料相互渗延会形成出其不意的效果。

1 将织物进行洗涤以去除表面的浆层。水溶性染料可直接用画笔涂于湿布上，水分会帮助染料渗延形成随意的艺术效果，这种方法会使染料变淡。也可将几种染料同时应用于干的织物，涂下一种染料时不必等上一种染料完全干透，不同的染料会在织物表面互相渗延。

2 找一支与所绘图案比例适合的画笔，蘸上染料，在织物上涂色。

3 在前一种染料边缘直接涂下一种染料，允许两种染料互渗。

绣花绷子的使用

在小范围内染色时，为了取得最佳效果，要将织物拉展。此时，木制的绣花绷子是最常用的工具。

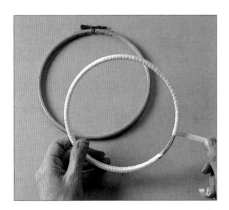

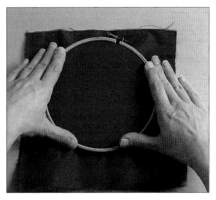

1 为了保护织物，可用5mm宽的缝边带绕绷子内圈缠好，再将带子的毛边折进绷子内圈，然后缝好固定。

如果使用绷子给织物染色，可用遮蔽胶带将绷子内圈缠上一周，以免染料污染绷子。

2 去掉绷子外圈，将需染色的部分正面朝上放在绷子内圈上。稍微松开绷子，放好绷子外圈，然后使劲按下绷子，使织物牢固地夹在绷子上，织物四面被拉紧展平，然后用螺丝刀将绷子外圈螺钉拧紧，使织物平展。

遮蔽胶带的使用

在织物上贴上遮蔽胶带可防止颜料渗入不需染色的区域。

将遮蔽胶带拉紧粘贴在干的织物上，确保胶带上没有缝隙，否则染料会渗入织物，同时还要确保胶带与织物之间没有缝隙，否则染料会渗入胶带下的织物。在去除胶带前要确保染料晾干。

橡胶转印模具和蜡印材料在许多手工商店或百货店都能买到，但是按照下面的技巧你可以简便地制作专属自己的模具。

转印和蜡印
Stamps and Stencils

泡沫塑料（聚苯乙烯）

泡沫塑料易于雕刻，且边缘整洁，在雕刻之前多覆上硬纸板。

需要准备
✂ 约1cm厚的泡沫塑料板
✂ 与泡沫塑料板同厚度的硬纸板
✂ 木工用胶水或PVA（聚乙烯醇）胶（白色）
✂ 记号笔
✂ 美工刀

1 将泡沫塑料板与硬纸板用木工用胶水或PVA胶粘在一起，不用等胶水变干就可以用记号笔在上面绘出图案。注意：印出的图案与模板上的图案正好相反。

2 用锋利的美工刀雕刻出图案的轮廓。在胶水变干前就开始雕刻，可以较容易地将泡沫塑料板与硬纸板分离，并将多余的泡沫塑料板随时清除干净。

3 用美工刀在泡沫塑料板上进行浅的有棱角的雕刻，以突出图案细节。进行细节雕刻时要用一把新的锋利的美工刀，避免不小心将连接部分的图案刻掉。

土豆模具

这种转印模具的用法我们做小学生的时候都学过，虽然简单但不容小觑，因为土豆模具在织物印染方面效果独特。

需要准备
✂ 中等大小、未经加工的土豆
✂ 锋利的水果刀
✂ 细记号笔
✂ 美工刀

1 用锋利的水果刀从土豆正中间切开，这样可以使转印模具的表面光滑。

2 用细记号笔在土豆的切面上进行绘制，注意绘制的图案与印好的图案正好相反。

3 用美工刀雕刻出图案的轮廓，然后将背景部分挖去，再雕刻出图案的细节。

泡沫模具

高密度的泡沫，如优质的室内装潢泡沫尤其适用。泡沫形状各异，因此去专业的泡沫经销店能给你绘制新的图样带来灵感。

需要准备
✂ 泡沫
✂ 与泡沫大小一致的硬纸板
✂ 木工用胶水或 PVA 胶（白色）
✂ 记号笔
✂ 直尺
✂ 美工刀
✂ 小木块

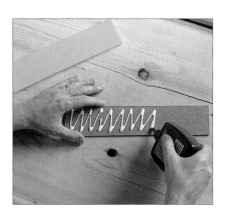

1 将泡沫与硬纸板用木工用胶水或 PVA 胶粘在一起，不用等胶水变干就可以用记号笔和直尺在上面绘出图案。

2 用美工刀刻出图案轮廓，用木工用胶水或 PVA 胶将小木块粘在泡沫背后中央制成把手，放至完全干燥。

油毡模具

用油毡雕刻工具雕刻油毡块非常方便。看到自己创作出来的复杂的装饰图案，你会非常开心的。

需要准备
✂ 描图纸和铅笔
✂ 油毡块
✂ 复写纸
✂ 遮蔽胶带
✂ 细铅笔
✂ 美工刀
✂ 油毡雕刻工具——
　 U 形刻刀和 V 形凿

2 拿掉复写纸，用美工刀刻出轮廓。雕刻细节或直线时用浅的带棱角的雕刻手法，从两面开始雕刻，然后挖去 V 形部分。

3 用油毡雕刻工具雕刻剩余的图案——先用刻刀挖去大的背景部分，然后用凿子刻出细节曲线，其间要握紧油毡块不使其移动。

1 描下与油毡块大小一致的图案，在描图纸与油毡块之间夹一张复写纸，然后用遮蔽胶带将四边贴好，用细铅笔画出图案的轮廓，描绘的图案就会出现在油毡块上。

转印模具设计摆放

用已经制好的模具摆出千差万别的图案，能给手工印制织物带来非同一般的艺术效果。

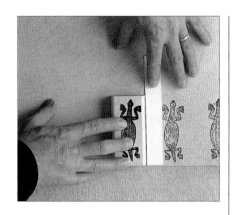

排型图案

要想创作出整齐、规则的成排图案，安排好图案间隙至关重要。定好图案间隙后就可以剪出所需宽度的纸条，另剪出一个纸条来测量每一排之间的距离。每次印好一个图案后，将纸条贴着图案的一边，另一边贴着转印模具的一边，用三角板检查四角是否对齐。

Z 形图案

将转印模具以一定角度摆放会使图案妙趣横生。先进行印染，然后将模具翻转再进行印染，使图案与织物的下边缘对齐，或与画粉、直尺标出的直线对齐。

剪纸图案

为了帮助你更直观地了解连续的图案效果，你可以在纸上连续印出模具上的图案，将纸剪下，按自己的意愿摆放直至满意，如有必要可用遮蔽胶带粘贴。

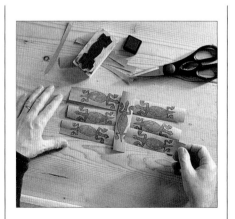

大型图案

通常转印模具都很小，但是你可以重复使用小的模具创作出大型图案。如图所示，将剪纸图案试着摆成螺旋形、圆形或三角形，以取得形态各异的效果。

不规则图案

如果你的设计图案不适宜进行规则摆放，可先在纸上进行排列试验，剪出纸片来测量图案之间的空隙，用于给成品图案定位。

蜡印

在手工用品商店，各种蜡印设计图案应有尽有，不过自己设计也很简单。用于蜡印的织物颜料应具有乳脂黏稠度。

需要准备

- ✂ 纸和铅笔
- ✂ 描图纸（非必需）
- ✂ 细记号笔
- ✂ 蜡印板、聚酯薄膜或蜡印醋酸纸
- ✂ 美工刀和切割垫
- ✂ 喷胶
- ✂ 织物颜料
- ✂ 蜡印刷或小块海绵
- ✂ 熨斗

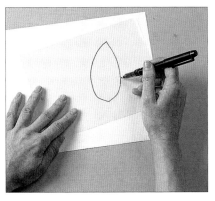

1 在纸上随意手绘出图案，也可从书后描下图样，用细记号笔将图样描在蜡印板、聚酯薄膜或蜡印醋酸纸上。

2 用美工刀在切割垫上将图案裁出，有时需要多裁几张以便形成组合图案或形成不同色彩。

3 在蜡印纸背面喷胶使其固定在织物表面。

4 去除蜡印刷上多余的颜料，然后垂直握住蜡印刷慢慢涂颜料，形成想要的色彩。如果使用的是海绵，则蘸了颜料后可先在纸上或多余的织物上涂一下，然后轻轻移动绘制。涂颜料时要分外小心。

5 小心去除蜡印纸，等颜料晾干，依照使用说明固色。重复第3步，将另一片蜡印纸覆盖在已经染色的区域。重复第4步，去除蜡印纸，晾干。

在靠垫正面可以画上热情洋溢的圆点、圆圈或旋涡状图案，然后简单地缝几针并缀上扣子形成色彩上的对比，最后在背面缀一排扣子即可。

波尔卡圆点靠垫
Polka Dot Cushion

需要准备

- ✂ 剪刀
- ✂ 40cm×90cm 白色亚麻布
- ✂ 30cm×90cm 彩色亚麻布
- ✂ 缝纫珠针
- ✂ 缝纫机
- ✂ 与织物匹配的缝纫线
- ✂ 各色织物颜料
- ✂ 调色盘
- ✂ 中号画笔
- ✂ 熨斗
- ✂ 绣线
- ✂ 绣花针
- ✂ 各种彩色扣子
- ✂ 200cm×4cm 与亚麻布色彩对比强烈的织物，用作滚边
- ✂ 2m 长的滚边绳
- ✂ 疏缝线
- ✂ 搭扣
- ✂ 靠垫芯（与靠垫大小匹配）

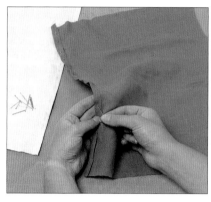

1 剪出一块 40cm 见方的白色亚麻布作为靠垫的前片，另剪出一块 41cm×30cm 的长方形作为后片，彩色亚麻布也剪出一块 41cm×30cm 的长方形作为后片。在每个后片上折出 1cm 折边，用珠针固定，然后疏缝，最后机缝固定。

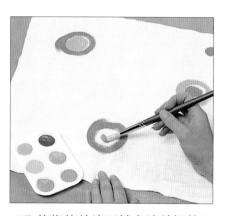

2 将靠垫前片平铺在遮盖好的平面上，用织物颜料和画笔随意手绘出圆点、圆圈和旋涡图案。每种颜料画完后都要先晾干，以免颜料互相渗延而变色。晾干后依照使用说明固色。

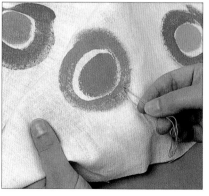

3 用与颜料色彩对比鲜明的绣线平针绣，绣出圆圈来装饰画好的图案。

4 在每个圆圈中间缀上一颗不同颜色的扣子。

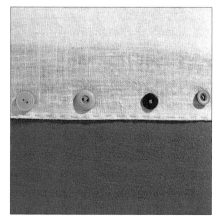

左图：靠垫背面缀上不同大小的浅色扣子，完成装饰。

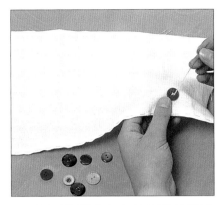 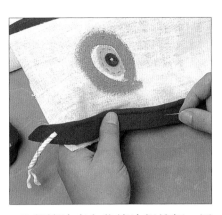 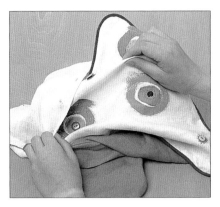

5 用绣线沿白色靠垫后片的折边平针缝，在针迹上方缀上一排扣子。

6 将滚边布包住滚边绳缝好，用珠针将缝好的滚边钉在靠垫的正面，使其与毛边对齐，将靠垫两片后片朝前正面相对。

7 以锁边缝紧挨滚边缝制，将靠垫罩正面翻出，在返口处缝上搭扣，装入靠垫芯。

欧洲移民将涂漆地垫作为家居饰品引入美国。艺术品店出售各种尺寸的未涂漆帆布，可买来自己涂漆。

星条图案地垫

Stars-and-stripes Floorcloth

需要准备

- ✂ 天然色绘画帆布
- ✂ 直尺和铅笔
- ✂ 美工刀和切割垫
- ✂ 5cm 宽的双面胶
- ✂ 白色丙烯酸漆（非必需）
- ✂ 中号装饰用刷子
- ✂ 遮蔽胶带
- ✂ 鲜红色、深蓝色和白色丙烯酸漆
- ✂ 盘子
- ✂ 描图纸
- ✂ 喷胶
- ✂ 蜡印板
- ✂ 蜡印刷
- ✂ 清漆或古色亚光聚氨酯漆
- ✂ 漆刷

1 在帆布背面四边画出 10cm 宽的边缘，用美工刀在四角画出对角线，沿画线处粘上双面胶，揭去背面，将毛边内折形成平整的边。

2 如果帆布未上漆，可刷上两层丙烯酸漆，每刷一层都需晾干。使用铅笔和直尺，沿帆布的长边画出 7.5cm 宽的长条，每一个长条的两边都贴上遮蔽胶带。

3 用鲜红色丙烯酸漆每隔两条胶带刷一层漆。

4 待漆晾干后揭去遮蔽胶带。

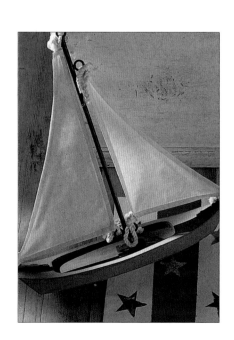

5 从书后所附图样上描下星星图案，根据需要放大。在纸背面喷少许胶，然后将其粘在蜡印板上，用美工刀小心裁出星星图案。

6 将蜡印板放在白色条纹上，从距地垫两端 5cm 处开始，使用蜡印刷蘸上深蓝色丙烯酸漆从星星的尖端开始涂。记得擦去蜡印板背面的漆，以免污染图案。星星之间相隔 10cm。

7 在鲜红色条纹上用白色丙烯酸漆以同样方法绘制图案，使白色星星处于深蓝色星星的中间位置。图案至少上三层漆，古色亚光聚氨酯漆会使亮色更显柔和。

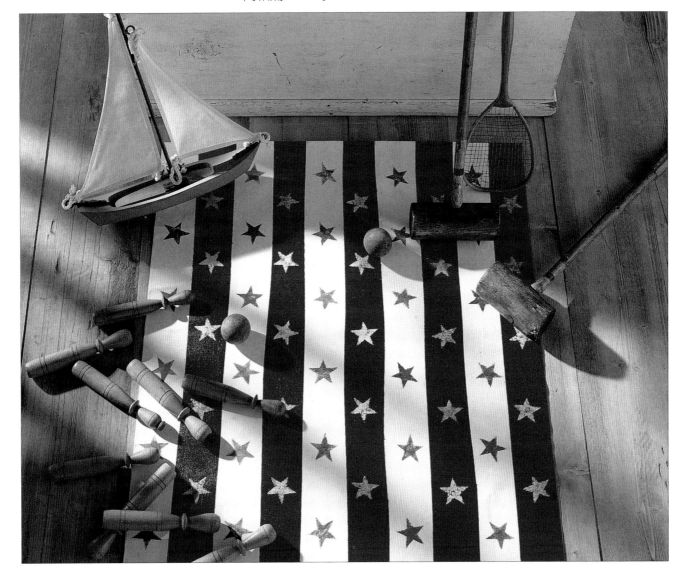

在沙发罩上随意手绘出绚丽的色彩，使花盆图案各不相同，显示出原创的艺术魅力。通过机缝和手缝的简单装饰，它的织纹效果会更加突出。

花盆图案沙发罩
Flowerpot Throw

需要准备

✂ 纸和铅笔
✂ 画粉
✂ 大块厚棉布
✂ 纸板
✂ 深蓝色、浅蓝色、橄榄绿色、粉色、红色和浅紫色织物颜料
✂ 调色盘和海绵
✂ 宽遮蔽胶带
✂ 中号画笔
✂ 缝纫机
✂ 缝纫线
✂ 与织物颜色对比鲜明的绣线
✂ 绣花针
✂ 熨斗

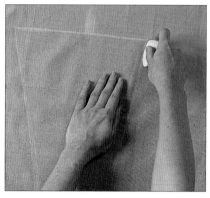

1 先在白纸上绘制图样，然后根据沙发垫的长度决定需要多少花盆图案，接着用画粉在织物上画出一个大而简单的花盆形状；也可以用纸剪出花盆的形状，然后沿纸的四周画下花盆图案。灵活控制花盆的摆放角度，使其显得活泼。

2 先在织物下面垫一张纸板以保护工作台，再在调色盘中倒入织物颜料，按要求稀释，然后用海绵蘸取深蓝色织物颜料给花盆着色，小心勿使颜料溅到花盆轮廓外。

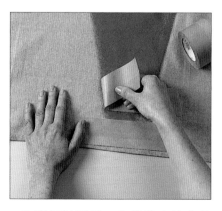

3 等颜料干后，在花盆上粘上几条遮蔽胶带，以显示花盆上的条纹，条纹不需要互相平行。

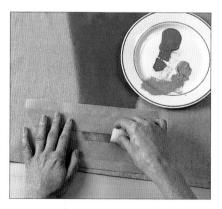

4 用小块海绵蘸取浅蓝色织物颜料在遮蔽胶带之间着色，晾干后小心揭去遮蔽胶带。

5 用画笔画出一条垂直的橄榄绿色直线作为花茎，然后用同样的颜色手绘一些叶子。

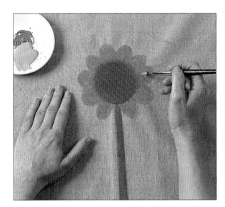

6 用红色、粉色或浅紫色织物颜料给花心着色，再给花瓣着色，让颜料完全晾干。

7 为了使图案更加鲜明，用与图案色彩相配的绣线，通过机缝装饰花盆。

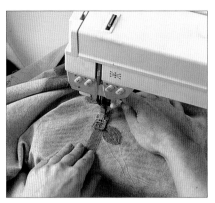

8 在花茎和叶子上机缝出细节，以同样方法绕花瓣走针。

9 用与花朵颜色对比鲜明的绣线在花朵中心手绣法国结粒绣，并以同样方法给织物上所有花都绣上花蕊。花盆的角度要各不相同。

10 在沙发罩四周熨烫出两层窄的折边，用粗绣线或多股绣线穿针，以大针迹沿折边用平针缝固定。

不起眼的土豆是制作印染工具价廉物美的材料。土豆切开后会渗出淀粉液，这些液体与墨水混合呈半透明状。可用土豆印染一套与新桌布配套的餐巾。

土豆印染桌布
Potato-printed Tablecloth

需要准备

- ✄ 旧毯子
- ✄ 图钉
- ✄ 与餐桌配套的白色纯棉织物（预洗并熨烫）
- ✄ 中等大小的新鲜土豆
- ✄ 锋利的水果刀
- ✄ 砧板和美工刀
- ✄ 小号画笔
- ✄ 纸
- ✄ 绿色水基印墨（可用红、黄、蓝三原色调制）
- ✄ 玻璃片（非必需）
- ✄ 调色刀（非必需）
- ✄ 小号光面滚筒
- ✄ 针或缝纫机及匹配的缝纫线
- ✄ 熨斗

1 将毯子用图钉钉在工作台表面，在上面铺好棉桌布，用锋利的水果刀将放在砧板上的土豆从中间切开，动作要平缓，使横切面光滑。

2 在纸上练习三叶草的画法，手绘出图案，熟练后再用印墨在土豆上绘制。

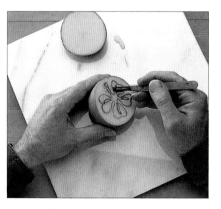

3 用美工刀在土豆上刻出轮廓，将不需要的土豆挖去5mm深。

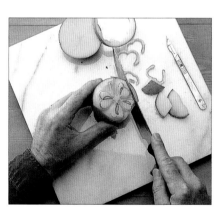

4 用水果刀将土豆修整成正方形，然后在土豆四周刻出沟槽，深约为土豆印模的一半，以便手握。

5 如果使用三原色，先用黄色和蓝色调出绿色，然后再将两份绿色和一份蓝色、四分之一份红色混合。

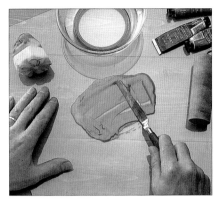

6 将颜料在玻璃片上用调色刀完全混合，使其颜色一致。

7 将小号滚筒在颜料里滚动，直到滚筒完全蘸上颜料。

8 在土豆印模上均匀涂抹颜料。

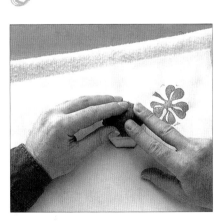

9 在桌布上随意转印，每印两个图案就在土豆印模上再上一次颜料，使色彩浓度有所变化。晾干后依照使用说明用干熨斗中温熨烫固色，将毛边手缝或机缝好。

用油画棒在灯罩上手绘出彩色条纹，可以使一盏普通的台灯顿时充满生气，然后再给灯罩下边缘装饰上大绒球，就可使台灯旧貌换新颜了。

条纹绒球灯罩
Striped Pompom Lampshade

需要准备

- ✂ 铅笔
- ✂ 白色灯罩
- ✂ 油画棒
- ✂ 纸板
- ✂ 圆规
- ✂ 剪刀
- ✂ 五种颜色的棉线团
- ✂ 5mm 宽的各种丝带
- ✂ 大号针
- ✂ 釉彩
- ✂ 细头或中号画笔
- ✂ 白色陶瓷灯座

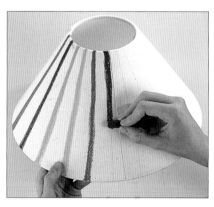

1 用铅笔沿灯罩的上边缘到下边缘画 20 条线，使这些线条在下边缘均匀分布。用不同色的油画棒在铅笔印上画粗线，放置至少 24h（小时）晾干。

2 制作绒球时，在一块纸板上画出两个直径为 6.5cm 的圆形，再在每个圆形中间画一个直径为 2.5cm 的圆形。沿外面和里面的圆的四周剪下，将两个圆环并在一起，用棉线缠在圆环上直至将中间的空填满。

3 将剪刀的一边插入两片纸板中间，将棉线剪断，并用丝带将棉线中心系紧固定。从圆孔的一端将绒球拉出，去掉纸板，使绒球蓬松，用不同颜色的线做 10 个绒球。

4 用大号针在灯罩的下边缘间隔地与条纹对应扎出一排孔，将扎住绒球的丝带一端从外面穿过针孔并打结，用釉彩在灯座上画出条纹，晾干。

这种墨西哥风情漆染的餐具垫，图案粗犷，是用模具蘸取浅色墨汁转印在深色织物上，形成醒目的效果，再以交织的缎带将图案分隔成网状而完成制作的。

墨西哥风情餐具垫

Mexican Motif Place Mats

需要准备
✂ 直尺
✂ 剪刀
✂ 150cm×70cm 平纹棉布
✂ 锥子
✂ 描图纸和铅笔
✂ 油毡
✂ 油毡雕刻工具
✂ 复写纸
✂ 中号画笔
✂ 米色织物颜料
✂ 纸
✂ 180cm×1cm 的缎带（两种颜色）

1 顺着织物的纹理将织物剪成六个长方形，每片规格为 50cm×35cm，将每片布四边的线抽出制成 1.5cm 长的流苏，用锥子和剪刀从距每个短边 2.5cm 处挑出 1.5cm 宽的垂直线条，然后从垂线的中心挑出两条 6.5cm 长的线。

2 依照第 1 步的方法，从餐具垫顶部、中心和底边挑出水平线条，在水平线条与垂直线条交叉处会形成一个正方形。从书后所附图样上描下图案，将油毡切成大小合适的方块，用复写纸和铅笔将图案转印至油毡。

3 用细的 V 形油毡刻刀小心刻出图案的轮廓，再用宽些的 U 形刻刀刻去多余的部分。将模具蘸上颜料在纸上试验几次，然后用画笔蘸上少许织物颜料涂在凸起的图案上，将上色的印模用力按压在餐具垫上。

4 移动印模，重复印制图案，直至将所有的正方形填满。晾干后，用锥子将缎带穿入已经挑去线的部分，整理每条缎带的末端使其平整。

用直尺和铅笔画出简单的水平线条，这些线条能够形成独特的现代图案的基础。用三种不同的色彩着色能为图案增色不少。

木块印染椅垫
Block-printed Chair Pad

需要准备

- 棉布椅垫
- 大剪刀
- 记号笔
- 纸板
- 报纸
- 铅笔
- 直尺
- 聚苯乙烯颜料盒
- 羊毛毯子
- 塑料匙
- 塑料手套
- 黄色、绿色和蓝色织物颜料
- 2cm 见方的木块
- 细头画笔
- 熨斗

1 将坐垫芯从坐垫套里取出，剪出一块纸板使其正好能装入坐垫套。将纸板放在折叠好的报纸上，沿纸板四周画线，然后沿此线向内缩5mm剪下，剪出两片报纸分别作为椅垫的正反面，并将剪好的一片报纸塞入坐垫套，使其处于纸板之上。

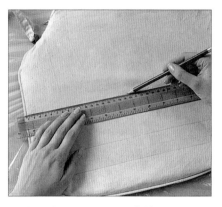

2 用直尺和铅笔沿坐垫套轻画出水平线作为印染时的参照线，线与线之间的宽度以直尺的宽度为准，也可以根据自己的喜好画成对角线。

3 将一块毯子衬在聚苯乙烯颜料盒里作为颜料垫，戴上塑料手套，用塑料匙盛少许织物颜料倒在颜料垫上。重新合上颜料瓶的盖子以防颜料变干。

4 在多余的织物上先做试验。首先将木块浸入每种颜料，使颜色在木块上融为一体，然后在织物上用力按压转印。可以印两个图案之后再给木块上色。

5 从椅垫的中间开始向下印出水平线，可参照事先画出的水平线使印出的方块呈一条直线。

6 当坐垫套的一面上已印满半面时，将坐垫套转过来继续将剩下的一半印完。可使用不同的色彩以达到多变的艺术效果。

7 用细头画笔重新给坐垫的边缘和滚边上色，颜色与前面所调制的相同。将坐垫带子的一面也以同样方法上色。放置48h晾干。

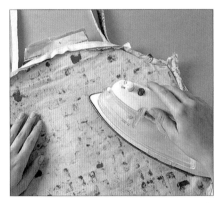

8 将坐垫套里的东西去除，把坐垫套里面向外翻出，塞入纸板，熨烫固色，再将填充的纸板取出，正面翻出。

9 将坐垫翻过来，重新塞入纸板和废报纸。在另一面画出平行线，重复之前的印制，带子也以同样的方法上色，最后将其晾干并熨烫固色。

清新的黄色格子底纹很好地突出了用海绵转印出的马和小马驹，格子花纹能够让你精准把握图案的位置和间距。

海绵转印格子床单

Sponge-printed Gingham Bed Linen

需要准备

✂ 描图纸和钢笔
✂ 喷胶
✂ 24cm×24cm 薄纸板
✂ 剪刀
✂ 24cm×24cm 高密度海绵
✂ 圆珠笔
✂ 熨斗
✂ 2.1m 长、0.9m 宽的黄色格子织物
✂ 汤匙
✂ 基础介质
✂ 红色、深蓝色、翠绿色和白色织物颜料
✂ 毛长 2cm 的涂料刷
✂ 细头和中号画笔
✂ 平滑的白色单人床单
✂ 缝纫珠针
✂ 缝纫机
✂ 白色缝纫线
✂ 白色枕套

1 从书后所附图样上将马和小马驹描下来，用喷胶将描图纸粘在一块纸板上，待胶晾干，剪下纸板上的图案。

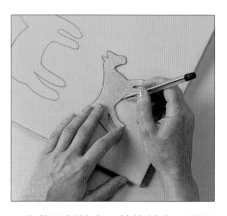

2 将图板放在一块海绵上，用圆珠笔画出轮廓，然后剪出图案。熨平黄色格子织物，剪出 21cm 宽的布条，每条布多出 3cm 作为缝份，给枕头套剪的布条为 21cm（已包括缝份）。

3 将一勺基础介质倒入红色、深蓝色和翠绿色颜料中，浅蓝色可由白色和深蓝色混合得出。用涂料刷蘸取红色颜料将海绵小马驹的一面涂色，因海绵会吸收颜料，因此要多刷几次，直至颜料在海绵表面略有渗出。

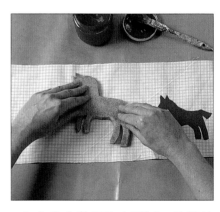

4 在多余的织物上测试，将马的后蹄放置在离下边缘 3cm 处，使马的前蹄上扬，平稳地按压海绵。熟练后，用海绵将剪出的布条从一端开始印上图案，注意交叉印出马和小马驹的图案，晾干。

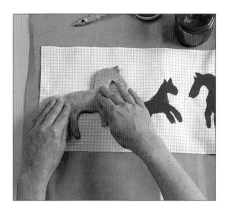

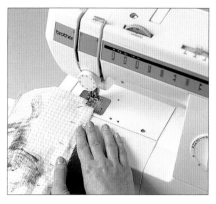

5 枕套上的布条，首先印上马和小马驹，然后洗净海绵挤干水，待海绵晾干，以同样的方法在海绵的另一面涂上红色颜料，使印上的马与前面印的马相对，晾干。

6 用细头画笔蘸取翠绿色颜料，在每匹马之间画上几笔作为青草，晾干。用浅蓝色画出马蹄和马鬃，再在尾巴上画一笔，晾几个小时。依照使用说明在布的背面用干熨斗中温熨烫固色。

7 将印好的布条和枕套在底边和侧边折出1.5cm的折边。将布条侧边用珠针固定在床单的反面，两边钉好，在距边缘1.5cm处走针。将开口熨烫好，将印好的格子边翻过来，熨平。

8 将格子布的底边和侧边钉在床单的上边缘，沿上边缘、底边和侧边压明线缝制。沿枕套熨烫出1.5cm的缝份，将装饰枕套的格子布正面朝上放在开口边上，四边钉牢，将格子布的折边与枕套的折边重合，紧挨折边压明线缝制，以免影响装入枕芯。

用树叶图案装饰系带椅垫，可先将图案描在油毡上，再将油毡覆在木块上，然后随意印出树叶图案，也可用画粉事先将图案画出。

油毡印制树叶图案
Lino-printed Leaves

需要准备

- ✂ 软芯铅笔和纸
- ✂ 描图纸
- ✂ 油毡
- ✂ 油毡雕刻工具
- ✂ 木块
- ✂ 手锯
- ✂ 锤子和钉子
- ✂ 强力胶
- ✂ 剪刀
- ✂ 预洗过的丝绸
- ✂ 卷尺
- ✂ 熨斗
- ✂ 遮蔽胶带
- ✂ 吸水布
- ✂ 缝纫珠针
- ✂ 三种颜色的不透明熨烫固定型织物颜料
- ✂ 调色盘或分隔盘
- ✂ 中号画笔
- ✂ 丝带
- ✂ 缝纫机
- ✂ 与织物匹配的缝纫线
- ✂ 尺寸合适的衬垫芯
- ✂ 针

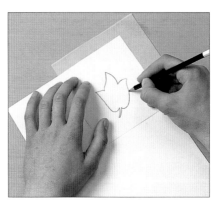

1 将书后图样上的树叶图案描在一张纸上，再转印到油毡上，每个图案用一块油毡。具体方法是：将描图纸正面朝上盖在油毡上，用软芯铅笔在描图纸上涂画。如果线条模糊，可用铅笔再描一遍。

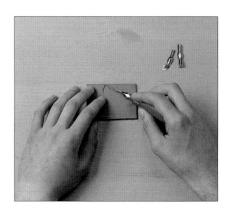

2 用油毡雕刻工具将不需要的部分刻去，刻出一块与图案尺寸相符的木块，如需要，可用钉子在木块后钉一块小木块作为把手。用强力胶将刻好的油毡粘在木块的平面上。用同样的方法做出几块不同图案的印模。

3 剪出两块与椅面尺寸相符的丝绸，四边多出2.5cm作为缝份。将一片丝绸洗净，趁湿用熨斗熨平，在工作台上贴一块吸水布，再将丝绸钉在上面。

4 调和颜料，用画笔给第一个印模上色，用力在丝绸上印出图案。用不同颜色和不同的印模印出图案，晾干。拿掉丝绸，依照使用说明熨烫固色。

5 将前后两片丝绸正面相对用珠针固定在一起，在后片的边缘里面缝上丝带。沿四周缝合，留出返口，将正面翻出，折出缝份钉好，手缝缝合返口。

用蜡印和海绵转印装饰被罩是不错的选择。海绵绘制出的亮色图案能呈现轻松惬意的效果，而蜡印则能刻画线条，使图案栩栩如生。

夏凉被被罩
Summery Duvet Cover

需要准备

- ✂ 吸水布
- ✂ 预洗过的浅色棉被罩
- ✂ 拆线刀
- ✂ 缝纫珠针
- ✂ 熨斗
- ✂ 描图纸和铅笔
- ✂ 聚酯薄膜或蜡纸
- ✂ 记号笔
- ✂ 美工刀和切割垫
- ✂ 画粉
- ✂ 线绳
- ✂ 直尺
- ✂ 各种浅色织物颜料
- ✂ 盘子
- ✂ 家用海绵
- ✂ 喷胶
- ✂ 小块海绵或蜡印刷
- ✂ 缝纫机
- ✂ 与织物匹配的缝纫线

1 用吸水布覆盖工作台，小心拆开被罩边，然后将其展开成大块的长方形。将下面半片卷起并钉好，以免影响绘制，将需要绘制的上面半片熨平。

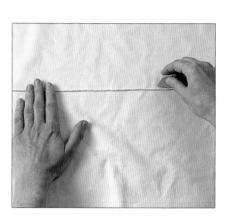

2 将书后所附图样放大至所需尺寸，用记号笔将其转印至聚酯薄膜或蜡纸上，用美工刀在切割垫上裁出蜡印纸。

3 用画粉在被罩边上绘制条纹，便于蜡印作画，并标出每条条纹的中心点。将一条拉直的线绳从被罩的一边拉到另一边钉好，用直尺比对着画出直线。

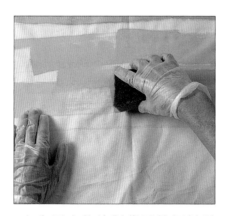

4 先用水将绘制背景的颜料稀释，再用海绵蘸取颜料填涂条纹，填涂完一条并晾干后，再继续填涂下一条。在织物还湿润时不要移动它，以免颜色渗延。整个被罩涂色之后晾干，依照使用说明用干熨斗中温熨烫固色。

5 将喷胶喷在蜡纸上，将其放在条纹的中间，用海绵或蜡印刷蘸取对比强烈的色彩着色，小心去除蜡纸。

 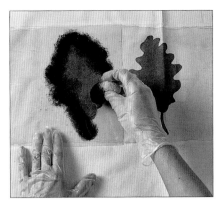 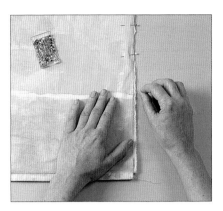

6 继续沿条纹绘制图案，使图案均匀分布。将蜡纸从织物上去除后，再去除多余的颜料，防止其向织物其他地方渗延。

7 使颜料融合，以增强图案的质感。蜡印结束后晾干，依照使用说明用干熨斗熨烫固色，并用熨斗熨烫织物背面。

8 用缝纫珠针固定缝边，然后机缝好缝边，修饰被罩。洗涤被罩时要依照说明，控制水温，轻揉轻搓。

在棉质织物上印出一条悠然的小船,再用简单的针迹加以装饰,然后将其拼贴在擦手毛巾上,能给洗手间增色不少。

泡沫印染小船图案毛巾
Foam-printed Boat Towel

需要准备

- 高密度海绵
- 装饰用泡沫
- 美工刀和切割垫
- 金属直尺
- 硬纸板
- PVA 胶(白色)
- 纸
- 剪刀
- 记号笔
- 浅色平纹棉布
- 遮蔽胶带
- 织物颜料
- 盘子或调色盘
- 画笔
- 绣花绷子
- 熨斗
- 绣线
- 绣花针
- 缝纫珠针
- 擦手毛巾
- 8 颗珍珠扣子

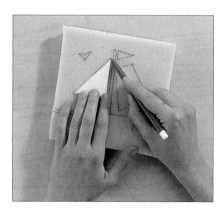

1 剪出一块 15cm 见方和一块 15cm×5cm 的长方形海绵制作印模,为每块海绵剪一块硬纸板,然后粘上海绵。将书后所附图样放大到所需尺寸,然后剪下来,用记号笔将帆船和水波的图案画在正方形的海绵上。

2 用美工刀和金属直尺小心切去多余的海绵。以同样的方法在长方形海绵上制作印模,小心刻出水波以便与小船契合。剪一块 17cm 见方的棉布,将其展平粘在工作台上。

3 为小船印模上色,在织物中间印制,拿掉印模,晾干。为水波印模上色,在第一组水波之间印制,再为水波印模上色,在距下边缘 1cm 处印制,使图案与下边缘平行。在水波上 45° 角处印上小鸟图案,晾干。

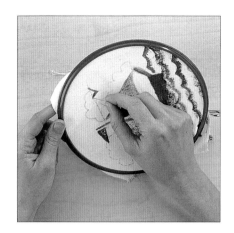

4 依照使用说明，用干熨斗在织物背面中温熨烫固色。将印好的织物卡进绣花绷子，用平针绣绣出云彩及帆船的细节。

5 将织物的四边下折放置在毛巾中间，用毯边锁缝针法固定。

6 在织物四个角以及每个边的中间分别缀上一颗珍珠扣子。

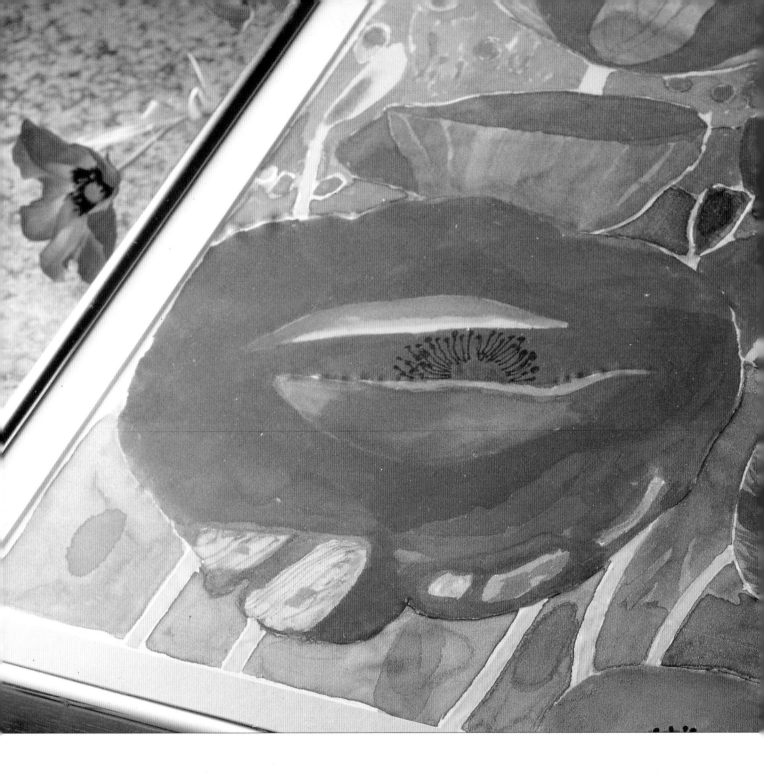

丝绸绘制

Silk Painting

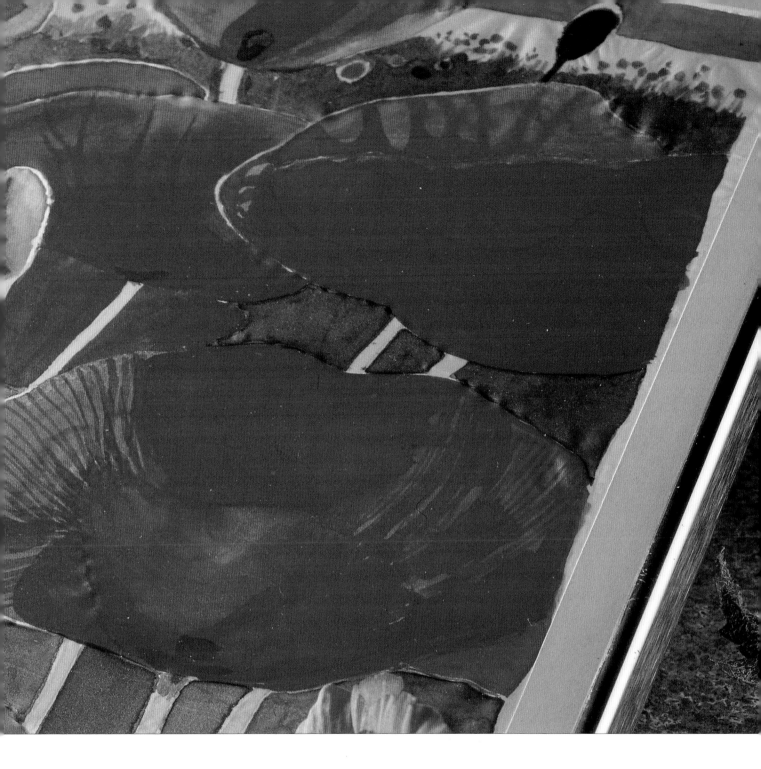

丝绸是一种理想的绘制织物，它可以很好地吸收颜料和染料，现在更有一些特殊的透明颜料可用来绘制美丽清晰的图案。绘制前可以用古塔胶画出轮廓防止颜料渗延，然后沿设计好的花形进行绘制，也可辅以特殊材料（如盐或漂白剂）来形成抽象的效果，这种工艺可用来制作漂亮的坐垫、沙发罩、画作或装饰品。

丝绸适用任何织物颜料，尤其是常规的丝绸颜料效果更佳。丝绸可选用各种厚度和规格的，对初学者来说，中等厚度的电力纺丝绸是最好的选择。

材料
Materials

纸

可将需固色的丝绸绘制区域固定在纸间然后熨烫。

粉状染料

织物可用热的或冷的粉状染料预染。

盐

加入湿润的丝绸颜料中来吸收颜色，用后可直接刷去。

丝绸

有各种厚度，中式绉纱、雪纺绸、乔其纱是非常理想的薄丝绸。电力纺和茧绸厚度不一，但却都像绸缎一样质地平滑，光泽柔和。

粘贴塑料板（黏合纸）

用于粘贴薄模板或被剪下临时粘在丝绸上以防止颜料渗延。

增稠剂

可与丝绸颜料混合以防止颜料渗延，加稠的颜料可用于绘制细节。

水彩和彩墨

用来在纸上绘制设计图样，与透明的丝绸颜料功能相同。由于颜色较重，所以透过丝绸也清晰可见。

防渗剂

为一种粉浆状液体，应用于织物以防止颜料渗延，可用手洗去除。

巴提克蜡

用于阻止丝绸颜料渗延，可用双层蒸锅或熔蜡锅加热。

漂白剂

用于去除预染织物的颜色，易漂洗。

古塔胶

是一种胶状物质，装在涂抹器里，用于在丝绸上设计图案，可起到阻止颜料渗延的作用，手洗即可去除。

熨烫固定型丝绸颜料

专为丝绸设计，可用熨斗或吹风机直接加热来固定，用蒸汽固定的蒸汽固定型染料同样适用。

丝绸绘制需要专业的工具，大多数工具价格便宜，其中最重要的工具莫过于木质画框以及将精细的织物固定在画框上的丝绸珠针。

工具
Equipment

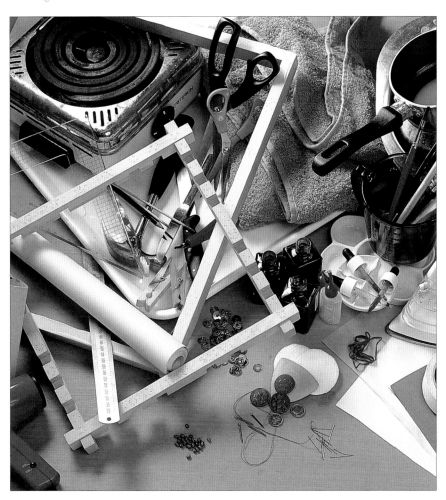

针
用于手工绣制。

调色盘
用于盛放和调制颜料。

画笔
用装饰画笔绘制大片区域、中号画笔绘制设计图案、细头画笔绘制细节。绘制前用海绵笔将丝绸打湿，然后涂上色彩或防渗剂，用牙刷涂颜料。

记号笔和铅笔
用黑色记号笔在醋酸人造丝上绘制，而软芯铅笔可用来描样板。

丝绸画框
自制大小适宜的木质画框将丝绸绷紧以备绘制。

丝绸珠针（高顶图画钉）
用特制的带有三个尖的平头珠针可将丝绸固定在画框上。

海绵
天然海绵可用来涂抹颜料，比如在模板四周涂抹颜料。

钉枪
用来将画作镶嵌进画框。

画粉和织物记号笔
用来将设计图样临时画在织物上面。

美工刀
用于切割模板，与切割垫共用。

双层蒸锅或熔蜡锅
用于熔化巴提克蜡。

古塔胶涂抹器
装有不同大小的头（尖）用来在丝绸上绘制图案，且能阻隔颜料。装的液体颜料不要超过容量的四分之三，以免溢出。

吹风机
给熨烫固定型丝绸颜料固色时使用。

熨斗
用于熨平织物，使熨烫固定型丝绸颜料颜色持久。

覆盖条
用于覆盖不需绘制的区域。

丝绸纤维外部通常含有看起来有些油光的物质，在绘制或染色前要将其去除，以便颜料能渗入纤维。可用温肥皂水和柔和的洗衣剂手洗去掉这些物质。将丝绸挂起晾干，或用毛巾卷起以去除多余水分，趁湿将其熨平。做扇子或雨伞的丝绸不可水洗，且在绘制时需在颜料中加增稠剂。最好先从制作简单的丝绸绘制物品开始练习。

丝绸绘制技巧
Silk Painting Techniques

制作画框

市面上售有不同种类的丝绸画框或巴提克蜡染画框，其中可调节画框用起来尤为方便。

1 用四根刨平的木条或板条制作画框，画框应比成品稍大，以便对织物不平整的边缘进行修剪。用木头黏合剂将两根木头粘在一起，形成合适的角度，再以同样的方式将剩下的两块木头粘好，待黏合剂晾干。

2 涂好黏合剂后，先将右边的两个角粘好形成画框，待胶水晾干后，用金属钉（曲头钉）固定连接处，使画框更加牢固。

将丝绸固定在画框上

在绘制之前应将丝绸展平固定在画框上，使其触摸时有弹性并确保表面平整。

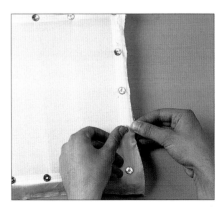

1 用带有三个尖的丝绸珠针将丝绸固定在画框上。将第一个珠针钉在一边的正中间，然后往两个角的方向钉珠针。

2 确保珠针之间的距离相等，再将丝绸拉到画框对边，然后固定丝绸的另一边，使两边的珠针彼此相对。

3 固定第三个边，再将丝绸展平，然后固定最后一个边。丝绸须有弹性，但不能太紧。

绘制效果

熨烫型丝绸颜料颜色丰富，专为丝绸绘制而设计。

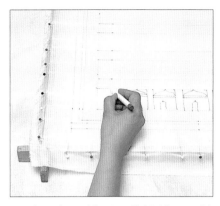

1 在画框下放置一张设计图，然后用消失笔将图样复制到纯色丝绸上。

4 用白色颜料调制单色颜料可得到较浅的颜色，继续加白色颜料直到获得满意的色彩为止。

5 颜料可加水稀释用来填充背景，可用大号画笔蘸取稀释的颜料快速涂抹大片区域。

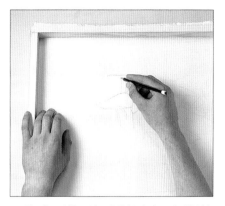

2 也可将画框翻转过来，用铅笔将图样复制下来，然后在正面用古塔胶绘制轮廓。

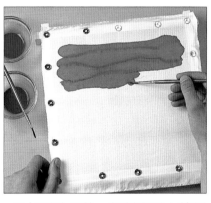

6 如果涂得快，颜料在干之前很容易互渗，所以要用软画笔不间断地绘制。

3 调制颜料以取得所需的色调，确保调制足够的颜料以便绘制所有的图案。

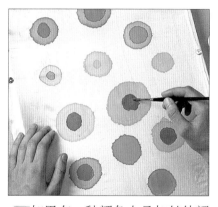

7 如果在一种颜色上叠加其他颜色，当第一层颜色还湿润时两种颜色会互渗形成柔和而模糊的效果。

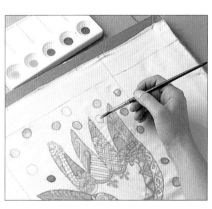

8 如果使用古塔胶，应在每个轮廓中点绘，颜料会迅速渗延到古塔胶所画的边缘线。

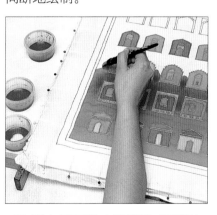

9 用大号画笔（海绵笔或画笔）迅速填涂大片区域，这样可防止水印的产生，然后用细头画笔绘制细节。

10 用镊子或衣夹夹住棉球做成柔软的工具，用来涂抹不需要涂得太清晰的区域。

古塔胶的使用

古塔胶是一种稀的胶状物质，可对颜料形成阻隔，使颜色分开，在用于织物时常和涂抹器配合使用。涂抹器根据所需线条的粗细不同装有可拆卸的头（尖）。在装古塔胶时不要超过涂抹器容量的四分之三，涂抹时要轻轻挤胶。也可购买即用型古塔胶。

古塔胶颜色各异，也有透明古塔胶。透明古塔胶要洗去，但彩色古塔胶会成为成品的一部分。用古塔胶必须配合使用特殊的丝绸颜料，因为普通丝绸颜料中的黏合剂会使颜色晦暗，而且会导致织物变形。

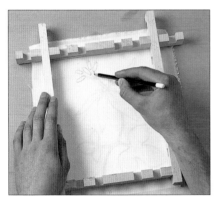

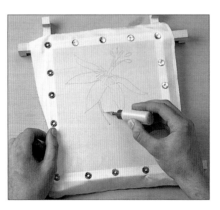

1 将蒙上丝绸的画框翻过来，将设计图样用软芯铅笔转印到丝绸背面，不过这样会使图案颠倒。如果想使图案与原始图样保持一致，就需先将图案转印到描图纸上。

2 在丝绸正面用古塔胶重复画设计图案的轮廓，重要的是要保持线条流畅，否则颜料会渗延。其间要不时翻转检查丝绸背面。此处须使用装有可拆卸细头的涂抹器，完成后放置一旁晾干。

3 古塔胶干后，用丝绸颜料涂每个区域的中心，落笔要轻，使颜料向古塔胶界定的边缘渗延。如果颜料超越古塔胶线，就只能将丝绸洗净重新再来。

丝绸颜料的固色

熨烫固定型丝绸颜料可通过加热使其永久固色，加热可使用熨斗或吹风机。

1 完成绘制后，将作品晾干。

2 将完成的作品从画框上取下，按照使用说明固定颜色，通常都是在反面用干熨斗中温熨烫。

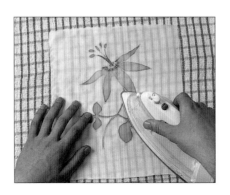

3 如果作品不宜使用熨斗，可用吹风机将未从画框上取下的丝绸悬空吹干。

4 用温和的洗涤剂手洗去除透明的古塔胶。

增稠剂的使用

增稠剂有两种，都能防止丝绸颜料渗延。增稠剂可以使你在颜料不会渗延的情况下作画。使用增稠剂时，织物不能预洗，否则若想让颜料不下渗，就需要在下面垫一块模板。增稠后的颜料通常用来绘制较小的区域或设计图案的细节。混合增稠剂和颜料时，可将两者放在带盖的旋口瓶里用力摇匀。

1 用加了增稠剂的颜料绘制较小的区域或设计图案的细节。

2 也可在绘制之前涂抹防渗剂。

盐的使用

当织物湿润时可在其表面撒少量的盐或涂漂白剂创作图案。在湿润的丝绸上使用盐可变幻色彩，产生可爱的斑点效果，不同的盐效果不同，因此使用前须做好试验。注意使用盐时织物必须湿润，交替使用颜料和盐，完成后将作品自然晾干，然后小心拂去盐粒。

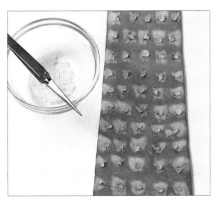

1 用镊子加岩盐粒。

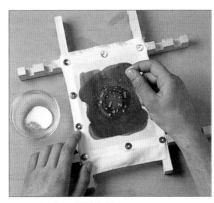

2 在表面撒精盐。

漂白剂的使用

用画笔蘸取漂白剂去除预染织物的颜色。

根据使用说明给丝绸染色，每次都稍加一点漂白剂直至达到预期效果，然后迅速洗去漂白剂，否则它会将织物毁坏。

将一把丝绸小雨伞变成一把精致的太阳伞，只需徒手画出设计图案并用金属色的织物颜料点出轮廓。在绘制时要将伞张开使得丝绸展平。

遮阳伞

Summer Parasol

需要准备

✕ 净面小丝绸伞
✕ 海绵刷
✕ 四种颜色的织物颜料，包括金属色
✕ 吹风机
✕ 画粉
✕ 细头画笔

1 为整个或部分伞面涂背景色。用海绵刷蘸水将伞面打湿，然后用海绵刷着色，最后用吹风机的热风固色。

2 用画粉参照书后图样将图案画在伞面上，用画笔蘸取金属色颜料沿画粉线点出轮廓，晾干。

3 将画粉画出的叶子沿一边绘出，用色彩对比强烈的颜料画出叶子的细节。如需要可画出简单而雅致的花朵。晾干，轻刷伞面去除画粉痕迹，用吹风机的热风固色。

用颜料和金色古塔胶可为素净的丝绸扇面装饰出漂亮的花卉图案。如果制作扇子时使用了黏合剂，须在颜料中加增稠剂防止渗延。

绘扇面
Painted Fan

需要准备
✕ 软芯铅笔
✕ 素面丝绸扇
✕ 纸
✕ 描图纸
✕ 遮蔽胶带
✕ 消失笔 (非必需)
✕ 金色古塔胶
✕ 装有细头的古塔胶涂抹器
✕ 增稠剂
✕ 熨烫固定型丝绸颜料
✕ 小碗
✕ 细头画笔

1 将扇子打开平放在一张纸上，在扇面织物边上用小点勾出轮廓。将书后所附图样转印到纸上，轮廓不要超出扇面。

2 用遮蔽胶带将展开的扇子上端固定，用软芯铅笔或消失笔将图样转印到扇面上，然后用金色古塔胶再描一遍轮廓，晾干。

3 粘扇子的胶会影响古塔胶的阻隔作用，因此要在颜料里加增稠剂防止其渗延。要用细线绘制图案。为保持颜色纯净，不同颜色请使用不同的画笔。如果要洗净画笔，应确保画笔干燥后再用，避免颜料含水分太多。

将漂亮的花样描在精细的丝绸睡袍或睡衣上，然后用柔和的颜料绘制，再用简单的机绣完成清新自然的图案。

描花睡袍
Flowery Camisole

需要准备

✂ 描图纸和铅笔
✂ 白纸
✂ 预洗过的丝绸睡袍
✂ 浅纸盒
✂ 消失笔
✂ 丝绸珠针（高顶图画钉）
✂ 透明古塔胶和涂抹器
✂ 细头画笔
✂ 调色盘
✂ 小碗
✂ 彩色和白色熨烫固定型丝绸颜料
✂ 熨斗
✂ 缝纫机
✂ 金属色缝纫线

1 在纸上描下书后所附图样，在睡袍中间放一个浅纸盒将睡袍前后两片分开，把纸平放在纸盒上，然后用消失笔将几朵花描在睡袍的正面。

2 将丝绸展平并将丝绸珠针固定在纸盒边的折边上，将褶皱展平，用透明古塔胶沿设计图案的轮廓描一圈，确保线的连贯。彻底晾干古塔胶。

3 用细头画笔向调色盘中的颜料中加白色颜料，直到调出满意的颜色。在古塔胶线里面着色，彻底晾干后取下丝绸珠针。

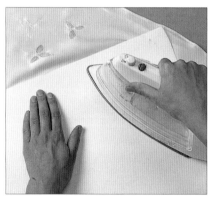

4 用两张白纸夹住绘制的区域，然后依照说明书，用干熨斗中温熨烫，最后手洗去除古塔胶。

5 将缝纫机穿好金属色线，用手将织物展平，为每朵花绣出两条曲线作为花梗，随意添加喜欢的细节。

画出彩条，然后趁丝绸湿润用小匙在彩条上撒盐以形成柔和的水润效果。交替使用颜料和盐，将整个区域全染完。

抽象画相框
Abstract Picture Frame

需要准备

✂ 丝绸珠针（高顶图画钉）
✂ 至少 30cm 见方的预洗过的薄平织丝绸
✂ 丝绸绘制画框
✂ 熨烫固定型丝绸颜料
✂ 小碗
✂ 细头画笔
✂ 小匙
✂ 精盐
✂ 熨斗
✂ 铅笔和直尺
✂ 坐标纸
✂ 美工刀和切割垫
✂ PVA 胶（白色）
✂ 衬板
✂ 软填料（棉絮）
✂ 剪刀
✂ 胶带
✂ 缝纫珠针
✂ 针
✂ 相配的缝纫线
✂ 4 个小丝带玫瑰饰品

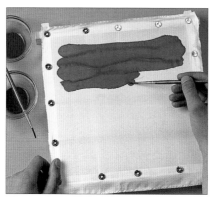

1 用丝绸珠针将丝绸展平钉在画框上，用几种不同的颜料画出一些宽度不小于 2.5cm 的彩条。

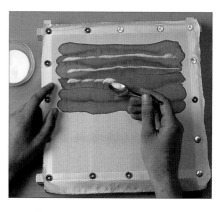

2 趁丝绸湿润，沿彩条用小匙撒上盐粒，继续画彩条然后撒盐直到将整个区域涂满。晾干后将盐粒拂去，将丝绸从画框上取下，熨烫固色。

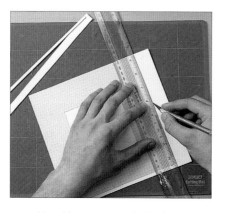

3 剪一块 20cm 见方的坐标纸，在其中间剪出一个 10cm 见方的方块，将剪出方块的大纸片粘在衬板上，然后用美工刀剪出方框。

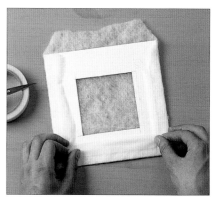

4 将方框放在 25cm 见方的软填料上，修剪掉软填料的角，然后把其他地方折好并用胶带粘好。在软填料中心剪出一个 X 形，将其修剪为 2cm 宽，将方框边翻过来粘好。

5 将丝绸的背面衬着软填料钉好，将多余的丝绸剪去剩3cm宽。将方框内的丝绸剪出一个X形，宽3cm，角折向背面，将边折好并缝好接缝。

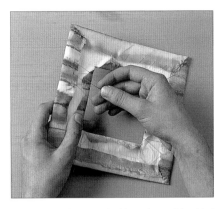

6 将里边折回包住画框，然后用大针迹将边缝在外边上。不要将丝绸拉得太紧，否则会使画框变形。将四朵小丝带玫瑰缀在画框内框的四个角上。

7 剪一块20cm见方的衬板给画框做背面，再剪一个长的直角三角形，沿画框的长边在离边1cm处划痕，然后将三角形向下折做成支架，修剪下边缘并检查是否能立好。从衬板下边缘开始将支架粘上，将衬板的边粘在画框上，留一个边不粘以便将照片放入；为了使画框持久不变形，也可将照片放入后再粘四个边和衬板，最后晾干。

彩条和圆点可以让一条丝绸领带脱胎换骨。彩条是用衣夹（或发夹）和棉球制成的临时工具绘制的，圆点是由放在丝绸上的盐粒形成的。

用盐绘制领带
Salt-painted Tie

需要准备

✂ 预洗过的白色或浅色平织
　　丝绸领带
✂ 透明古塔胶和涂抹器
✂ 棉球
✂ 衣夹（或发夹）
✂ 两种颜色的熨烫固定型丝
　　绸颜料
✂ 岩盐粒
✂ 镊子
✂ 中号画笔
✂ 熨斗

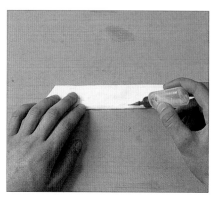

1 将领带正面朝下放在工作台上，在背面用透明古塔胶沿四周画线，离边缘约1cm，这样可以防止颜料渗到另一面。

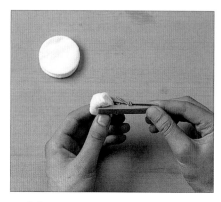

2 如图所示，用衣夹夹住棉球制成一个大的绘制工具。

3 用第一种颜料在领带正面横向画出彩条，趁颜料湿润用镊子夹住盐粒均匀地沿彩条摆放。重复此方法直至摆到领带末梢，全部完成后将领带至少晾20min（分）。

4 用画笔蘸另一种颜料，在盐粒摆成的线之间画水平线，晾20min。

5 领带干后，小心除去盐粒，大盐粒很容易除去，但小盐粒会粘在领带上，小心揉搓领带，小盐粒就会脱落。依照使用说明熨烫领带固色，洗掉古塔胶然后熨平领带。

简洁的花朵图案在用牙刷喷涂的点状背景衬托下越发醒目。宜先在纸上练习喷涂直到满意为止。

带图案的坐垫套

Patterned Seat Cover

需要准备

✂ 带可拆卸坐垫的椅子
✂ 纸和铅笔
✂ 剪刀
✂ 丝绸珠针（高顶图画钉）
✂ 预洗过的中式绉纱
✂ 丝绸绘制画框
✂ 消失笔
✂ 海绵刷
✂ 防渗剂
✂ 描图纸
✂ 薄纸板
✂ 粘贴塑料板（黏合纸）
✂ 熨烫固定型丝绸颜料
✂ 小碗
✂ 旧牙刷
✂ 白纸
✂ 熨斗
✂ 钉枪

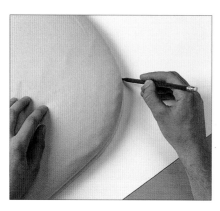

1 将坐垫从椅子上取下放在一张纸上，沿四周画线，多出 5cm 作为缝份，然后剪下图形。将中式绉纱钉在画框上，将坐垫的模板放在绉纱上，用消失笔画出轮廓。

2 用海绵刷将防渗剂刷在绉纱表面，在薄纸板上描下书后所附图样，然后剪下，将纸板放在粘贴塑料板上画下四周轮廓。每种形状大约剪出 10 个。

3 将纸板揭去，然后把这些剪好的形状贴在织物上形成图案。在碗中倒一些颜料。

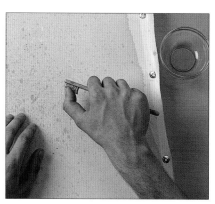

4 用一支牙刷蘸取颜料，轻轻地将颜料喷涂在织物上，晾干。然后轻轻去掉塑料图形，用两片白纸夹住织物用熨斗固色。手洗后晾干，将织物展平覆盖在坐垫上，然后在背面用钉枪固定。

可以用零星的丝绸碎布手工制作卡片，在做好的卡片中间开一个窗口制成镂空框，或如图所示在便条纸上镶贴丝绸饰片。

用盐制作贺卡
Salt-patterned Greetings Card

需要准备

- ✂ 丝绸珠针（高顶图画钉）
- ✂ 预洗过的薄丝绸
- ✂ 小丝绸绘制画框
- ✂ 贺卡框
- ✂ 软芯铅笔
- ✂ 熨烫固定型丝绸颜料
- ✂ 细头画笔
- ✂ 小碗
- ✂ 岩盐和精盐
- ✂ 熨斗
- ✂ 剪刀
- ✂ 喷胶
- ✂ 便条纸

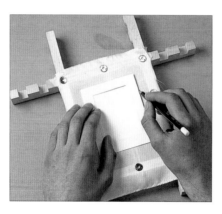

1 用丝绸珠针将丝绸钉在画框上，将贺卡框放在丝绸正中间，然后用软芯铅笔画出轮廓。

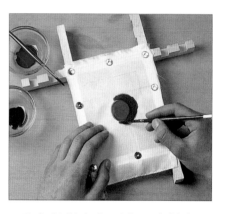

2 在丝绸中心区先画出抽象图案，初学这个技巧时最好将设计简化为一个点、一条线或几何形图案。

3 当着色的丝绸潮而不湿时，在上面撒些岩盐粒，交替进行着色和撒盐，用大小不一的岩盐和精盐创作出有趣的图案。大约需要20min丝绸才能彻底晾干。

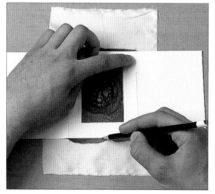

4 将丝绸从画框上取下，拂去表面的盐粒，用熨斗熨烫固色。打开卡片并将其平铺在绘制的丝绸上，用软芯铅笔将卡片的上下两条边画在丝绸上并标出卡片折叠的地方，合住卡片，在丝绸上面画出折叠线。

5 沿折叠线裁剪丝绸，将卡片打开，将剪下的丝绸用喷胶粘在卡片左边，用便条纸保护卡片剩余的部分。用喷胶把丝绸粘在卡片上，剪去多余的部分，在卡片框的背面喷上胶水，然后将卡片折叠起来，使框夹住丝绸。

这种漂亮的彩绘刺绣披肩的灵感来自印度的风俗，即新娘在出嫁前夕会在手掌上用指甲花染料绘出精致的花纹。

印度风情披肩
Indian Motif Shawl

需要准备
- ✄ 大的隔热碗
- ✄ 汤匙和茶匙
- ✄ 盐
- ✄ 两个茶袋
- ✄ 1m 见方的预洗过的电力纺丝绸
- ✄ 熨斗
- ✄ 描图纸和铅笔
- ✄ 遮蔽胶带
- ✄ 消失笔
- ✄ 丝绸绘制画框
- ✄ 小锤
- ✄ 缝纫钉
- ✄ 古塔胶涂抹器
- ✄ 古塔胶
- ✄ 熨烫固定型丝绸颜料
- ✄ 调色盘
- ✄ 中号画笔
- ✄ 白纸
- ✄ 绣花绷子
- ✄ 带压脚的缝纫机
- ✄ 各色机绣线
- ✄ 剪刀
- ✄ 针

1 碗里盛上热水，水里放入四汤匙盐，再在水里浸入两个茶袋，最后将丝绸在热水里浸泡10min,漂洗干净后用冷熨斗熨平。

2 从书后描好手掌图样，按需放大。将丝绸展平覆在图样上粘好，用消失笔将图案描在丝绸上。重复图案绘制，每次都将图案旋转90°。

3 用小锤和钉将丝绸覆在木画框上，确保丝绸平整没有褶皱。将涂抹器装上古塔胶画出图案的轮廓，晾干。

4 将丝绸颜料装在调色盘的小格中，在每个需涂色的区域中心涂一个点，趁颜料未干在手掌图案上涂一层稀释过的颜料，趁颜料未干在中心撒1茶匙盐。

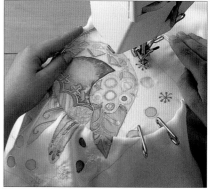

5 晾干后拂去盐粒。从画框上取下丝绸后用两片白纸夹住，根据使用说明用熨斗熨烫固色。洗涤丝绸以去除古塔胶，徒手用消失笔在背景上画出星形图案。

6 将丝绸置于绣花绷子上，用彩线机绣完成星形图案。

7 用消失笔另外画出小圈与绘制的图案重合，用与织物配色的机绣线从中心向轮廓螺旋绣制填充小圈，在手掌四周绣一些针迹，使用均匀分布的泡状图案点缀。在绘制披肩的边缘多留 5cm，然后剪去多余的丝绸。

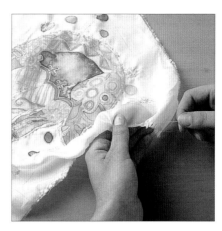

8 用针小心地抽出半成品边缘的线制成流苏。

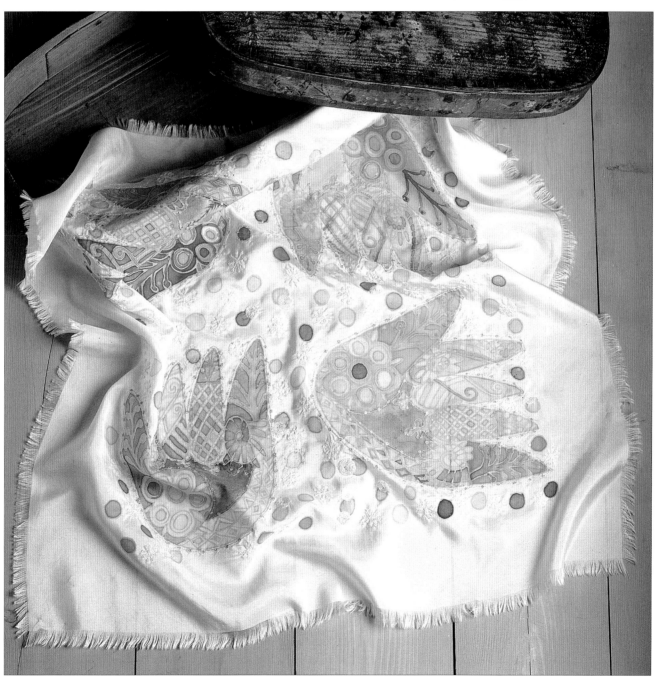

这种醒目的图画是用透明古塔胶控制颜料绘制而成的。绘制时采用复绘法，最后再用深色颜料完成画作。在绘制前请先用复绘法试验你选的颜色是否合适。

罂粟图案
Poppy Painting

需要准备

- 描图纸和软芯铅笔
- 纸
- 丝绸珠针（高顶图画钉）
- 预洗过的薄平织丝绸
- 丝绸绘制画框
- 透明古塔胶
- 古塔胶涂抹器
- 熨烫固定型丝绸颜料
- 小碗
- 中号和细头画笔
- 熨斗
- 手锯
- 厚耐酸板或胶合板
- 双面胶
- 画框（非必需）

1 将图样从书后附图上描下，放大至所需尺寸。将蒙好丝绸的画框翻过来放在设计图案上，然后将图案用软芯铅笔描在丝绸背面，用丝绸珠针将丝绸钉在画框正面。

2 用透明古塔胶围绕需绘制最浅颜色的区域描线，填涂颜色最浅的颜料，这样稍重的黄色涂上之后就会产生绿色和橘红色的色调。用熨斗熨烫固色，从画框上取下丝绸，漂洗去除古塔胶。

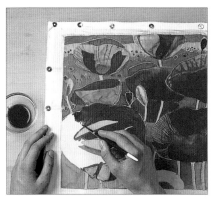

3 继续绘制画作，将颜色最深的颜料留在最后。着色不要太快，否则各种颜料会互渗。

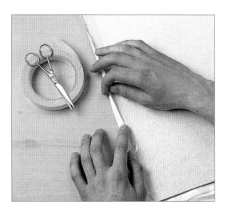

4 剪一块和画作一样大小的背景板，在板的四角粘上小块的双面胶，将丝绸固定在上面。将板翻过来，在边缘粘上双面胶，将丝绸的边缘粘好，装裱作品。

这种装饰图案源于哥特式教堂的窗户，因此宜用浓重的色彩。黑色古塔胶用来模仿彩色玻璃上作为分隔线的粗铅线条。

彩色玻璃图案的丝绸镶板
Stained-glass Silk Panel

需要准备

- ✂ 描图纸和铅笔
- ✂ 画框
- ✂ 预洗过的中等厚度的丝绸
- ✂ 遮蔽胶带
- ✂ 丝绸珠针（高顶图画钉）
- ✂ 丝绸绘制画框
- ✂ 平头画笔
- ✂ 黑色古塔胶
- ✂ 小碗
- ✂ 熨斗
- ✂ 几种深色熨烫固定型丝绸颜料
- ✂ 增稠剂
- ✂ 带盖旋口瓶
- ✂ 钉枪

1 从书后附图上描下图样，放大至能嵌入画框的尺寸。将图案描在丝绸上，在线条之间用遮蔽胶带覆盖。将丝绸展平，用丝绸珠针固定在画框上。

2 用平头画笔将遮蔽胶带之间的线用黑色古塔胶描出。古塔胶晾干后，再多涂几层以加固线条，晾干。除去遮蔽胶带，将丝绸从画框上取下，在丝绸背面熨烫固定古塔胶。

3 将丝绸重新固定在画框上，用彩色丝绸颜料填涂黑线之间的区域，晾干。

4 为了便于绘制细节，可在带盖旋口瓶里加入增稠剂和深色颜料用力摇匀，增稠过的颜料会显出刷子绘制的效果。

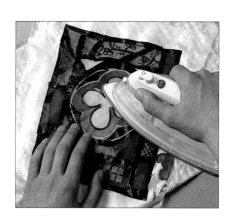

5 将作品晾干，按照使用说明用熨斗熨烫固色。将丝绸从画框上取下，展平后覆盖在无背衬的画框上，最后用钉枪从背面将其固定。

巴提克蜡染

Batik

　　传统巴提克蜡染以精致的条状花纹著称。这些条纹是将热蜡涂在织物表面，然后等蜡晾凉之后将其弄出裂纹使颜料渗入而形成的，这种方法也称为"防蚀蜡染法"。

　　防蚀蜡染法可以用来设计不同的图案，适用于大小不同的物品，比如桌垫、餐巾、桌布、坐垫套、丝巾、睡袍和饰边。

巴提克蜡染最重要的材料和工具就是可形成蜡膜的蜡、加热蜡的双层蒸锅、给织物着色的染料或颜料，这些东西根据你采用的技巧不同而有所区别。

材料
Materials

布须用水煮，而丝绸须干洗去除上面的蜡。

通用巴提克蜡

从手工用品店买到的混合好的颗粒状的蜡，初学者使用起来最简单。不同的蜡可以打造出特别的效果。加热和涂蜡要按照使用说明来做，并要在通风的环境中操作。

厨房用纸

用于吸干多余的颜料。

皮革

巴提克蜡染也可用于皮革，但须用干净的家用水溶性胶水或树胶替代蜡做涂膜，不能将蜡涂在皮革上，否则会弄脏皮革。专用的皮革染料和完成后所需的处理工具如皮革喷漆，市面上都可买到，使用时须遵循使用说明。

报纸、牛皮纸或衬纸

将涂蜡的织物夹在纸间用熨斗熨烫将蜡去除，不断更换纸张直到蜡被全部去除。

海绵

用于压印图案。

漂白剂

可放在碗里稀释，以去除预染织物上的颜色。使用时要戴橡胶手套，且工作区域要通风。漂洗时用水和醋来中和漂白剂。

棉球

将一团棉球夹在衣夹（发夹）上，做成涂色工具来涂大块的区域。

染料和丝绸颜料

可以使用粉状或液体的冷水染料，未稀释的染料或丝绸颜料也可用于织物染色，皮革染色须用专门的染料。

织物

使用没有纹理的天然织物，如棉或丝绸。预洗织物去除上面的浆层，以便使蜡和染料渗入织物。棉

加热巴提克蜡染的蜡需要蜡锅或双层蒸锅和温度计，可能还需要染盆或绘画框，以及传统的爪哇式涂蜡器。

工具
Equipment

粉笔

可用于在深色织物上浅描设计图案。

美工刀

用于剪切厚纸或纸板，使用时需垫切割垫以保护工作台。

染盆、桶和碗

特制的浅染盆是巴提克蜡染的理想工具，也可用能使织物在其中自由移动的金属或塑料托盘，以及大的碟子、桶或碗。如果用的是热水染料，染盆必须隔热，将织物浸在染液里使其均匀染色。

吹风机和熨斗

用吹风机为丝绸颜料固色，主要用于一些难以处理的形状，注意不要将蜡熔化。用熨斗将蜡从织物上去除并固色。

遮蔽胶带

用来将织物粘在纸板或工作台上以固定位置。

画笔

大小各异的美术或装饰用画笔都很实用。可用不同的画笔涂蜡，用海绵笔在织物上涂抹大面积颜料，也可用大的厨房用海绵代替。

绘画框

在往织物上描设计图案时可将织物展平固定在木制的绘画框上。

橡胶手套

在染色时可戴上橡胶手套以免弄脏双手。

温度计

有些蜡锅是控温的，如果不是控温的，在往织物上涂蜡时须用厨用温度计随时测量温度，使巴提克蜡保持恒温状态。

爪哇式涂蜡器

这种笔状的涂蜡器是传统的巴提克蜡染工具，可用蜡在织物上绘制设计图案。笔尖大小各异，市场有售。

羊毛涂抹工具

皮革蜡染的涂抹工具。

巴提克蜡染技巧
Batik Techniques

传统巴提克蜡染

传统巴提克蜡染最适于大面积染色。使用染盆时，用冷水染料可使蜡的坚实度不受温度影响，将织物浸入染料时要保持其平整。

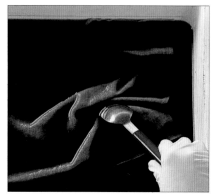

1 将巴提克蜡放入蜡锅或双层蒸锅缓慢加热至80℃。用爪哇式涂蜡器或其他工具，如画笔或棉球，将熔化的蜡涂在设计图案的轮廓上，蜡要在织物上留下透明的线条。如果蜡不够热，就会凝结在织物表面而不能有效地渗入织物。涂好后将蜡晾干。

2 依照使用说明，用冷水染料调制染液。将织物从绘画框上取下，将其打湿然后浸入染液，要尽量保持涂蜡部分的平整。染至满意颜色后将织物从染液中取出，然后用冷水漂洗。除非要得到裂纹效果，否则在漂洗时不要将织物折叠起来。织物染后挂起晾干。

3 织物晾干后重新钉在画框上，展平，用蜡填充任何想保留初次染色效果的区域，检查背面以确保蜡已充分渗进织物。准备第二种染液，将织物放入，注意不要折叠涂蜡的部位，染色后将织物在冷水里充分漂洗，挂起晾干。

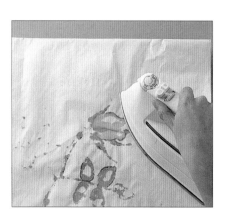

4 将织物夹在两片报纸、牛皮纸或衬纸之间，用熨斗将蜡熨去。

5 可用蜡和染料绘制更多层次的颜色及细节，不过，大多数染料只能覆染三层。

方法错误或直接染色

用蜡画出线条形成界线，将颜料分隔开来，必须保证所画的线不间断，否则颜色就会互相渗透。

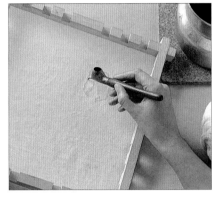

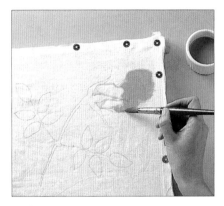

1 将织物钉在绘画框上，将设计图案转印到织物上，同时以传统方法加热巴提克蜡。使用爪哇式涂蜡器用蜡勾出轮廓，涂蜡后织物应呈半透明状，如果蜡没有渗入织物，织物就不透明。检查蜡线是否有中断，如果有就从背面用蜡填涂完整。

2 用画笔将织物颜料（不含黏合剂的透明染料，以丝绸颜料最为理想）填涂在所需区域，速度要快以保证颜色一致。如果选用稠的织物颜料，须稀释至墨水的稠度以保证线条流畅。

3 用熔化的蜡和爪哇式涂蜡器加粗轮廓，检查背面以确保蜡已完全渗入织物。

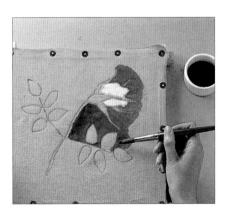

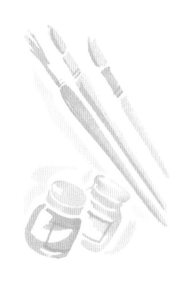

4 换一种颜色，用画笔填涂背景，然后在未涂蜡的区域涂上其他颜料。

5 涂第三种颜料，可继续涂蜡和染色，直到覆盖整片区域。去除涂的蜡，完成。

特殊处理　　尽管爪哇式涂蜡器是传统的涂蜡工具，但使用其他工具（如画笔、棉团）也可获得不同效果。一旦完成，要耐心对成品进行处理。

爪哇式涂蜡器

　　爪哇式涂蜡器可以用蜡在织物上绘制精细的图案，移动时要轻，且不要将织物压得太狠，以免影响蜡线的流畅。

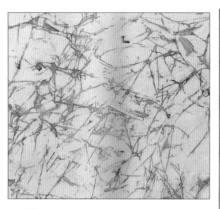

揉缝

　　织物上覆有蜡层时，可将其表面揉出缝隙形成褶皱，这里要用易碎的蜡，然后在染盆中染色形成最佳效果。

装饰画笔

　　这种交叉影线效果是用中号装饰画笔画成的。用画笔蘸蜡先在空白处画平行线，然后再画垂直线。

完成　　作品完成后，应去除织物上的蜡以恢复其垂感。熨烫可去除大部分蜡，但必须将织物在水里煮或干洗才能完全去掉残留的蜡迹。

1 用手将织物上的蜡揉去，不要太用力，以免破坏表面。

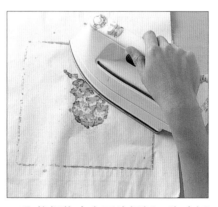

2 将织物夹在两片报纸、牛皮纸或衬纸中间，用熨斗熨烫使纸吸收蜡迹，重复此动作直至无蜡为止。

3 用水煮的方法时，先将蜡揉碎去除，再将织物放入开水锅中煮10min，其间要不停地搅动。

用色彩明快的杯子图案可以很好地装饰简单的棉桌垫。可将一些棉絮等物填充在桌垫里，这些填料可用来吸热保护桌面。

夹棉桌垫
Quilted Table Mat

需要准备

✂ 丝绸珠针（高顶图画钉）

✂ 预洗过的薄白棉布

✂ 绘画框

✂ 消失笔

✂ 普通蜡

✂ 蜡锅或双层蒸锅

✂ 爪哇式涂蜡器

✂ 中号画笔

✂ 不褪色织物染料

✂ 熨斗

✂ 报纸、牛皮纸或衬纸

✂ 剪刀

✂ 中等厚度的填料（棉絮）

✂ 针

✂ 疏缝用线

✂ 斜纹滚条

✂ 缝纫珠针

✂ 缝纫机

✂ 与织物匹配的缝纫线

✂ 绣线

✂ 绣花针

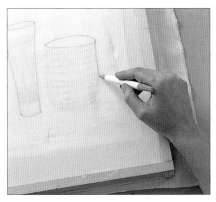 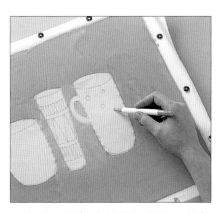

1 用丝绸珠针将棉布钉在绘画框上。将书后所附图样描下，然后放大。将画框翻过来盖在图案上，用消失笔将图案描在棉布上。在蜡锅或双层蒸锅里将蜡熔化，用爪哇式涂蜡器画出杯子的轮廓线。

2 用天蓝色染料绘制背景，黄色染料填涂杯子图案，用消失笔画出杯子上的花纹，用爪哇式涂蜡器和颜料画出细节。将巴提克蜡染布从绘画框上取下，夹在两片纸之间，用熨斗熨去蜡迹。

3 将作品修剪成所需尺寸，剪出同样大小的填料，钉在一起。剪出一条斜纹滚边条，打开，将斜纹滚边条和毛边对齐，然后用针缝在桌垫的边上。用同样的方法处理另外三条边，最后用绣线给图案镶边。

用高雅的图案设计装饰棉质餐巾成品（成套的餐巾）会让人眼前一亮。使用不褪色的染料可方便重复机洗。

几何图案餐巾
Geometric Napkin

需要准备
- ✂ 直尺
- ✂ 铅笔和描图纸
- ✂ 预洗过的白色棉布餐巾
- ✂ 丝绸珠针（高顶图画钉）
- ✂ 绘画框
- ✂ 消失笔（非必需）
- ✂ 普通蜡
- ✂ 蜡锅或双层蒸锅
- ✂ 爪哇式涂蜡器
- ✂ 浅蓝色、紫色和深蓝色不褪色织物染料
- ✂ 中号海绵画笔
- ✂ 熨斗
- ✂ 报纸、牛皮纸或衬纸

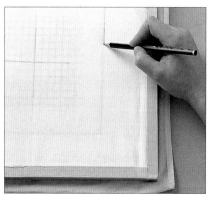

1 在餐巾中心画一个 10cm 见方的十字。用丝绸珠针将餐巾钉在绘画框上展平，在描图纸上画出以十字为中心的网状图案。将绘画框翻过来覆在图样上，画出十字的轮廓，用消失笔将图案描在织物上，可在正面透视。

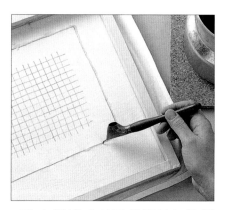

2 在蜡锅或双层蒸锅里加热蜡（方法见第 70 页），在方形区域内用爪哇式涂蜡器涂蜡，蜡线不能中断，涂后织物呈半透明状。检查背面是否有不透明处，如有则从背面重新涂蜡。

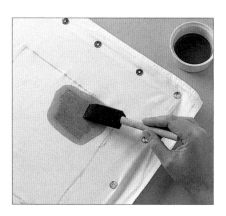

3 用海绵画笔以浅蓝色染料填涂中心方形区域，颜料不要涂得过厚，以免渗延到白色边缘。特别是在蜡线轮廓附近绘画时，要使染料自然地从画笔渗出，然后晾干。

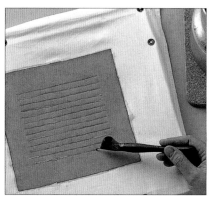

4 餐巾完全干透后，用爪哇式涂蜡器沿水平线涂蜡，并用紫色染料给中心方形区域着色，注意不要涂色过厚。

5 晾干，再沿垂直线涂蜡，用深蓝色染料给中心方形区着色。将餐巾从绘画框上取下夹在两张报纸、牛皮纸或衬纸之间，用熨斗熨去蜡迹，然后干洗织物。

简洁的手绘方格套方格的图案排列成网状，可形成随意的效果，双色调的背景织物更增添无数趣味。

醒目的丝质坐垫套

Vibrant Silk Cushion Cover

需要准备

- ✂ 铅笔、直尺和三角板（丁字尺）
- ✂ 预洗过的双色双宫茧丝绸
- ✂ 消失笔
- ✂ 丝绸珠针（高顶图画钉）
- ✂ 绘画框
- ✂ 普通蜡
- ✂ 蜡锅或双层蒸锅
- ✂ 爪哇式涂蜡器
- ✂ 熨烫固定型丝绸颜料
- ✂ 画笔
- ✂ 熨斗
- ✂ 报纸、牛皮纸或衬纸
- ✂ 剪刀
- ✂ 缝纫珠针
- ✂ 缝纫机
- ✂ 与织物匹配的缝纫线
- ✂ 40cm 见方的坐垫芯

1 用铅笔在丝绸上画出一个边长为 42cm 的正方形，用消失笔在中间画出九个等大的网格，每个网格边长为 14cm。

2 将丝绸展平并用丝绸珠针钉在绘画框上，碰触时要有弹性。在蜡锅或双层蒸锅里将蜡熔化（方法见第 70 页）。用爪哇式涂蜡器画出网格，确保线条连贯。涂蜡后检查织物背面是否有不透明的区域，如果有则在背面用蜡填涂断线部位。

3 用稀释的丝绸颜料填涂网格，使颜料自然从画笔渗出以免颜料涂层过厚，否则颜料会在蜡层下渗延。

4 晾干，画出剩余的方格套方格图案。绘制时不要使用直尺，否则方格太规则反而会影响随意的效果。

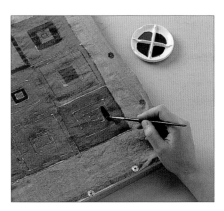

5 检查背面的轮廓线断点，然后用蜡填涂。用深红色、紫色、橄榄色和棕色给剩余部分涂色，涂色时注意每种颜色用不同的画笔。

6 将丝绸从绘画框上取下，夹在两张报纸、牛皮纸或衬纸之间，用熨斗熨去蜡迹。将剩余的蜡迹去除，然后将绘制好的坐垫套干洗，修剪织物至 42cm 见方。

7 剪出两片丝绸做坐垫套背面，尺寸为 42cm×28cm，沿每个长边缝一个 1cm 的双折边。将巴提克蜡染面的正面朝上放置，把两个长方形面朝下固定在上面，使双折边在里面。

8 将坐垫套四周缝好，留出 1cm 的缝份。在缝份上用 Z 形针缝制以防布边磨损。将坐垫套的正面翻出，然后塞入坐垫芯。

用海绵模具创作出面积相同的圆形和星形交替的图案，印于可爱的睡袍上，纯色区域和巴提克蜡染区域会形成鲜明的对比。

棉布睡袍
Cotton Sarong

需要准备
- ✂ 描图纸和铅笔
- ✂ 剪刀
- ✂ 遮蔽胶带
- ✂ 海绵
- ✂ 记号笔
- ✂ 美工刀
- ✂ 预洗过的150cm×90cm 薄棉布
- ✂ 塑料板或操作台
- ✂ 普通蜡
- ✂ 蜡锅或双层蒸锅
- ✂ 大号装饰画笔
- ✂ 大碗
- ✂ 橡胶手套
- ✂ 黄色和深绿色染料
- ✂ 熨斗
- ✂ 报纸、牛皮纸或衬纸
- ✂ 缝纫机
- ✂ 与织物匹配的缝纫线

1 将书后所附图样描下，剪下来后用遮蔽胶带贴在海绵上。沿每个图样四周画线，然后沿线用美工刀裁出海绵图形。

2 将棉织物一端钉在塑料板上。在蜡锅或双层蒸锅里将蜡熔化（方法见第70页），然后用大号画笔给睡袍的边涂蜡。

3 用环形海绵模具蘸蜡每隔8cm印一个图案，直到将边缘印满。

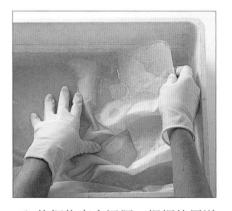

4 将织物完全浸湿，根据使用说明用黄色染料给湿的织物染色，挂起晾干。重新将织物钉回塑料板，用同一支画笔重新给边缘上蜡以形成黄色裂纹的效果。用相同的海绵模具在环形上面重新上蜡，然后用十字形海绵模具在环形之间涂蜡。

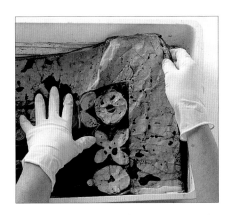

5 将织物放入一碗水中，然后依照使用说明用深绿色染料给湿的织物染色，挂起晾干。

6 将织物夹在两片纸之间用熨斗熨烫直至纸上不再有蜡迹，然后干洗织物以去除残留蜡迹，将毛边折进固定。

这款简单的设计是以蜡染的网格图案为基础，并配以柔和的浅紫色和蓝色完成的。此处用的是中式绉纱，其他薄丝绸同样适用。

丝绸方巾
Square Silk Scarf

需要准备

✂ 描图纸和铅笔
✂ 丝绸珠针（高顶图画钉）
✂ 预洗过的 90cm 见方的中式绉纱
✂ 丝绸绘画框
✂ 普通蜡
✂ 蜡锅或双层蒸锅
✂ 中粗笔尖的爪哇式涂蜡器
✂ 海绵刷
✂ 浅蓝色、宝蓝色、浅紫色、紫色和深蓝色熨烫固定型丝绸颜料
✂ 小碗
✂ 刷子（涂蜡用）
✂ 厨房用纸
✂ 熨斗
✂ 报纸、牛皮纸或衬纸
✂ 针
✂ 与织物匹配的缝纫线

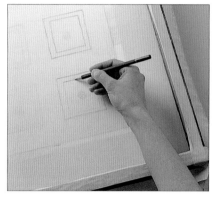

1 描出书后所附图样，放大至所需尺寸。将丝巾钉在绘画框上，将绘画框翻过来。将图案正面朝上放在丝巾角的下面，离边 7cm。用铅笔将图案转印到丝巾背面，为了使图案完整，翻转图样，使较宽的角处在外边缘，重复此动作使较宽的边缘围绕丝巾四边。

2 在蜡锅或双层蒸锅中将蜡熔化（方法见第 70 页），用爪哇式涂蜡器在织物上绘制螺旋形，移动时动作要轻，确保爪哇式涂蜡器的外部没有粘上熔化的蜡，以免弄脏丝巾。

3 用海绵刷将整个丝巾涂成浅蓝色，使颜料自然渗入丝巾，避免颜料在丝巾上涂得过厚，晾干。

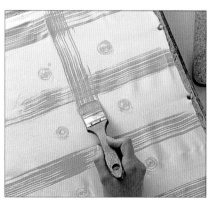

4 用刷子蘸蜡画出网状图案。

5 用宝蓝色、浅紫色和紫色填涂方块区域，晾干。

7 将整个丝巾涂成深蓝色，用厨房用纸吸去多余的颜料，晾干。将丝巾夹在两片报纸、牛皮纸或衬纸之间，用熨斗熨烫，同时固色。不停换纸直至纸上不再沾有蜡迹，干洗丝巾以去除残留蜡迹。最后将丝巾边卷起手缝好。

6 用刷子涂刷已着色的区域。

这款秋意浓浓的桌布是用深色调的颜料和染料绘制而成的，通过将树叶以不同的角度放置来形成自然的设计图案。

枫叶图案桌布

Maple Leaf Table Runner

需要准备

- ✂ 剪刀和卷尺
- ✂ 预洗过的双宫茧丝绸
- ✂ 描图纸和铅笔
- ✂ 聚酯薄膜
- ✂ 美工刀和切割垫
- ✂ 丝绸珠针（高顶图画钉）
- ✂ 丝绸绘画框
- ✂ 消失笔
- ✂ 裂纹蜡或普通蜡
- ✂ 蜡锅或双层蒸锅
- ✂ 爪哇式涂蜡器
- ✂ 刷子（涂蜡用）
- ✂ 细头画笔
- ✂ 可直接使用的锈褐色和橄榄绿色 染料
- ✂ 褐色染料
- ✂ 染盆
- ✂ 熨斗
- ✂ 报纸、牛皮纸或衬纸
- ✂ 针
- ✂ 与织物匹配的缝纫线

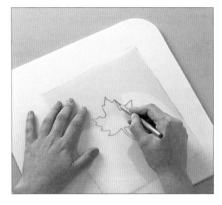

1 剪一块尺寸合适的双宫茧丝绸，四周需多留出 2cm 的缝份和 2~4cm 的损耗。将枫叶从书后图样上描下，然后用美工刀在聚酯薄膜上裁出图案。

2 将丝绸钉在绘画框上，用消失笔依照模板将枫叶随意地画在布上，然后将叶子以不同的角度放置，以形成散落而不是精心摆放的效果。

3 用蜡锅或双层蒸锅将蜡熔化（方法见第 70 页），用爪哇式涂蜡器沿一些叶子的四周画出轮廓，用刷子为剩余的叶子涂色。检查织物背面的蜡线轮廓断点，然后在背面用蜡填涂。

4 用细头画笔蘸锈褐色和橄榄绿色染料给绘过蜡线轮廓的叶子着色，晾干。

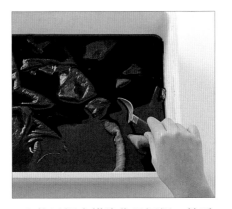

7 将丝绸夹在两片纸之间，用熨斗熨烫直至纸上不再有蜡迹。将丝绸干洗去除残余的蜡迹。

8 用针在桌布两头分出线来制作流苏。在剩余两条对边压出1cm的双折边，手缝折边。将流苏的线分成均等的上下两层，将一撮线打结固定在一起，修饰流苏使其均匀分布。

5 用蜡涂着色的叶子，所有叶子都要涂满蜡。将丝绸从绘画框上取下，在手里揉搓以形成表面的裂纹。

6 将巴提克蜡染作品浸湿，然后依照使用说明将其放在染盆中染成褐色，当染出满意颜色后，将布彻底漂洗干净，晾干。

用彩条在素色的电力纺丝巾末端装饰出纷繁复杂的图案会使丝巾看起来更加精致，在线条边缘涂蜡可防止颜料互相渗延。

条形饰边丝巾
Striped Bordered Scarf

需要准备

✂ 描图纸、软芯铅笔、记号笔、直尺或三角板（丁字尺）
✂ 丝绸珠针（高顶图画钉）
✂ 预洗过的薄电力纺丝绸
✂ 丝绸绘画框
✂ 普通蜡
✂ 蜡锅或双层蒸锅
✂ 爪哇式涂蜡器
✂ 熨烫固定型颜料
✂ 调色盘
✂ 细头画笔
✂ 吹风机
✂ 熨斗
✂ 报纸、牛皮纸或衬纸
✂ 剪刀和针
✂ 与织物匹配的缝纫线

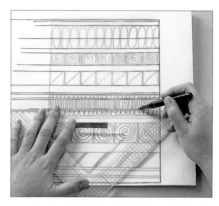

1 将书后所附图样放大，描出水平线。选一个比设计物边缘稍深一些的画框，将丝绸一端钉在画框上，注意周围要留出毛边。

2 将画框翻过来放在图案上，用软芯铅笔将水平线描在丝巾上。将蜡熔化（方法见第70页），用爪哇式涂蜡器描水平线，每个条纹末端要封严以免颜料渗延。蜡线要呈半透明状，否则从背面给不透明部分涂蜡。

3 用浅色如蓝灰色、土红色、浅粉色填充条纹，用吹风机固色，注意不要将丝巾上的蜡熔化。

4 将画框翻过来放在图案上，描出设计图案的细节，用爪哇式涂蜡器给细节上蜡。

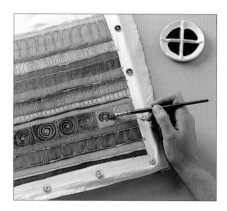

5 用暗色如紫色、蓝色、深红色和棕色绘制条纹和细节，用手指去除一些凝固的蜡。在丝巾另一端重复此过程。

6 用两片纸夹住丝巾，用熨斗熨烫去除蜡迹，此时丝巾仍然僵硬。修剪毛边，如可能，轻拉丝巾使其边缘平直，再将边缘卷起手缝好。干洗完成绘制的丝巾，使其恢复原有的垂感和光泽。

皮革被视为不寻常的巴提克蜡染材料，但是我们也可用与蜡染织物相同的方法给皮革染出裂纹的效果，只是这里用的不是蜡而是胶，颜料则是特制的皮革染料。

皮革书皮
Leather Book Cover

需要准备

- ✕ 描图纸、铅笔和圆珠笔
- ✕ 皮革
- ✕ 棉球（棉团）
- ✕ 美工刀和切割垫
- ✕ 刷子
- ✕ 胶
- ✕ 橡胶手套
- ✕ 羊毛涂抹工具（非必需）
- ✕ 黄色、红色、绿色和黑色皮革染料
- ✕ 软布
- ✕ 纸板
- ✕ 喷胶
- ✕ 衬板
- ✕ 皮革喷漆

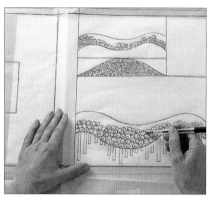

1 将书后所附图样描下，用棉球将皮革打湿，再将图样转印至皮革上。用美工刀在切割垫上裁下皮革准备制作书皮。最后将皮革晾干，用刷子蘸上胶涂抹无需作画的区域。

2 戴上橡胶手套，用棉球或羊毛涂抹工具蘸绿色染料，在一块皮革废料上挤一下以去除多余的染料，从一角开始轻轻在皮革表面涂抹，自然晾干。用胶涂抹要保持绿色的区域，再以同样的方法在其他区域涂抹黄色染料。

3 将黄色染料自然晾干，涂胶，然后用棉球涂抹红色染料。待皮革彻底晾干后用胶覆盖红色和绿色区域。

4 以同样的方法涂黑色染料。揉搓皮革以得到表面裂纹的效果。将皮革放在纸板上，用大块的湿棉球除去胶，并用冷水彻底漂洗。

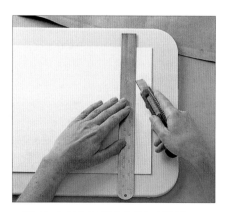

5 趁皮革湿时折出想要的效果，并折出夹角，晾干。在背面喷胶，在上面覆盖一块衬板，然后压平，喷上皮革喷漆。

这幅抽象画绘制在黑色棉布上，灵感来源于画家若昂·米罗的作品。创作时首先要检查棉布是否能够漂白，再在织物上留些蜡以保持其硬度。

现代画
Modern Painting

需要准备

- ✂ 描图纸和铅笔
- ✂ 薄纸
- ✂ 黑色钢笔
- ✂ 丝绸珠针（高顶图画钉）
- ✂ 65cm×45cm 预洗过的黑色棉布（可漂白的）
- ✂ 65cm×45cm 绘画框
- ✂ 遮蔽胶带
- ✂ 粉笔
- ✂ 普通蜡
- ✂ 蜡锅或双层蒸锅
- ✂ 中号装饰画笔
- ✂ 橡胶手套
- ✂ 碗
- ✂ 漂白剂
- ✂ 醋
- ✂ 染色刷
- ✂ 红色、黄色、橙色、蓝色和绿色染料
- ✂ 熨斗
- ✂ 报纸、牛皮纸或衬纸
- ✂ 缝纫机
- ✂ 黑色缝纫线
- ✂ 两根直径 1cm 的圆木棒
- ✂ 50cm 长的钓鱼线或线绳

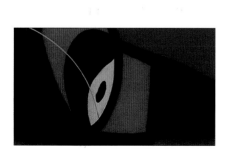

1 用黑色钢笔描绘书后图样至所需尺寸，然后将棉布钉在绘画框上，用胶带将图样粘在棉布背面。将绘画框拿到光源处，然后用粉笔轻轻地将图样转印至棉布正面。

2 在蜡锅或双层蒸锅里将蜡熔化（方法见第70页），在棉布上需保留黑色的部分用中号装饰画笔涂蜡。检查蜡是否已渗到棉布背面，如需要可用相同的方法在背面涂蜡。

3 将棉布从绘画框上取下，戴上橡胶手套，在通风处将棉布在稀释的漂白剂里漂白，直到棉布变成奶白色，漂白时要不断搅动以确保漂白效果均匀。漂白好后先在清水里漂洗，再放到加了醋的水里漂洗以中和漂白剂，最后在水里漂洗。

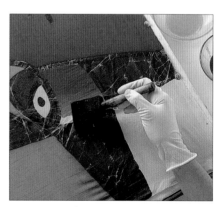

4 将棉布重新钉回绘画框使其晾干，检查蜡线是否牢固，有缝隙的地方重新上蜡。依照使用说明，用染色刷对未涂蜡的区域着色，然后晾干。

7 在画作左右两端缝好折边，在上下两端分别缝出 2cm 的折边。在上下两端插入做画轴的圆木棒之后，在上端画轴的两头绑上钓鱼线或线绳用于挂起。

5 将着色区域也涂上蜡，使整片棉布都覆盖有蜡层，这样可避免最后画作上留有蜡迹。最后将棉布从绘画框上取下。

6 将棉布夹在报纸、牛皮纸或衬纸之间，用熨斗持续熨烫，不断更换纸张直到纸上没有蜡迹，其间棉布会一直比较硬。

这个错综复杂的巴提克蜡染图案由四次浴染完成，铬黄、蓝绿、孔雀蓝和海蓝四色共同构成了这个漂亮的组合图案。

抽象图案靠垫罩
Abstract Cushion Cover

需要准备

✂ 82cm×90cm 预洗过的白色棉织物
✂ 剪刀
✂ 直尺
✂ 纸
✂ 黑色记号笔
✂ 铅笔
✂ 普通蜡
✂ 蜡锅或双层蒸锅
✂ 绘画框
✂ 绘画珠针（图钉）
✂ 爪哇式涂蜡器
✂ 纸巾
✂ 旧画笔
✂ 小桶
✂ 盐
✂ 橡胶手套
✂ 尿素和苏打（碳酸钠）
✂ 铬黄色、蓝绿色、孔雀蓝色和海蓝色染料
✂ 报纸、旧布或靠垫罩
✂ 熨斗
✂ 针
✂ 与织物匹配的缝纫线
✂ 缝纫机（非必需）
✂ 缝纫珠针
✂ 疏缝线
✂ 搭扣
✂ 配套的方形靠垫芯

1 剪一块边长为 47cm 的正方形织物和两块 47cm×30cm 的长方形织物。将书后所附图样放大后描在 41cm 见方的纸上，用记号笔描好轮廓，然后将图样转印至方形织物的中间。

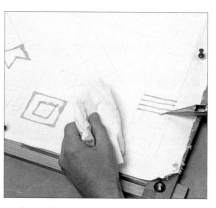

2 在蜡锅或双层蒸锅里将蜡熔化，用绘画珠针将织物钉在绘画框上，用爪哇式涂蜡器将需要保留为白色的区域涂蜡，用一叠纸巾阻止蜡滴下。

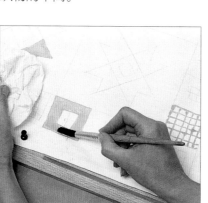

3 对图案的大片区域，先用爪哇式涂蜡器小心画出轮廓，然后用旧画笔填涂图案。白色区域全涂上蜡后，将画框翻过来，给未完全渗透的区域重新上蜡，彻底晾干。

4 准备好黄色染液，小桶装满半桶冷水，将 30mL 或 6 茶匙的尿素溶入 600mL 温水中，在另外一个容器里将 5mL 或 1 茶匙的铬黄色染料搅成糊状。将尿素溶液和染料倒入小桶搅开，再将 60mL 或 12 茶匙的盐溶入 600mL 温水中，然后倒入小桶，放入蜡染的方块布和长方形布搅 6min。将 15mL 或 3 茶匙的苏打用少量温水溶化后掺入小桶，放入织物浸泡 45min，不时搅拌。将织物取出后在冷水里漂洗直到水变清澈，挂起晾干。

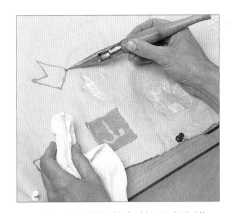

5 将需保留为黄色的区域涂蜡。以同样方法准备蓝绿色染液，将织物浸泡45min，漂洗干净后晾干，在需保留蓝绿色的区域涂蜡。

6 用10mL或2茶匙的染料做成孔雀蓝色染液，将织物在其中浸泡1h，漂洗后晾干，然后在需保留孔雀蓝色的区域涂蜡，将织物放进冷水中揉出裂纹。用15mL或3茶匙海蓝色染料备好染液，将织物在其中浸泡几小时后漂洗并晾干。

7 用旧布保护好烫衣板，将织物夹在几层纸之间，然后将蜡熨化，不断更换纸张直到蜡迹去除，残留的蜡迹可干洗或在开水里浸泡去除，趁织物潮湿将其熨平。

8 在每个长方形的边上缝制折边，重叠折边形成47cm见方的正方形，正面对在一起然后缝好。

9 将靠垫罩正面对在一起，前后钉牢。将蜡染织物的外边缘缝在一起，修饰缝边，夹住四角将靠垫套翻过来。

10 拆去疏缝线，展平四角，熨平缝边，在靠近边缘处钉好然后缝制内边，修剪线头，在返口内缘缝上一片小搭扣，填入靠垫芯并扣上搭扣。

织物染色

Fabric Dyeing

　　染色是一种将颜料渗入织物而不会将其弄脏的简单方法。与转印、印染和织物绘画相比，织物染色效果有着很大的不确定性，而这种不确定性正是该工艺的最为诱人之处。通常的染色技巧，如扎染、茶染、喷染、浸染和仿大理石染色，会产生不同的艺术效果。

这一章最重要的材料就是染料，适用于大多数织物的家用染料市场上有很多，包括增稠介质在内的特制染料可用于仿大理石染色。

材料
Materials

然后挂在户外晾干。给带色织物染色时要考虑其原有的颜色，需预洗以去除表面的浆层。

仿大理石染色增稠介质

在加入仿大理石染料前把此介质加入染盆的水中，注意遵循使用说明。

纸

用硬白纸制作拼补图样，切记要将纸和织物手缝在一起，也可以用多层报纸清除染盆中的仿大理石染料。

防护介质

涂在织物的某些区域以防止这些区域吸收染料。

皮筋

用以捆扎需要浸染的环形物品，可以形成染色边界。

盐

常加在染盆中以固定色彩，使用时须遵循使用说明。

线或绳

用以紧紧固定需扎染的物品。染色之前先试验线或绳的粗细以得到不同的染色效果。

吸水布或吸水纸

可将染过色的织物托起晾干。

染料

有粉状和液状两种。热水染料可使颜色更好地渗入织物，但可能会引起织物缩水，因此冷水染料更适合毛料和丝绸之类的一些织物，使用时务必谨遵使用说明。特制的水基染料可用于仿大理石染色。

织物浸蚀介质

用以去除天鹅绒等织物上的绒毛，多盛装于带管口的瓶中用以绘制图案。

织物

扎染适用于较华丽的织物，如天鹅绒、丝绸以及棉织物。无纹理的薄织物如真丝或棉布适用于仿大理石染色。粗重的人造毛可以浸染，此工艺最基本的工具是染盆，染盆要足够大足够深，以便将织物完全浸泡其中而取得均匀的染色效果。染色时尽量在户外进行。

工具
Equipment

取食签（牙签）

用于拉拽仿大理石染色时所用的塑料圈以形成图案，木制的取食签（牙签）最为适用。

梳子

用以创作羽状仿大理石染色图案，在木片上固定一排珠针就可制成仿大理石染色梳子。

染盆

用塑料碗或猫的便盆做冷水染盆，用隔热的金属碗或旧碟子做热水染盆。染盆必须足够大以使织物完全浸入并展平，仿大理石染色使用大的浅染盆。

熨斗

在扎染前可将织物上的褶皱熨平，也可依照使用说明将成品熨平和熨烫固色。

遮蔽胶带

用以暂时将织物或图案模板粘在工作台表面。

量壶（量杯）

可用于量取混合染料和仿大理石染色时需要的增稠介质，然后将混合物倒进染盆。

量匙

用于量度粉状染料。

针

普通缝纫针用于手缝，绣花针用于绣制。

画笔

用细头画笔可将仿大理石染料滴在染盆中的溶液表面。

吸液管（点眼药器）

用来将仿大理石染料滴在染盆中的溶液表面。

橡胶手套

戴上橡胶手套可以避免把双手弄脏。

三角板（丁字尺）

用于精确测量面积。

消失笔

用来将图案暂时画在织物上，也可用画粉代替。

这一章所使用的染色技巧都便于操作。如果给带颜色的织物染色，要考虑颜色混合后所形成的最终效果。

织物染色技巧
Fabric-dyeing Techniques

制作染料溶液　　家用染料以片剂出售，这种染料可以轻易渗透到天然织物如棉、丝、毛、麻的纤维里。

1 将片剂或粉状染料溶入一定量的水中，搅拌后倒入染盆中。

2 浸入织物，染盆须足够大以便织物在其中能自由移动。

3 茶染染料可以将织物染成仿古的乳白色。将一个茶包放入水中直到得到所需的色调。

浸染　　浸染最适宜给无法完全浸入染液的物品（如布料灯罩）染色，也可用于给多色织物染色。

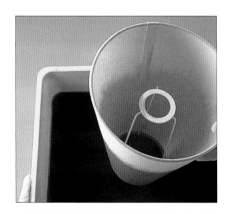

1 如果想使所染色彩分开，可将织物浸入第一种染料后晾干，在两种颜色之间留出一条空隙，以防颜色互相渗延。

2 也可将需浸染的织物趁一种颜色未完全干时再浸入另一种颜色中，使两种颜色彼此渗延形成漂亮的羽状图案。

3 将流苏的一端或将织物折叠后浸入染料中，方法简便但效果甚佳。

扎染

扎染的魅力在于其效果的不可预见性。通过折叠、打褶和在织物中绑上东西使得这些区域在浸入染液中时无法染上色彩，这样就会形成种类繁多的图案。着手染色之前要在废料上进行试验。

要想形成圆形图案，在染色之前要将一些圆形的物品如硬币、扣子或小扁豆包入织物。用线绳或皮筋绑紧以免染料渗入。

要创作水平线，可将织物均匀地折叠或打褶，也可折成不规则的手风琴状，然后均匀地绑紧。

对于花边或斑点花纹，要将织物卷在线绳上，将线绳两端拉紧形成圆圈，然后将织物从两端向中间挤紧，将两端的线绳系紧。

要创作蛛网图案，可将扁圆形物品包入织物，然后用线绳扎紧形成一束。戴上橡胶手套，依照使用说明用手工染料制成染液，染盆要足够大，使织物可在其中自由活动而染上均匀的颜色。将准备好的织物浸入染液，上下翻动以确保染料对所有区域着色。

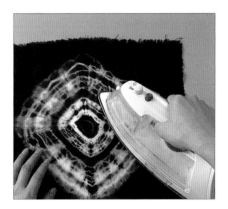

一旦染成满意的色彩（浸入染液越久颜色越重），就将织物取出在冷水里漂洗直到水变清。去掉捆绑物，将织物放在加了少量清洁剂的温水里漂洗，趁织物未干将其熨平，依照使用说明用熨斗熨烫固色。

喷染

将 2.5mL 或是半茶匙的染料倒入玻璃杯，用冷水调成膏状，然后与 300mL 的化学水混合。量出 20mL 或 4 茶匙的混合溶液装入喷壶，再加入等量的苏打水，喷染织物。在喷染不同颜色时要有几分钟间隔，可将整张织物均匀喷染，或在某些区域加强喷染。一种颜色喷染后可以在上面粘上防护纸，然后再喷染其他颜色。防护纸去除后将织物晾干，用热熨斗熨平，在热肥皂水中漂洗，晾干后再熨烫。

仿大理石染色

给织物进行仿大理石染色和给纸染色的方法相似，薄的或无纹理的织物，如细绸或薄棉布，因其能均匀快速地吸收染料而较适于此种工艺。特殊的仿大理石染料和染料套装都可以使用。

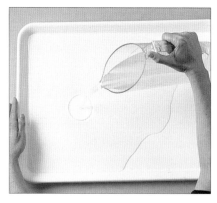

1 染盆要深到足够能盛下至少5cm深的染料溶液，同时要大到可使织物在其中展平。用量壶（量杯）混合仿大理石染色增稠介质，然后将其倒入染盆。

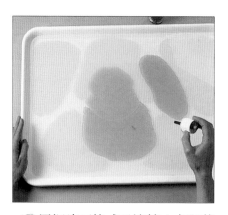

2 用细头画笔或吸液管（点眼药器）将仿大理石染料滴在水面上，染料会散开浮于水面上。如果所用染料过多，染料就会沉入水底使溶液混浊。

3 如果染液表面被染料覆盖，用细工具如取食签（牙签）或针状物轻挑染料表面，如创作羽状纹理需将梳子轻托划过染料表面。将不同的颜色层层滴在染盆中，可创作出大幅的环状图案。

4 当形成悦目的图案后，将织物小心放置在染料表面，可先放织物的顶端，也可先放织物的中间以防止起泡。织物吸收染料后，将织物揭起，在冷水中漂洗，晾干，然后熨烫。

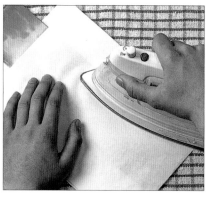

5 依照使用说明熨烫固色，这个过程常需要熨烫织物背面。

在这个可爱的设计里，美人鱼的身体上涂有防护介质，能防止这些部分染上颜色。用金色颜料给美人鱼描轮廓，用冷水手工染料染出随意的水印效果。

美人鱼浴帘
Mermaid Shower Curtain

需要准备

- ✂ 剪刀
- ✂ 8m 平纹细布（粗棉布）
- ✂ 织物记号笔
- ✂ 中号画笔
- ✂ 防护介质
- ✂ 布或毛巾
- ✂ 熨斗
- ✂ 海绿色冷水染料和染盆
- ✂ 金色轮廓线织物颜料
- ✂ 缝纫珠针
- ✂ 浴帘衬里
- ✂ 缝纫机
- ✂ 与织物匹配的缝纫线
- ✂ 2m 浴帘胶带
- ✂ 2m 魔鬼粘

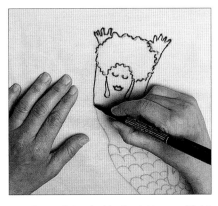

1 将平纹细布剪成四片 2m 的长条，标出美人鱼的位置。将书后所附美人鱼图样放大，将每片布放置在图样上，然后用织物记号笔将美人鱼的轮廓画在织物上。

2 用防护介质涂美人鱼的上半身，然后晾干。用布或毛巾覆盖织物，然后用热熨斗熨烫 2min 以固定介质。依照使用说明将织物折叠，然后用海绿色染料为其染色，晾干后熨平。

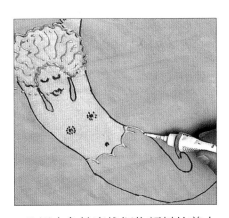

3 用金色轮廓线织物颜料给美人鱼的头发和鳞片涂色，然后加上泡泡，铺平晾干。将平纹细布条用珠针固定在一起，然后修剪，使其与浴帘衬里大小一致。将织物粘在排成网状的浴帘胶带上面，用魔鬼粘将浴帘粘在浴帘衬里上。

用赤红色和樱桃红色两种色彩艳丽的染料可为普通的纯色织物灯罩浸染出可爱的羽状花纹。灯罩下方的珠子装饰为成品增色不少。

浸染灯罩
Dip-dyed Lampshade

需要准备

✂ 深的染盆
✂ 樱桃红色和赤红色冷水染料
✂ 橡胶手套
✂ 白色亚麻灯罩
✂ 吸水布
✂ 纸和铅笔
✂ 量角器
✂ 直尺
✂ 樱桃红色多股绣线
✂ 大眼绣针
✂ 12 颗红色大玻璃珠子
✂ 12 颗小珠子（非必需）
✂ 剪刀

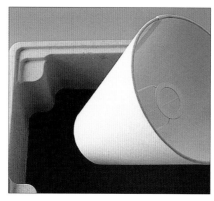

1 将樱桃红色染料在深的染盆里调好。戴上橡胶手套，用手拿住灯罩底部，将灯罩的三分之二浸在染液里，过几秒取出，重复此动作以加强色调。取出灯罩放在吸水布上。

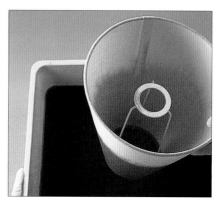

2 趁灯罩微微湿润，将上部5cm长的部分浸入赤红色染液。取出灯罩放在吸水布上晾干，使第二种颜色渗延至第一种颜色。

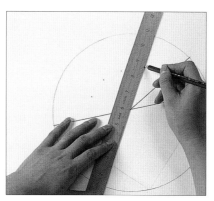

3 将晾干的灯罩放在一张纸上，用铅笔画出其底部轮廓，用量角器和直尺将圆等分成每份30°角的扇形。

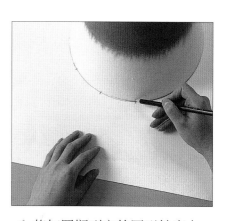

4 将灯罩搁到它的圆形轮廓上，用铅笔轻轻将等分点标在灯罩底部。

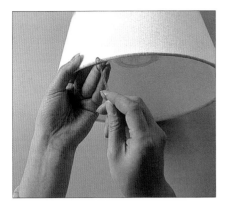

5 将绣线折成双股穿针。将针穿过灯罩上的一个等分点，然后穿过线圈并拉紧，穿上一个大珠子后在离灯罩 3cm 处将线打结。如果线结太小珠子脱落的话，就在打结前再穿一个小珠子。

6 将针重新穿过大珠子，藏好不规则的线头，然后将线剪断。重复第 5、6 步，直到装饰好整个灯罩的底部。

为仿大理石染色的丝织品加上填料以更好地保护眼镜。在每个填料格的四角装饰上小珠子，然后在袋子顶端装饰上丝带玫瑰。

仿大理石染色眼镜袋
Marbled Spectacle Case

需要准备

- ✄ 30cm 见方的浅染盆
- ✄ 仿大理石染色增稠介质
- ✄ 细头画笔
- ✄ 仿大理石染料
- ✄ 木质取食签（牙签）
- ✄ 直尺
- ✄ 剪刀
- ✄ 预洗过的丝绸
- ✄ 熨斗
- ✄ 软填料（棉絮）
- ✄ 棉布
- ✄ 针
- ✄ 疏缝线
- ✄ 消失笔
- ✄ 缝纫机
- ✄ 与织物匹配的缝纫线
- ✄ 缝纫珠针
- ✄ 窄丝带
- ✄ 直径 5mm 的贝形珠
- ✄ 6 个丝带玫瑰

1 备好浅染盆，然后加入仿大理石染色增稠介质。在染液表面滴数滴染料，用取食签先水平再垂直间隔拖画染料以形成羽状图案。

2 剪出与染盆相配的一片 30cm 见方的丝绸，轻轻地将丝绸的顶端或中间放在染盆中以防止产生气泡。

3 等丝绸吸收好染料后将其轻轻揭起，然后用冷水漂洗以去除增稠介质，晾干。依照使用说明用干熨斗中温熨烫固色。

4 剪出一块 30cm 见方的软填料和一块稍大一些的衬布。将衬布铺在工作台上，在其中间放上软填料然后盖上丝绸。每行相隔 3cm 把这三层材料用疏缝线缝在一起，用消失笔在织物表面画出每行相隔 2.5cm 的斜网格。

5 机缝斜网格，将缝好的材料剪成边长 20cm 的正方形，然后将正方形翻过来对折，将底边和侧边用缝纫珠针钉在一起，在离边缘 1cm 处机缝，最后用 Z 形针修饰后将袋子翻回正面。

6 剪一段 20cm 长的丝带，对折熨平后用针缝在毛边上。在每个交叉点上都钉上一颗贝形珠，将丝带玫瑰缝在返口下方。

将毯子按照热水袋大小剪成布片浸在茶袋和棕色染料里，然后用此材料做成柔软而漂亮的儿童用热水袋套，用拉绳将口系紧。

茶染热水袋套
Tea-dyed Hot Water Bottle Cover

需要准备

- ✂ 2~3 个茶袋
- ✂ 染盆
- ✂ 橡胶手套
- ✂ 预洗过的旧毯子或羊毛织物
- ✂ 熨斗
- ✂ 布
- ✂ 棕色手工染料
- ✂ 热水袋
- ✂ 铅笔和纸
- ✂ 剪刀
- ✂ 画粉
- ✂ 缝纫机
- ✂ 与织物匹配的缝纫线
- ✂ 1.5cm 宽的棕色丝带
- ✂ 缎子斜纹镶边条（非必需）
- ✂ 1m 棕色细绳
- ✂ 安全夹
- ✂ 消失笔
- ✂ 多股绣线
- ✂ 绣针
- ✂ 小扣子
- ✂ 针

1 将 2~3 个茶袋浸入一个小的热水染盆中直至茶色变浓，将一片旧毯子或羊毛织物浸入其中，搅动，直至得到满意的色彩。如果需要可再染一遍，晾干后放在湿布下熨平。

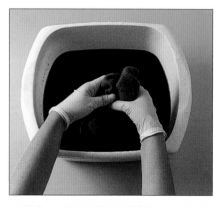

2 依照使用说明用棕色手工染料给做热水袋套的大片织物染色，晾干后放在湿布下熨平。

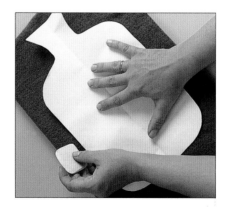

3 按照热水袋大小画出轮廓模板。将棕色织物折叠，然后将模板放在上面，用画粉画出轮廓，上下两面都呈长方形，要大到足以装下整个热水袋。

4 在上下两面的反面离顶端 5cm 处缝上丝带，留出 1cm 宽的缝份将上下两面缝在一起，在丝带下方留出开口。将长边缝好，将袋子上端折进去露出丝带作为顶边，最后缝好。

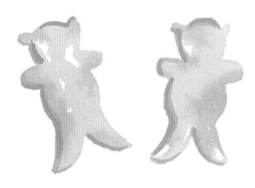

 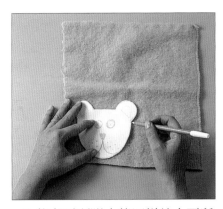 

5 将细绳剪成两段，用安全夹将一段细绳穿入一个开口处，绕布袋一周再将细绳从开口处穿出，两端打结。重复此动作，将另一段细绳从另一个开口处穿出。

6 将书后所附小熊图样放大至所需尺寸，用消失笔画出小熊轮廓，剪出小熊的脸，在小熊脸上画出细节。

7 用多股绣线手缝小熊的脸部细节，加上扣子作为眼睛。将小熊的脸用暗针缝缝在袋子正面，注意缝时不要缝到袋子的下片。

先将织物顺着长边浸染再顺着宽边浸染，巧妙地使染料渗延，注意小心选择颜色，以免染色模糊，最后简单地给垫子镶上丝带边。

双染餐具垫
Double-dyed Place Mats

需要准备

- ✂ 剪刀
- ✂ 白色棉织物
- ✂ 三种冷水手工染料
- ✂ 大染盆
- ✂ 橡胶手套
- ✂ 布夹（衣夹）
- ✂ 熨斗
- ✂ 色彩对比强烈的丝带
- ✂ 缝纫珠针
- ✂ 针
- ✂ 疏缝线
- ✂ 绣线
- ✂ 针

1 将织物剪出理想的尺寸，剪时沿织物的纹理剪裁以确保垫子的边缘平直。织物在染色时可能会有损耗，因此要多留出 1~2cm，依照使用说明制作第一种染液。用水将织物打湿。

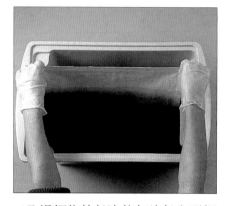

2 沿织物的长边将每片长方形织物浸入染液，浸入部分不要超过宽度的三分之二。待织物颜色达到满意后（织物在染液中浸的时间越长颜色越重），将其取出，然后在冷水中漂洗直至水变清。

3 准备好第二种染液，趁织物湿润沿长边将未染色的区域浸入染液，之后准备第三种染液。

4 沿每个垫子的宽边将其浸入染液使一半的面积染色，用布夹将织物另一边夹在染盆上。染盆中的颜色会掩盖前两种已染的颜色而形成精巧的晕染效果。用温和的洗涤剂洗涤垫子直至水变清，趁湿润将其熨平。

5 修剪垫子的边缘，将丝带横折并用珠针固定在垫子四周形成镶边，用疏缝线固定。用绣线以毯边锁缝针法缝制丝带使其固定，最后去除疏缝线。

如果你有不再使用的羊毛毯，可将其染成柔和的色彩，然后用华丽的天鹅绒丝带镶边做成靠垫罩。

天鹅绒镶边靠垫罩
Velvet-edged Throw

需要准备
✂ 厚羊毛织物
✂ 剪刀
✂ 橡胶手套
✂ 手工染料
✂ 大染盆
✂ 熨斗和熨烫布
✂ 斜纹缎子镶边
✂ 缝纫机
✂ 与织物匹配的缝纫线
✂ 针
✂ 疏缝线
✂ 褶裥花边丝带
✂ 宽天鹅绒丝带
✂ 珠针

1 将织物修剪成正方形或长方形，洗去表面的浆层。将染料在大染盆中调和，在一片布（这块布可用来对比选择镶边的丝带）上试用染料。将织物染色后，在清水里彻底漂净，晾干后将织物放在湿布下熨烫。

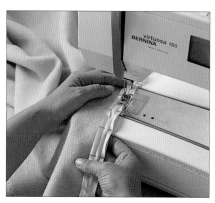

2 缝制镶边。将斜纹缎子镶边机缝在织物四周正面，然后将镶边折向反面固定，可在织物背面手缝或机缝，将多余的镶边小心折进织物的边角里。

3 在织物正面紧挨镶边处缝制上褶裥花边丝带并遮盖住镶边，用与织物匹配的缝纫线沿丝带边将其固定。

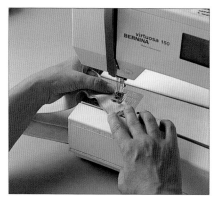

4 剪出四条与织物边配色的天鹅绒丝带，用对角线针迹将丝带正面相对固定，形成夹角。

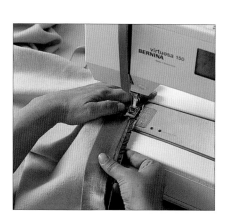

5 用珠针将丝带固定在织物上，然后手缝或机缝固定。在固定天鹅绒丝带时要小心，否则很容易留下针迹。

将熨出褶皱的织物用线或绳扎好进行扎染可形成简洁的图案，在给有色织物染色时只需一种染料。

褶皱桌布
Pleated Table Runner

需要准备
✂ 熨斗
✂ 预洗过的浅紫色双宫茧丝绸
✂ 直尺
✂ 剪刀
✂ 细线或细绳
✂ 橡胶手套
✂ 染盆
✂ 蓝色手工染料
✂ 针
✂ 与织物匹配的缝纫线

1 趁预洗过的丝绸湿润将其熨平，剪出适合桌子的尺寸（长度要包括流苏），四边都留出 4.5cm 损耗余量。

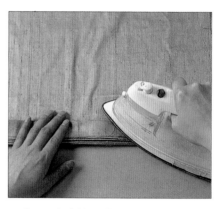

2 用熨斗将织物熨出手风琴状的褶皱，每个褶皱约 3cm 宽。如果桌布过长，水平褶皱不好操作，可选用垂直褶皱。

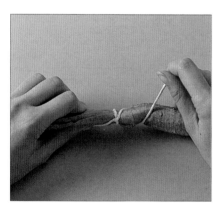

3 用细线或细绳沿褶皱将织物扎紧，每隔 7.5cm 扎一下。捆扎要从中间向两边进行。

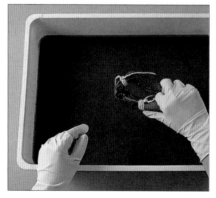

4 戴上橡胶手套，准备好大的染盆以便织物能在其中自由移动。在放入染盆之前要先将捆绑的织物打湿，依照使用说明染色，待颜色达到满意时，将织物取出放在冷水中漂洗直至水变清，去除捆扎绳并洗净残留染料。

5 趁织物湿润将其熨平。用针在桌布两短边挑去纬线形成 4cm 长的流苏。将织物对折确保其为正方形，然后沿长边剪去 2.5cm。沿长边熨出 1cm 的双折边，用暗针缝将其仔细固定，将两端的流苏修剪齐。

孩子们会很喜欢这种人造毛和棉质的地垫，尤其当他们席地而坐的时候。此地垫是用两种色彩对比强烈的颜料浸染而成的。

圈饼形地垫
Doughnut Floor Cushion

需要准备

- ✂ 80cm 见方的纸
- ✂ 直尺或卷尺
- ✂ 50cm 长的绳子
- ✂ 软芯铅笔
- ✂ 剪刀
- ✂ 缝纫珠针
- ✂ 1m 白色人造毛织物
- ✂ 1m 白色厚棉布
- ✂ 橡胶手套
- ✂ 蓝绿色和红色冷水染料
- ✂ 染盆
- ✂ 缝纫机
- ✂ 与织物匹配的缝纫线
- ✂ 袋装聚苯乙烯（泡沫聚苯乙烯）丸
- ✂ 大杯子或烧杯

1 将纸折叠两下，将绳固定在铅笔的一端并留出7.5cm的长度。将绳的末端固定在纸角上并在折层上画弧线，将绳的长度加至35cm再画一条弧线。将纸打开钉在人造毛织物上，剪出图形，在棉布上也剪出相同的形状。

2 测量两个圆周，每个圆周再加上 10cm，剪出三片棉布，每片宽 20cm，两片作为圈饼形地垫的外边，一片作为内边。在每片布的背面用软芯铅笔画出中线。

3 戴上橡胶手套，将两种染料依照使用说明在染盆中混合。将每片织物在离中线 2cm 处打湿，将打湿的一边浸入蓝绿色染液，另一边留在染盆外。染好后取出织物使染料滴回染盆，垂挂晾干。

4 以同样方法将每片织物的未染色部分浸入红色染液，在两种色彩之间留 2~3cm 空隙以防止两种颜色互相渗延。

5 将织物正面对在一起，把一个内边的镶边对折，然后将两端缝 20cm 做成内边缘。将内边缘的一边用珠针固定在人造毛织物的内边缘上，用 Z 形针迹将毛边缝好。将两个外边固定好并缝成环状，然后将外边同人造毛边固定缝合。把地垫翻过来，将其外边缘与棉质垫底缝在一起，用 Z 形针迹完成制作，将地垫正面小心翻出。

6 将内毛边向里翻，用包缝锁边针法将内边缝到地垫底部返口处，留出 15cm 返口，装进泡沫聚苯乙烯丸，将返口缝严。

将笔记本、鞋盒和纸筒包上仿大理石染色织物后就可制成风格统一的文具套。金属配件给整套作品增加了传统色彩。

仿大理石织物包装文具套装

Marbled Fabric Desk Set

需要准备

✕ 大的浅染盆
✕ 仿大理石染色增稠介质
✕ 橡胶手套
✕ 黑、白两色仿大理石染料
✕ 尖头工具（签子）
✕ 剪刀
✕ 棉缎
✕ 双面胶
✕ 两个横截面为方形的小木条
✕ 笔记本、鞋盒和大纸筒
✕ 强力织物胶
✕ 金属镶边框
✕ 小锥或小钻
✕ 铆钉工具和铆钉

1 在染盆中装约5cm深的冷水，加入仿大理石染色增稠介质。戴上橡胶手套，在染液表面滴几滴黑色仿大理石染料。

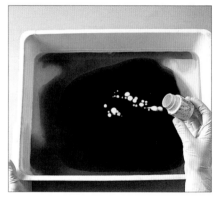

2 在黑色染料表面滴上几滴白色仿大理石染料。

3 用尖头工具轻轻地将两种染料搅成旋涡状仿大理石图案。

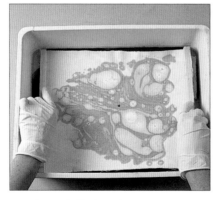

4 将织物剪成适合染盆大小的长方形，用双面胶将第一片织物的每个边都粘在木条上，这样可以使织物展平易于操作，握住木条将织物正面朝下轻轻放在水面上。

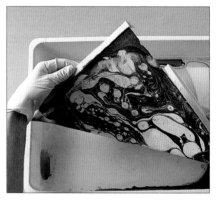

5 小心提起织物，去除胶带，挂起晾干。将剩余织物以同样方法染色以便够所有文具使用。

6 要想给大笔记本包上书皮，需要在书的封面上粘上双面胶。取一块比笔记本大 5cm 的织物将其包好压平，在每个角斜裁一刀，将露出的边涂上织物胶粘在里面。在正面放置一个金属镶边框，用小锥或小钻在每个固定点钻一个孔，用铆钉工具和铆钉将其固定。

7 剪一块比笔筒长 5cm 且比笔筒周长长 1cm 的织物制作笔筒，在笔筒底边折叠后涂上胶粘成小的折边，在笔筒上涂上织物胶，然后用织物包裹笔筒，粘好边缘。将上端多出的织物剪成小条，在笔筒内部涂胶，将小条粘在笔筒里面。

在天鹅绒和绸缎等豪华织物上进行茶染效果甚佳。可在织物中包入各种圆形物体（如扣子和珠子）进行染色，然后将各片织物手缝在一起。

茶染拼贴坐垫
Tie-dyed Patchwork Cushion

需要准备

- ✂ 小块纸板
- ✂ 直尺
- ✂ 剪刀
- ✂ 浅色织物，如天鹅绒、双宫茧丝绸、绸缎
- ✂ 消失笔
- ✂ 硬币、小扁豆、扣子和珠子
- ✂ 皮筋
- ✂ 橡胶手套
- ✂ 四种颜色的冷水手工染料
- ✂ 染盆
- ✂ 熨斗
- ✂ 硬纸
- ✂ 缝纫珠针
- ✂ 针
- ✂ 疏缝线
- ✂ 与织物匹配的缝纫线
- ✂ 坐垫芯

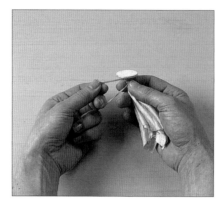

1 设计坐垫前片和后片要由多少块碎布头拼成。布片边缘要多出 2cm，然后用纸板剪出相同尺寸的模板，依照模板剪出计划所需的布片，在每片布里包上圆形物品，如扣子或硬币，然后用皮筋绑紧。将包好的小包分成四份，每份里都有不同材质的织物。

2 戴上橡胶手套，依照使用说明准备好染浴，将小布包按规定的时间浸泡在染浴中，然后取出在冷水中漂洗直至水变清。去除皮筋后再将布片放入加有温和洗涤剂的温水中洗净。

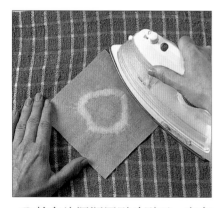

3 趁布片湿润用熨斗熨平，在布边 1cm 处将布片修剪方正。

4 将纸板上多出的 2cm 修剪去，仿照纸板模板制作相同的纸模板，将纸模板放在每个布片的反面，折起多余的布边然后钉上珠针。

5 整好布角然后用疏缝线固定四边，将纸和布缝在一起。将四个布片做宽边、八个做长边缝成一个长方形，长边对折后就形成坐垫套的前片和后片。按照自己心仪的颜色排列布片。

6 将布片的正面缝在一起，除了坐垫四边的布片外其余的角全部缝严。去除疏缝线和模板，将缝好的长方形垫上湿布熨平，将长方形正面相对对折，将两个边缝好。

7 将缝份在返口处折好固定，将坐垫套正面翻出，然后塞入坐垫芯，用缝纫珠针固定，再将返口缝严。

这种漂亮的金字塔形小袋子由喷染的三角形织物制成，袋子上装饰有珠子并缝有丝带环，便于挂上衣架。

喷染薰衣草香袋
Spray-dyed Lavender Bags

需要准备

✂ 红色、蓝色、紫色活性染料
　和化学水形成的溶液
✂ 喷染工具，包括橡胶手套、
　喷雾瓶、烧杯和吸管
✂ 预洗过的白色薄棉布，如粗
　棉布或薄纱
✂ 纸和铅笔
✂ 剪刀
✂ 缝纫机
✂ 与织物匹配的缝纫线
✂ 窄丝带
✂ 干薰衣草
✂ 针
✂ 小珍珠

1 选择自己喜欢的颜色对织物进行喷染（见第 97 页）。将书后所附图样放大后剪下，标出 a、b、c、d、e 和 f 点。按照图样剪出制作袋子的织物，与织物纹理的方向匹配。一个三角可制成一个袋子。

2 在布料四周留出 5mm 的缝份，将 a 点折向 b 点，并由点 ab 机缝至点 d；将 c 点折向点 ab，并由点 abc 机缝至点 e。这时布料会形成金字塔形。

3 用 10cm 长的丝带折个环，环端与金字塔 abc 处的织物毛边缝在一起，然后由此点机缝至点 f。将袋子正面翻出来。

4 将袋子松松地填满薰衣草，用暗针缝仔细缝合开口。

5 沿金字塔形的底部缀上小珍珠，每缀三四颗珍珠就用回针缝固定一次。

丝带工艺品

Ribbonwork

　　数百年来，丝带或被用来固定衣物，或被用来作为单纯的装饰物，可以给普通物品瞬间增添奢华气息。如今尽管丝带已很少应用于衣物，但它仍然保持着其特有的吸引力。现在丝带多用于制作蝴蝶结和玫瑰花以装饰礼物或女帽，也可给软质家具和时髦套装增添质感和亮色。

丝带的质地、颜色和宽度都多种多样，从粉色的泡泡纱到锦缎质地的印花图案设计，丝带可谓种类繁多。

丝带
Ribbons

1 裁边丝带
由整块宽丝绸剪成细条而成，有镶边和不镶边两种，特殊的收边技术使丝带不易磨损。

2 罗缎丝带
具有特殊的交叉凸条花纹，比其他丝带挺括、密实。

3 提花丝带
在纺织过程中嵌入了精细而繁复的花纹。

4 蕾丝边缎带和提花丝带
带有蕾丝边的丝带。

5 锁边丝带
具有精细的丝线绣制的针迹，中间常嵌有硬线，可使裁边丝带更稳定，凸显装饰效果。

6 仿金属丝带
由具有金属光泽或珍珠光泽的纤维织成的丝带。

7 云纹丝带
指具有水印效果的丝带。

8 塔夫绸缎带
一种宽边上有彩色底纹的精美丝带。

9 彩色格子丝带
有流行的经典丝带花纹，常具塔夫绸质地。

10 缎带
缎带或两面都有光泽，或一面有光泽、一面亚光。

11 透明丝带
一种几乎透明的精致丝带。

12 闪光塔夫绸缎带
具有不同的经线和纬线（通常颜色对比鲜明），呈现出漂亮的光泽和不同色彩的底纹。

13 天鹅绒丝带
浓密而华丽的天鹅绒手感舒适、颜色绝佳，市场上也可买到仿制品。

14 硬线镶边塔夫绸缎带
制作精细，亚光收边，丝带两面色泽一致。

15 织边丝带
呈狭长条状，两边都有防破边收边，适用于洗涤频繁或易磨损的物品。

做基本的丝带工艺品只需准备针线和剪刀，但是后面所讲的一些物品制作则需要稍专业些的工具，这些物品在工具店里都能买到。

工具
Equipment

不在话下。初学者比较适合使用小型胶枪。任何黏合剂和胶枪都要放在小孩不能拿到的地方。PVA 胶和白乳胶适用于大面积黏合且易晾干。双面胶适用于纸质物品且能使成品保持干净整洁。

缝纫线

涤纶线颜色丰富，因此要想找到与丝带匹配的线并不困难。

剪刀

小而锋利的剪刀用来修剪线头和剪断丝带，大的缝纫剪刀用来剪织物，可再准备一把剪刀专门用来剪纸。

剪好的金属线（花茎金属线）

这种又粗又直的金属线常用来支撑花柄，也可用来制作丝带玫瑰的花柄。

卷尺

可用来测量丝带和织物的长度，也可用来测量丝带编织的进度。

编织板

这种隔热、表面覆盖织物的软板可以很容易插上珠针用于编织，也可以用烫衣板替代。

丝剪

用于剪切花茎金属线和金属线，如图中的钳子可用来剪金属线，也可用于金属线的塑型。

画粉

可以在织物或丝带上绘制图样或标示特殊的区域，画粉痕迹可以轻易去除。

缝纫珠针

在丝带工艺品制作过程中，这种既长又直的珠针用途很多。玻璃头或珠头的珠针使用方便，更常用于编织丝带。

制花胶带

延展性极好，呈绿色且单面有

胶枪、制花胶带、剪好的金属线等是制作书中一些物品的必备工具和材料。对于其中大多数物品而言，各种缝纫工具是必不可少的。

胶，常用来包裹金属花茎或捆绑鲜花的花茎。

胶枪和胶

尽管胶枪并非必需，可一旦购买你会觉得用起来特别顺手。胶枪大小各异，可快速而准确地涂胶，即便是不易操作的地方也

编织丝带可呈现炫目的效果，可用于各种软包以及小物品的装饰镶边。此处所讲的方法包括将丝带熨烫在粘贴衬布上。使用天鹅绒材质时可将丝带正面朝下以保护绒面，并将丝带粘贴在成品背面。

丝带编织
Ribbon Weaving

编织基本步骤

任何品种的丝带都可用于编织，但如果成品需要清洗则须用可水洗的织边丝带。

需要准备

- ✂ 记号笔
- ✂ 直尺
- ✂ 卷尺
- ✂ 熨烫粘贴衬布
- ✂ 编织板
- ✂ 丝带
- ✂ 玻璃头珠针
- ✂ 剪刀
- ✂ 熨斗和湿布

1 将熨烫粘贴衬布剪成丝带编织的方形大小，四周标出 2.5cm 的缝份，然后用珠针钉在编织板上，在上面涂胶。

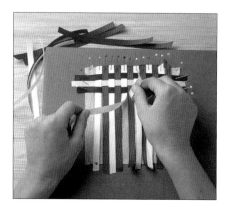

2 将经线或垂直方向的丝带的一头用珠针钉在编织板上，编入纬线或水平方向的丝带，将纬线丝带的两头都钉在编织板上，珠针头部向外倾斜。

3 将经线丝带的下端钉在编织板上，用干熨斗将编织好的丝带中温熨烫粘贴在衬布上。用熨斗的尖部熨烫四边。

4 丝带在衬布上粘贴牢固后，去除珠针，将编织好的丝带翻过来，用蒸汽熨斗或在丝带上垫上湿布再次熨烫，晾干。

此处给出的丝带数量为编织整个方形（20cm 见方）所需的数量，如需使用两种或两种以上颜色的丝带，则要用总数除以丝带种类数。此处所给数据均已包含边缘损耗。

丝带宽度	丝带长度
5mm	20m
7mm	14.6m
9mm	11m
15mm	6.6m
23mm	4.6m

平织织法

30cm 见方丝带编织需要准备

✂ 熨烫粘贴衬布: 35cm 见方
✂ 红色丝带: 1510cm×0.6cm
✂ 蓝色丝带: 1510cm×0.6cm

1 如上页步骤中所示准备熨烫粘贴衬布, 两种丝带都剪成35cm长, 将红色经线丝带顶端并排钉在编织板上。

2 将第一根蓝色纬线丝带编织在第一根经线丝带之上、第二根经线丝带之下, 依照此顺序编织至丝带末端。将纬线丝带上推至顶端然后用珠针将两端拉紧固定, 再将第二根纬线丝带编织在第一根经线丝带之下、第二根经线丝带之上, 依照这种方法编织完第二根纬线丝带。

3 依次变换纬线丝带在经线丝带上的上下位置, 直至编织完整个方形。如上页所述熨烫之前要检查丝带是否排列整齐, 如果最后一根纬线丝带已超过边线9mm, 要将所有纬线丝带上推使排列更加紧密, 也可将最后一根纬线丝带去除。

块状织法

30cm 见方丝带编织需要准备

✂ 熨烫粘贴衬布: 35cm 见方
✂ 蓝色丝带(A): 850cm×1cm
✂ 黄色丝带(B): 1200cm×1cm
✂ 红色丝带(C): 550cm×1cm

1 如上页所示备好熨烫粘贴衬布, 所有丝带都剪成35cm长, 依照下列顺序将经线丝带顶端钉在编织板上: 蓝色、黄色、红色、黄色(ABCB)。

2 将纬线丝带按相同顺序钉在一侧, 从左上角开始, 按照以下顺序编织四排:

第一排: AB 之上, C 之下, BAB 之上, C 之下, 直至末端。

第二排: A 之下, BCB 之上, 直至末端。

第三排: A 之上, B 之下, C 之上, B 之下, 直至末端。

第四排: 编织方法同第二排。

3 完成编织后, 如上页所示将丝带熨烫固定在衬布上。这种编织方法尤其适合两种彩色丝带的编织。无论色彩细腻还是明艳, 选择对比强烈或互补色调的丝带都会带来强烈的视觉效果。可随意使用不同宽度的丝带。

"之"字织法

30cm 见方丝带编织需要准备

✂ 熨烫粘贴衬布: 35cm 见方
✂ 黄色丝带: 1540cm×0.6cm
✂ 蓝色丝带: 1460cm×0.6cm

1 如上页所示备好熨烫粘贴衬布, 将丝带都剪成35cm长, 沿编织板的上端和左侧将黄色和蓝色丝带交替钉好。

2 按照以下顺序编织纬线丝带, 形成四排:

第一排: 两下, 两上, 直至末端。

第二排: 一下, 两上, 两下, 两上, 直至末端。

第三排: 两上, 两下, 直至末端。

第四排: 一上, 两下, 两上, 两下, 直至末端。

3 按上页所述将编织好的丝带熨烫粘贴在衬布上。

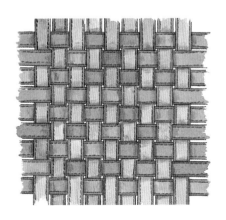

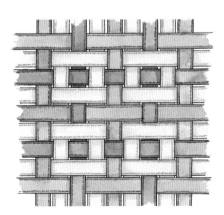

用丝带和蝴蝶结可以对枕套进行装饰，使普通的床上用品顷刻间变得华丽起来。儿童房里可用亮色的格子花纹丝带，也可用偏冷色调的丝带达到更加雅致的视觉效果。

枕套镶边
Pillowcase Edgings

需要准备

✂ 纯白色棉布枕套
✂ 各种宽度的纯色丝带和格子花纹丝带
✂ 卷尺
✂ 剪刀
✂ 粘贴网
✂ 熨斗
✂ 针和与丝带匹配的缝纫线
✂ 缝纫珠针

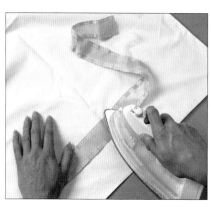

1 对于后开缝的枕套，可剪出三条比枕套的宽边长5cm的丝带，再剪出三条与丝带尺寸一致的粘贴网用于固定每条丝带。

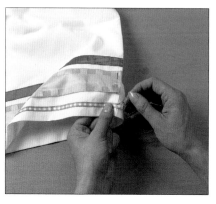

2 将枕套毛边翻进去，在枕套两端缝上丝带，用小针迹将丝带手缝在枕套的长边上。

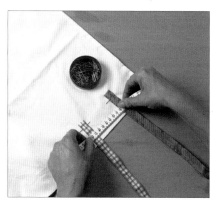

3 对于系带的枕套，剪出30cm长的五种不同的窄丝带，每种丝带两条，每两种不同的丝带配成一对，均匀地钉在枕套开口处的折边上，将丝带末端缝在枕套上。

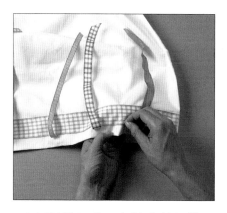

4 用粘贴网将一条较宽的丝带固定在枕套边上，以遮掩系带末端的针迹。然后手缝或机缝宽丝带的四边。

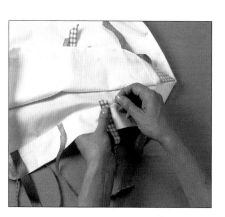

5 将同样的丝带按一定的间距固定在枕套开口的另一边，将丝带末端折进缝好，固定。

6 用丝带装饰枕套。将不同宽度的丝带剪好，用珠针固定在枕套的一角，用暗针缝固定。

7 将丝带的两头固定在枕套背面，再剪出一条丝带，将两头下折以遮挡毛边，用暗针缝固定。

8 最后用一个丝带蝴蝶结装饰枕套，用针缝住蝴蝶结以防止其松开。

如果收到的礼物是装在漂亮的礼品盒里的话，那么你所收获的喜悦将是双份的。普通的盒子——无论是新的还是旧的，都可以涂上鲜亮的色彩并用丝带装饰，应用于各种场合。

礼品盒
Gift Boxes

需要准备

✂ 不同宽度的硬线镶边闪光塔夫绸缎带
✂ 礼品盒
✂ 剪刀
✂ 卷尺
✂ PVA 胶（白色）
✂ 针、与丝带匹配的缝纫线

红色礼品盒

1 剪出 105cm×4cm 的丝带，将其折叠出七个 15cm 长的褶，在丝带上剪出 V 形，并在长边中间剪出小豁口，用细丝带将丝带环从中间绑好。

2 打开所有的褶形成圆环，将这个蝴蝶结固定在盒盖上，丝带的末端塞到盒盖下粘好，剪掉多余的丝带。

紫色大礼品盒

剪出四条绿色丝带，用每一条丝带包住盒子的一边，然后在每个角上绑成一个单环蝴蝶结，丝带从蝴蝶结下面穿过。将丝带末端剪成 V 形。

绿色礼品盒

1 将一条紫色硬线镶边闪光塔夫绸缎带绑在礼品盒上，剪断丝带，注意多留出些丝带以便打结。均匀地沿丝带的宽边打出小褶，用与丝带匹配的缝纫线固定小褶。

2 将丝带沿盒子包一圈，在打结处将丝带用胶粘好，然后在靠近盒子的一角处打结，丝带末端剪出 V 形。

紫色小礼品盒

深蓝色礼品盒

1 在盒盖边上用胶粘上一条粉色丝带，再剪出两条长度一样的丝带，将一端粘在盒盖里面相对应的地方。剪出三条 38cm 长的丝带在中间扭在一起，将扭好的丝带放在盒盖中心，然后和两条用胶粘好的丝带系在一起。

2 确保所有丝带的末端一样整齐，把八条丝带反手打结，丝带末端剪出斜角，仔细将丝带相互分开以显得有层次感。

　　剪出两条粉色丝带，一条缠绕盒子，另一条从相反方向缠绕盒子，将两条丝带的末端绑在一起做成单圈蝴蝶结。将蝴蝶结、丝带头分开，使其不簇拥在一起，在余出的丝带末端剪出 V 形。

丝带的主要功能是装饰，一套简单的桌垫加上丝带立刻就会显得亮丽雅致。由于桌垫要经常洗涤，因此要确保丝带和桌垫的材料都可水洗。

丝带装饰桌垫
Ribbon Table Mats

需要准备

- 编织的桌垫
- 直尺
- 1cm 宽颜色鲜明的缎带
- 2.5cm 宽颜色鲜明的格子花纹丝带
- 1.5cm 宽与其他丝带色调相称的缎带
- 剪刀
- 缝纫珠针
- 针、与丝带对比鲜明的缝纫线和与丝带匹配的缝纫线
- 熨斗和湿布

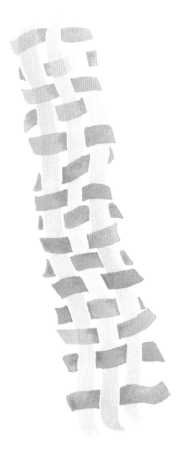

1 测量桌垫的四个边长，然后根据边长决定丝带的长度，桌垫四角要多预留出 20cm 的丝带。将各色丝带剪成四条，每条丝带的长度再多出 2.5cm。

2 从桌垫的最外边开始，将丝带放置在桌垫上，用直尺测量以确保所有丝带与边缘平行，用珠针把丝带固定好，末端不固定。

3 将丝带在四角编织起来并用珠针固定好，用与丝带对比鲜明的缝纫线将丝带固定，去除珠针。

4 用与丝带匹配的缝纫线将丝带用可视的密集暗针缝针法缝在桌垫边上，将毛边下折至桌垫背面缝好，正面朝下，用湿布覆盖好后熨平。

灯架有各种形状和尺寸，因此可以充分发挥想象力进行创作。操作前先测量好灯架的四边，根据灯架的尺寸选择一定宽度的丝带。

丝带灯架
Ribbon Lantern

需要准备

- 灯架
- 卷尺
- 适合灯架尺寸的丝带
- 剪刀
- 熨斗
- 针、与丝带匹配的缝纫线
- 珠子（每根丝带上大珠1颗、小珠1颗、贝形珠1颗）
- PVA胶（白色）

1 剪出长度为灯架两倍长的丝带，每条丝带一端剪出斜角，沿毛边向内折1cm，用干的熨斗熨烫定形。

2 沿丝带一端的中线向内折角，形成三角形的尖角，用熨斗熨烫固定。

3 用线穿针，在一端打结，将针穿过三角形的尖角，在线上穿一颗小珠、一颗大珠、一颗贝形珠，将针回穿过大珠和小珠，这样贝形珠就可防止珠子脱落，在尖角背面用一个小针迹固定。

4 从最后一针的边上起针，沿尖角的中缝暗针缝，使三角形的尖端平整。

5 将丝带另一端翻过来，缠绕住灯架的一边形成一个圆环，将丝带向下折，用暗针缝将丝带的一端与三角形尖端缝在一起，确保丝带的背面在灯架的里面。以同样方法制作其他丝带。

只有华丽的软包衣架才配得上你的靓装。这种衣架装饰有丝带和缎带制成的玫瑰和蝴蝶结，色调柔和，十分漂亮。

丝带玫瑰衣架
Ribbon-rose Coat Hangers

需要准备

✂ 衬料

✂ 剪刀

✂ 木制衣架

✂ 针、与丝带匹配的缝纫线

✂ 8cm 宽的缎带

✂ 透明硬纱、丝绸、螺纹丝带或
　罗缎织锦丝带

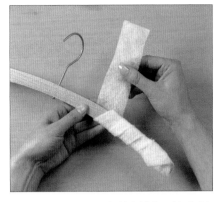

1 剪一块 5cm 宽的衬料，将它缠在木制衣架上，在两端缝几针将其固定。

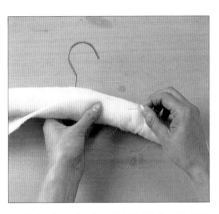

2 剪出一条窄而长的长方形衬料包住衣架，盖住缠在衣架上的衬料，沿上边缘缝好固定，缝合时要将毛边向里折，确保针迹整齐。

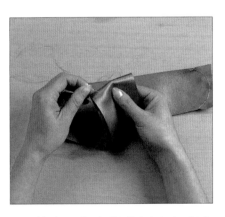

3 剪出两条宽缎带用来包裹衣架，两条缎带正面相对，两端缝出轻微的弧度。

4 将缎带沿一条长边缝在一起，然后将正面翻出。

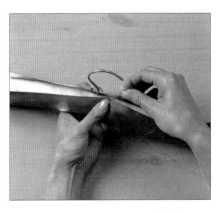

5 将缝好的缎带包在衣架上，沿上方的边缘用暗针缝缝整齐，两端要小心缝制，边缝边按压里面的衬料，使整个衣架显得饱满。

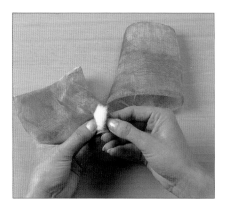

6 制作玫瑰装饰衣架。在透明硬纱的一端折进一小块衬料，用针缝好。

7 将剩余的透明硬纱沿第 6 步做成的小苞折叠卷曲，从花瓣中缝针固定，塞好毛边，缝合固定。每个衣架做两朵玫瑰。

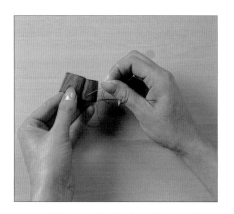

8 制作玫瑰花结时，剪出一条丝带，长度是宽度的五倍，将毛边连接在一起。

9 用平针缝使丝带向中心聚拢，向上拉，然后固定，用手指将丝带拉平来完成玫瑰花结的制作。每个衣架做两个玫瑰花结。

10 取一小片绿色螺纹丝带或罗缎织锦丝带制作花叶。将丝带两端下折至对边，然后沿对边平针缝，将聚拢线拉紧，用一个针迹固定花叶。每个衣架做出四个花叶。

11 在每个衣架中间系上一条罗缎织锦丝带，然后绕衣架挂钩打一个蝴蝶结，以蝴蝶结为基础在上面固定玫瑰花、花叶和玫瑰花结，最后用丝带环装饰，使衣架更显靓丽。

将有褶皱的透明硬纱丝带缝在有螺旋花纹、半透明的薄纱窗饰上，使又薄又轻的窗帘妙趣横生，更具立体感。

丝带嵌花咖啡馆窗帘

Appliqued Ribbon Cafe Curtain

需要准备

- ✂ 卷尺
- ✂ 薄纱
- ✂ 缝纫剪刀
- ✂ 缝纫珠针
- ✂ 缝纫机
- ✂ 与丝带匹配的缝纫线
- ✂ 熨斗
- ✂ 薄纸板
- ✂ 铅笔
- ✂ 织物记号笔
- ✂ 针
- ✂ 绿色和粉色透明硬纱丝带

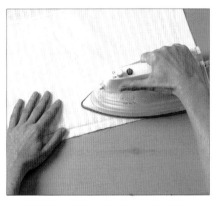

1 测算出窗帘的宽度和长度，然后剪好薄纱，宽度要多出5cm，长度多出15cm。制作窗帘的饰面，剪出一块30cm宽的薄纱，背面朝上，沿饰面的下边缘机缝出6mm宽的折边，熨平，将窗帘和饰面正面相对，对齐上边缘，用珠针固定好。

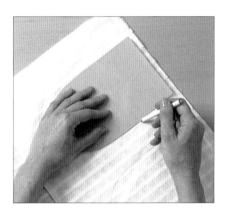

2 将薄纸板剪成扇形模板。每个窗帘环宽度的建议尺寸为4~7cm，用整幅窗帘的宽度除以窗帘环宽度与扇形模板宽度之和，就得出所需扇形的个数。窗帘两端要留出长条，在窗帘上端用织物记号笔画出模板的轮廓。

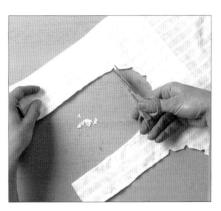

3 沿轮廓线将饰面机缝在窗帘上，剪出扇形，预留出1cm的缝份。小心修剪拐角，形成弧线。

4 将窗帘翻过来，正面朝外，熨平。在距离边缘4mm处缝饰接缝。

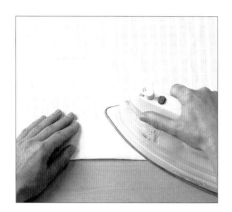

5 将窗帘向下折，在每个侧边下方熨烫出 1cm 宽的双折边，再沿下边缘熨烫出 5cm 的双折边。

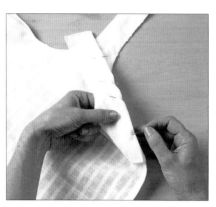

6 修剪窗帘上的拐角，然后用暗针缝整齐固定。将饰面下折，沿每个侧边下方熨烫出 1cm 宽的折边，用暗针缝将饰面和折边缝好。

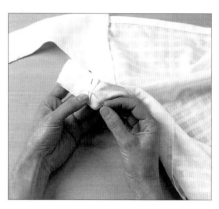

7 用织物制作窗帘的吊环，将窗帘上预留出来的长布条向反面翻出 5cm，用珠针固定后以暗针缝缝在饰面上，注意不要让针迹穿透正面。

8 剪出 1m 的绿色丝带，将缝纫机的针迹调成大的平针，然后沿丝带的长边在丝带中间缝制，从两端拉紧中心线收拢丝带，整理褶裥花边使其均匀。

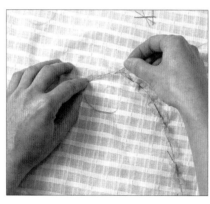

9 用织物记号笔在窗帘上随意手绘出螺旋花纹，将做好的褶裥花边沿所画花纹用珠针固定好，沿花边的中心线机缝，注意勿让针迹揪住丝带。

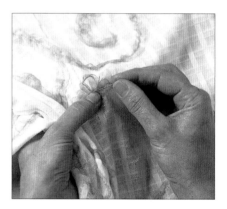

10 如前所示，剪出几条 15cm 长的粉色丝带折成花边，每条花边折上三圈形成花朵，将花朵用珠针固定在螺旋图案之间的空隙处，机缝固定。在窗帘的吊环上穿进窗帘杆或细绳，然后将其挂在窗户上。

这种条形灯罩的外部全由丝带构成，你可选择不同色彩和质地的丝带进行创作，只须将丝带并排粘在一块灯罩的衬布材料上即可。

缎带和天鹅绒丝带灯罩

Satin and Velvet Ribbon Shade

需要准备

✄ 坐标纸

✄ 铅笔

✄ 带有可逆转万向节的鼓形灯罩框架（上直径18cm，下直径20cm，高20cm）

✄ 剪刀

✄ 带粘贴功能的灯罩衬布材料

✄ 斜纹缎带

✄ 色调协调的天鹅绒丝带和缎带

✄ PVA胶（白色）

✄ 衣夹

✄ 针

✄ 与丝带匹配的缝纫线

✄ 陶瓷灯座

✄ 喷涂釉彩和面罩

1 根据灯罩大小做出纸样，照纸样的尺寸剪好一块可粘贴的衬布材料，将衬布材料后面的纸膜揭掉露出黏胶，剪出一条比纸样下边缘长2cm的斜纹缎带，将其沿衬布材料的下边缘粘好。

2 按照灯罩的周长剪出缎带和天鹅绒丝带，每条丝带都长出1cm以便内折。将丝带沿斜纹缎带摆好粘住，注意形成弧度，照此方法不断将丝带粘好，直至最后一条丝带离上边缘6mm。粘贴过程中要不断变换丝带的颜色。

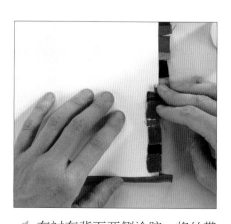

3 再剪一条斜纹缎带，预留出2cm，将缎带沿上边缘摆好，在粘贴衬布背面涂上胶，将斜纹缎带内折粘在衬布背面。

4 在衬布背面两侧涂胶，将丝带毛边粘在衬布背面，晾干。如果丝带从衬布上翘起，可在上面覆压重物。将边缘修整齐，用剪刀剪去线头。

5 用胶涂抹衬布下侧边，注意擦去挤在丝带上的胶。卷起贴好丝带的衬布形成鼓状，使涂过胶的两个侧边重合，注意丝带的花纹要对齐，在圆筒上下两边用衣夹夹住，直至胶水晾干。

6 在斜纹缎带的毛边接合处，将一头的毛边向里折进去 1cm，使之与另一端的毛边重合，用衣夹夹住丝带直至胶水晾干。将折好的边缘用暗针缝缝好，在灯罩的外边缘涂胶，使边缘结合紧密。

7 在通风的地方，戴上面罩，用喷涂釉彩给灯座喷涂一层稀薄的粉色，在下次喷涂之前须将颜料晾干。如需要，可在将灯罩装在灯座上之前，给灯罩喷上阻燃剂，最后装上中等瓦数的灯泡,安装灯罩。

可用亮粉色丝带（如绣花丝带、缎带、天鹅绒丝带和硬镶边丝带）制作漂亮的窗帘结，一端装饰上流苏，可以将窗帘优雅地固定。

带流苏的窗帘结
Tasselled Tie-back

●●●●

需要准备

✂ 大针眼织针

✂ 窄绣花丝带

✂ 大小两种木质珠子

✂ 剪刀

✂ 精选缎带、天鹅绒丝带和
　　硬镶边丝带

✂ 针和结实的线

✂ 2个铜环

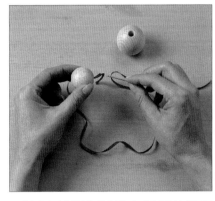

1 用大针眼织针将窄绣花丝带和两个大木质珠子缠在一起，制作流苏的上端。

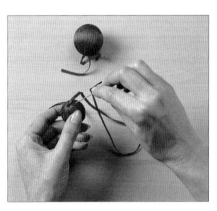

2 等丝带将珠子完全包裹，将丝带末端固定。在小珠子的顶端制作出一个吊环。

3 剪出一条缎带，将两端毛边内折缝在一起，制作玫瑰花结，沿丝带的两个边缘用平针缝缝制。

4 将花结两边聚拢形成泡芙状，然后用线固定。用另一条不同宽度和颜色的丝带制作另一朵玫瑰花结。

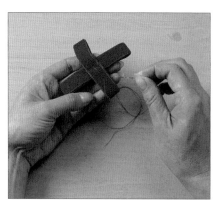

5 制作玫瑰花结。剪出两条天鹅绒丝带：一条 30cm，可制作 15cm 宽的玫瑰花结；另一条稍长，可制作一个更大的玫瑰花结。将第一个玫瑰花结的两端折向中间，用几针缝好固定。

6 用同样的方法缝好第二个玫瑰花结。将第二个丝带玫瑰花结放置在第一个玫瑰花结中心形成十字形，用针穿透丝带形成完整的玫瑰花结。

7 选取缎带和硬镶边丝带制作流苏。剪出流苏长度两倍的丝带，丝带长度取决于流苏顶端珠子的大小，因此在制作时要不断试验，使流苏长短合适。将丝带制作成星形，然后在所有丝带中心用针缝合固定。

8 将流苏聚拢，用大针穿上几股结实的线，从流苏开始将针穿过所有制作流苏的材料，等针穿到小珠子顶端后，将线固定。

9 剪一条宽度适中的缎带制作窗帘结，将毛边修整齐，两端缀上铜环，再剪一条长度为窗帘结两倍的缎带，在其中间用平针缝缝制并收紧。

10 将做好的窗帘结从中心缝在缎带基座上，将流苏的吊环缝在窗帘结的一端，以便窗帘结可以挂在窗帘的一侧。

这个奢华的小晚礼包优雅而精致。天鹅绒上绘制出华丽的金色条纹，再编织上彩色丝带，使整个晚礼包更显脱俗。

经典晚礼包
Classic Evening Purse

需要准备

- ✂ 40cm 见方黑色天鹅绒
- ✂ 20cm 见方黑色衬布
- ✂ 剪刀
- ✂ 大张的纸
- ✂ 2.5cm 宽遮蔽胶带
- ✂ 金色织物颜料
- ✂ 画笔
- ✂ 薄纸板
- ✂ 织物记号笔
- ✂ 尖头小剪刀
- ✂ 160cm×0.6cm 银色丝带
- ✂ 175cm×0.6cm 绿色丝带
- ✂ 175cm×0.6cm 褐紫色丝带
- ✂ 卷尺
- ✂ 织针
- ✂ 缝纫珠针
- ✂ 针、与丝带匹配的线
- ✂ 熨斗

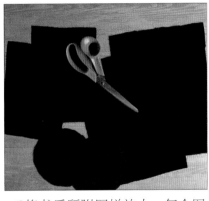

1 将书后所附图样放大，每个图样都留出 1cm 的缝份。用黑色天鹅绒剪出两个大的长方形和一个圆形，用黑色衬布剪出两个小的长方形和一个圆形。

2 将一片长方形天鹅绒正面朝上铺在一张纸上（为了保护工作台），在天鹅绒上垂直贴上遮蔽胶带，胶带之间留 2.5cm 空隙，并在天鹅绒中间横向贴上两条胶带。

3 用干画笔将金色织物颜料均匀地涂在空隙处，完全晾干后，揭去胶带，按照使用说明固色。

4 制作嵌入丝带的模板。在一个纸板边上如图所示标出六个等分点，然后剪出等分点，纸板长度和金色条纹长度一致。将等分点用织物记号笔转印至金色条纹两侧的天鹅绒上，只在天鹅绒的下半部分上做出标记。

5 用锋利的剪刀在标记处剪出0.6cm宽的小口，剪出20cm长的丝带，用织针将丝带穿入每一排小口，每一排都变换丝带的颜色，要使丝带松松地穿入小口，末端自然下垂。

6 缝几针将丝带的末端固定在天鹅绒背面。重复第2步至第6步，加工晚礼包另一面的黑色长方形布片。

7 将两个长方形正面相对，用珠针固定好，疏缝固定，按照图样，在每条缝边上留出空间。沿短边将两片衬布缝合在一起，在接缝处留返口，以便将缝好的材料正面翻出。

8 将衬布正面相对，用珠针固定，沿缝边将晚礼包的上边缘与衬布的长边缝合，然后轻轻熨烫，将边缝好。

9 将包的里面翻出，将两个圆形天鹅绒正面相对，用珠针固定，然后疏缝固定在晚礼包的底边上。从返口处将包的正面完全翻出，将折边整理好，轻轻熨烫。

10 按照图样，沿针迹线疏缝出穿拉绳的管子，然后缝好。用暗针缝将返口处缝合，将剩下的丝带穿入管子，两头系紧形成拉绳。

这种方便的针线包包含两种工艺：拼贴和刺绣。每一件针线包都各不相同，制作时不需要多少设计，就能得到令人赞叹的效果。

可卷起的针线包
Roll-up Needlework Case

●●●●

需要准备

✂ 60cm×30cm 薄帆布

✂ 铅笔

✂ 直尺

✂ 缝纫剪刀

✂ 五种不同颜色的丝带各 1m

✂ 针、与丝带匹配的线

✂ 与布匹配的绣线

✂ 缝纫珠针

✂ 150cm×2.5cm 镶边丝带

✂ 50cm×0.6cm 捆绑丝带

1 将帆布剪成四片长方形，两片为 30cm×20cm，两片为 30cm×10cm。将颜色协调的丝带剪成 2.5~7.5cm 不等的长度。

2 用平针缝或回针缝将丝带缝在 30cm×20cm 的长方形帆布上，缝之前要将丝带的毛边内折。用丝带将整个帆布覆盖，如果丝带之间有缝隙也无须担心，因为缝隙可以使拼贴更显得与众不同，最后还可以用刺绣针迹填充。

3 用三四种不同的绣线将丝带边缝合，十字针、平针或毛边缝都可以。

4 用毯边锁缝针法给 30cm×10cm 的长方形帆布的三条边锁边，一条长边不锁；另一片 30cm×10cm 的长方形帆布只给一个长边用同样针法锁边。

5 在这块长方形帆布上画出口袋的轮廓，并将其背对另一块较大的长方形放置，长毛边对齐用珠针固定，沿口袋的轮廓线将两块布缝在一起。

6 组装针线包时，将拼贴布块正面朝下，口袋布正面朝上，将两片布缝在一起，用2.5cm宽的丝带给侧边和底边包边，用平针缝将所有布层和丝带缝在一起，固定。

7 将剩下的长方形布片覆在口袋布上形成袋盖，未缝边的边缘处在上方，用珠针固定，然后按第6步的方法用丝带给上边缘包边。

8 将6mm宽的丝带从中间对折，缝在针线包里面的侧边上，在将针线包卷起时可用这根丝带捆绑固定。

清爽的白色棉布用丝带绣出雅致柔和的英式花型，为新生儿制成一份礼物，将来可作为传家宝代代流传。

丝带绣宝宝枕

Ribbon-embroidered Baby Pillow

●●●●

需要准备

✂ 90cm×30cm 白色棉质凹凸织物

✂ 缝纫剪刀

✂ 卷尺

✂ 23cm 见方的薄熨烫粘贴衬布

✂ 熨斗

✂ 织物记号笔

✂ 绣花绷子

✂ 绳绒线针

✂ 浅粉色、深粉色、浅薄荷绿色、浅石灰绿色、浅绿色缎带，均为 175cm ×0.3cm

✂ 1.4m 窄英式刺绣嵌布

✂ 140cm×7.5cm 英式刺绣花边

✂ 缝纫珠针

✂ 针、与丝带匹配的线

✂ 与丝带对比鲜明的缝纫线

✂ 140cm×0.6cm 丝带

✂ 刺绣针

✂ 30cm 见方的枕芯

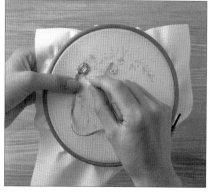

1 剪出 23cm 见方的白色棉质凹凸织物并烫上熨烫粘贴衬布，描下书后所附图样，覆在绷子上。绣制玫瑰花心时，先用浅粉色丝带绣制四个平针针迹形成星状，再用深粉色丝带绕花心四周绣一圈针迹。

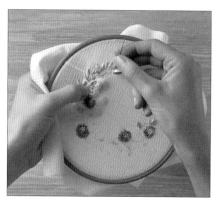

2 用绿色丝带平针绣绣花叶，用粉色丝带平针绣绣花蕾，用随意的针迹完成剩余的绣制，在下边缘的空隙上加绣一个蝴蝶结，将织物修剪成 15cm 见方的尺寸。

3 剪出四块 9cm 见方、四块 15cm×9cm 的白色棉质凹凸织物，再剪出四块 9cm 长、两块 15cm 长、两块 33cm 长的英式刺绣嵌布，将凹凸织物和嵌布围在刺绣布四周。

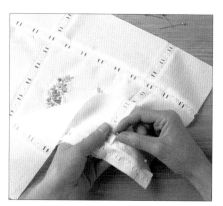

4 将剪好的布片按照三排拼在一起，中间镶上蕾丝衬布，制成枕头的前片，留出 1cm 的缝份。用两块长条布将这三排布连在一起，熨平缝边。将英式刺绣花边的两头缝在一起，然后沿毛边缝制收拢线。

5 将花边边缘折成四个均匀的部分，用小剪刀剪出四个等分点，然后把剪好的部分用珠针固定在前片正面。拉紧收拢线，使皱褶均匀分布，可以使角里的皱褶多些。用珠针将英式刺绣花边沿前片正面的外边固定，使其位于枕头的上部。

7 用疏缝线固定花边，缝好固定。用刺绣针引6mm 宽的丝带穿到嵌缝里，末端用疏缝线固定。

8 剪出 30cm 见方的棉质凹凸织物做枕头的后片，用珠针与前片固定，注意不要缝住蕾丝边。将三个边缘缝好后，翻出正面，装入枕芯，用暗针缝将最后一个边缝好。

这种用鲜花制作的漂亮花冠需要悉心养护才能保持新鲜，在制作前要使鲜花吸足水分，完成后还要给花冠轻喷水雾。

丝带花冠

Flower and Ribbon Headdress

需要准备

- ✂ 12 串黑果花楸
- ✂ 剪刀
- ✂ 直径 0.38mm 的金属花线
- ✂ 12 串小绣球花
- ✂ 12 个鬼吹箫花头
- ✂ 小玫瑰花若干
- ✂ 12 个洋桔梗花头
- ✂ 12 个单头金鱼草
- ✂ 制花胶带
- ✂ 800cm×2.3cm 深红色透明丝带
- ✂ 卷尺
- ✂ 直径 0.71mm 的金属花线

1 修剪黑果花楸的花柄，剪出细金属花线对折。用大拇指和食指夹住花柄，将金属花线放在花后面，与花柄形成夹角，沿花柄三分之一处往上缠绕，在花后形成一个 U 形，使一边的金属花线是另一边的两倍长。

2 将短的金属花线并在花柄上，用长的金属花线绕花柄和另一根金属花线两圈，拉直两根金属花线，这时两根线会一样长，且与花柄成一条线。以同样的方式处理玫瑰花、绣球花和鬼吹箫花。

3 用三分之一长的金属花线穿过洋桔梗花的子房，然后将金属花线向下折缠绕在花柄上，形成双柄（见第 1 步）。

4 将金鱼草的花头从花柄上取下，给每个花头剪两根金属花线，将一根金属花线对折，在一端扭成圆环，将金属花线从花心穿过，从花基部穿出，形成花柄。

5 圆环会处在花朵最窄的部位，避免将金属花线完全穿出花朵。按照第 1 步、第 2 步所示方法，将另一根金属花线与穿出的金属花线并在一起固定。

6 用制花胶带将所有金属花线和花柄缠好，使胶带的末端与花柄顶部紧贴，用另一只手拉住剩余的胶带使之与花柄形成夹角（拉紧胶带使其延展），向下螺旋形缠绕花柄，最后向上折按紧固定。

7 做 14 个三圈丝带结，留出两边的丝带头，每个丝带结需丝带 55cm。将丝带等分成六部分，折成手风琴状，在基部扎紧丝带，给每个丝带结绑上金属花线。

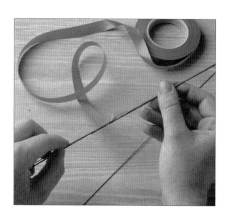

8 剪出几条长度一样的粗金属花线，制作花冠的基座。将四根金属花线接在一起，末端重叠 3cm。从一端开始用制花胶带缠绕金属花线，缠到第一根金属花线末端时，加入第二根金属花线。

9 按照这样的方法将所有的金属花线接在一起，比花冠的实际周长多出 3cm。按自己的意图将处理好的花和丝带用胶带粘在花冠基座上，留出最后的 3cm。边粘花与丝带，边将整个花冠弯出曲线。

10 将未装饰的金属花线末端与已装饰的一端重合，在花下用胶带将接头缠好。

　　这种带衬里的马甲，本应出自裁缝之手，这里制作的马甲适合中等身材的成年人。如果身材不同，可根据情况调整所需丝带的数量，可选用没有死褶的前片图样。

丝带编织马甲
Woven Ribbon Waistcoat

●●●●

需要准备

- ✂ 熨烫粘贴衬布
- ✂ 马甲样板
- ✂ 剪刀
- ✂ 铅笔或织物记号笔
- ✂ 直尺
- ✂ 遮蔽胶带
- ✂ 约 2000cm×2.5cm 金色丝带
- ✂ 熨斗和湿布
- ✂ 针、与丝带匹配的缝纫线
- ✂ 金色小珠子
- ✂ 150cm×115cm 蓝色衬布
- ✂ 缝纫珠针
- ✂ 可锁边的缝纫机
- ✂ 3 个扣子

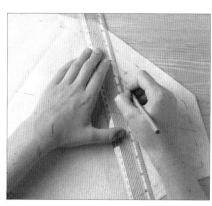

1 摆好熨烫粘贴衬布，反面朝下，上面覆上马甲前片的图样，沿图样剪好衬布，将标示转印在衬布上。将图样翻过来，再剪出另一片马甲前片，在衬布上画出两条对角线，作为编织丝带的参照。

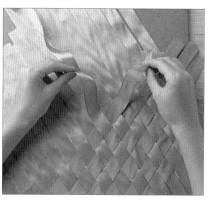

2 将衬布正面朝上放在一块纸板上，把剪好的丝带依照铅笔画的对角线并排铺好，与衬布边缘重叠。沿另一个对角线在一端粘好一根长丝带，依照第 125 页所示编织丝带，编织时注意丝带要平整。

3 继续编织直至覆盖整个衬布，用干熨斗熨平，拿掉纸板，将衬布翻过来，再用蒸汽熨斗或在一块湿布上熨烫。

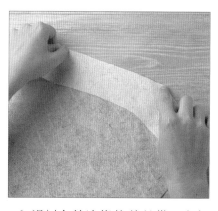

4 沿衬布的边缘修剪丝带，在每一片衬布的边缘再熨烫粘贴上一张衬布，作为扣眼和扣子的底布，使接合线稍微重叠。

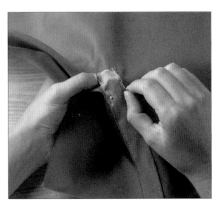

5 用末端打结的双股线在丝带相交而成的每个菱形的四角都缀上一颗金色小珠子。沿对角线缀珠子时，不要将珠子钉在缝隙上，在钉下一颗珠子时要先用双针迹固定前一颗珠子。

6 剪出一个后片、一个后片衬布和两个蓝色前片衬布，标出后背带子和扣眼的位置，用珠针将前片衬布和编织好的前片正面相对固定在一起，然后缝好。将缝纫机调成锁边针迹，沿前边、下边及袖口走针，肩膀和侧缝不缝合。修剪边角，剪出弧线，将正面翻出。

7 剪出两条60cm长的丝带做后背的系带，将丝带对折，两边缝好，注意从同一方向缝制以免丝带起皱。将手缝好的丝带固定在马甲后背上，将毛边修剪成6mm宽，然后小心内折。

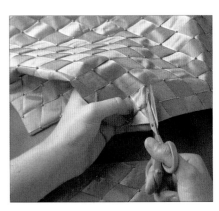

8 将马甲的后片与后片衬布正面相对缝在一起，沿领子和袖口走针，修剪出缝份，再转到正面，沿肩膀将前片与后片缝在一起。

9 用针只缝制一层，不要缝住衬布，修剪开缝，将其熨平，将衬布缝份内折并用暗针缝缝好。用同样方法把侧边缝好，然后把马甲后片的下边缘用暗针缝缝合。

10 用金色线做上线，蓝色线做底线，在缝纫机上做三个扣眼，这样，织物两边的线都与丝带匹配。小心剪开扣眼，在相应的位置钉好扣子。

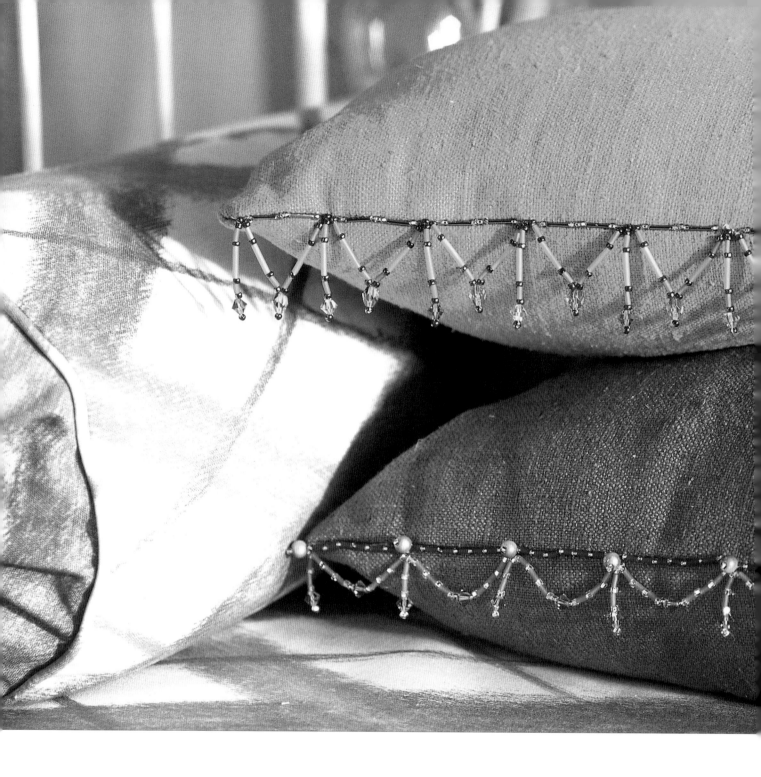

珠子工艺品

Beadwork

　　许多招人喜爱的家居饰品要么装饰有珠子，要么完全由绚丽的珠子制成。烛台、窗户装饰和饰有珠子流苏的灯罩等由于珠子的加入而熠熠生辉，而诸如穿珠和珠子的脱机编织等传统的珠子工艺则可以用来制作出种类繁多、令人炫目的首饰工艺品。

珠子

专门的珠子供应商那里有各种各样的珠子，其风格、形状各异，材质也不一而足：有珐琅、玻璃、木质和仿真宝石等。

1 贝形珠

这种规格较小、稍显扁平、玻璃质地的珠子非常受欢迎，种类也很多：不透明的、透明的、金属色的、会变色的等。

2 小玻璃珠

又名籽珠，这种球形的小玻璃珠可用于各种工艺品的制作。

3 威尼斯玻璃珠

这种装饰性极强的玻璃珠得名自著名的珠子产地——威尼斯。

4 千花珠

将彩色玻璃柱熔在一起，然后切出马赛克形状的断面，就能制作出这种珠子。

5 柱状玻璃珠

这种珠子呈窄玻璃管状，大小各异，可与小玻璃珠形成对比。

6 亮片

这种塑料亮片呈扁平状，中间有一至两个小孔，颜色不一而足。

7 水滴珠

这种珠子状如水滴，常缀在线的末尾。

8 琉璃珠

这种珠子产于印度，玻璃质地，饰有熔化玻璃拉成的叶子、花朵等复杂花纹，有些琉璃珠中间有银箔制成的内核，并可透过玻璃珠子看到。

9 旋转珠子

这种珠子由熔化的玻璃缠绕在金属柱上形成盘旋的花纹而制成。

10 水晶珠

这种珠子常是由切割玻璃制成的，它有许多切面，可做成心形或菱形，制作时可使用蜂蜡防止切面割断穿珠线。

11 仿真宝石

琥珀、绿松石、珊瑚或玉石都过于昂贵，但是仿真的宝石却物美价廉。

12 金属珠子

这种镀银或镀金的珠子常常形状复杂，常用于将大的珠子分隔开或用于线尾。

珐琅珠

这种珠子的基础是金属珠，在金属珠上用金属线掐丝形成轮廓，然后用珐琅釉彩填充空隙。

天然材质的珠子

在很多国家，用果核、种子、贝壳、珍珠母或骨头制成的珠子都可用来制作护身符。

仿真珍珠

这种珠子外层有珍珠涂料，呈现白色和象牙白色。

珠子工艺不需要太多专业工具,对于小规模制作的爱好者来说,诸如剪刀和针等基本工具在家中的针线盒里就可找到。

工具

织珠机

这种小的织机专为织珠设计,经线搭在弹簧之间然后绕到木质滚轮上。

穿珠针

这种又长又细的针大小各异,可同时穿数颗珠子。

蜂蜡

用来打磨穿珠线防止打结,在穿有刻面的珠子时也可用蜂蜡。

美工刀

结实的美工刀可用来切纸板,使用时要用切割垫保护台面。

图钉

用来将穿珠线钉在插针板上。

缝纫珠针

在疏缝或暗针缝之前用来固定织物。

绣花绷子

是两个紧紧套在一起的圆圈,可用来将绣布展平,用缝纫机进行绣制时建议使用塑料绣花绷子。

刺绣剪刀

这种锋利的小剪刀用来剪断绣线或修剪绣布。

织物记号笔

这种特制的笔所画出的线一遇空气或水就会逐渐淡去。

坐标纸

用来测量和检查饰边和流苏的长度。

金属剪刀

用金属剪刀可夹受损的珠子,并将其从穿珠线上去除。

针

有的缝纫针又叫"锋利针",大小各异,小的可穿过珠孔。皮革用针有三棱锥尖,用于将珠子缀在皮革类材质上。

画笔

用来涂抹织物颜料。

调色盘

如果一件工艺品需要用不同种类的珠子,可用调色盘来盛装以便于区分。

插针板

饰边需要被钉在此板上以精确地测量长度,如果织物较小,可用烫衣板代替。

直尺

金属边的直尺最适合用于珠子工艺。

卷尺

用来测量织物或弧形表面。

镊子

用来夹珠子。

丝剪和圆口钳

弯曲或剪切金属线时这两种工具必不可少。

材料
Materials

除了珠子，珠子工艺还需要其他一些材料，这取决于要做的饰品。有些材料随处可得，还有些需要到专门的商店购买。

穿珠线

可使用结实光滑的聚酯纤维线或其他专为穿珠制作的线来穿珠。

穿珠金属线

包括金、银、铜线，直径各不相同，以 0.4mm 和 0.6mm 者最为常用。

装订织物

这种纺织紧密的棉布有纸质衬里，上面可涂胶水，装订物品商店有售。

铜螺钉

常用来将纸装订成册。

扣子

扣子和珠子混合使用可得到绝美的装饰效果。

线绳

用三股线绳包裹珠子形成内核，这种线绳在装饰品店或缝纫用品店里有售。

棉球

用棉纤维压缩而成，形状和大小各异，在装饰物品或卖珠子的商店里有售。

包扣

缝纫用品店里常以袋装销售，包扣由两部分组成：上部是包扣子的聚拢织物，下部是一个扣柄。

绣线

包括丝光刺绣棉线（一种光泽度极好的双股线）、绞成股的绣线（将线分成 5 股可得到细线）、机绣线，颜色各异，也有金属色的。

织物颜料

这里推荐使用水基无毒、熨烫固定型织物颜料。

记号笔

可用来描画轮廓或珠子工艺的设计图案。

钓鱼线

可用来穿像玻璃珠子一样的较重珠子，这种线比聚酯纤维线结实，但操作时较难。

丝线

具有丝质光泽，可用来缠绕金属线。

可熔性粘贴网

可熨烫粘贴在贴花织物背面，在缝制前将贴花粘贴在背景织物上。

衬布

一般作为织物硬化物使用，也是作为背景织物的好材料。

首饰配件

包括镀金或镀银的帽针、耳环、扣环、胸针基座、链子、吊环及其他小配件，在珠子工艺店里有售。

小钉

比缝纫珠针稍小，可以用来钉珠子。

丝带

丝带、缎带和天鹅绒丝带都可用来装饰珠子工艺品。

带子

可将饰边缝在带子上，然后固定在缝边里，也可将带子直接卷成流苏。

刺绣帆布和羊毛线（纱线）

这种网状硬帆布尺寸有大有小，可在上面缝制颜色各异的亚光刺绣羊毛线。

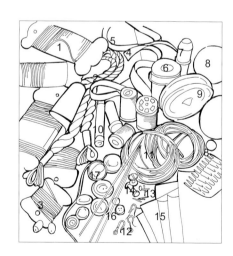

1 羊毛线；2 线绳；3 穿珠线；4 带子；5 丝带；6 织物颜料；7 织物颜料；8 棉球；9 钓鱼线；10 丝线；11 穿珠金属线；12 首饰配件；13 小钉；14 铜螺钉；15 装订织物；16 扣子；17 包扣

学习一门新技术，都要先花费时间掌握基本的技巧，然后循序渐进，最后掌握较复杂的技巧。制作珠子工艺品，要先从一些简单的操作如直线穿珠或制作珠子流苏开始。

穿珠技巧
Beading Techniques

珠子花边

用卷尺和织物记号笔在物品上标出等分点。用线穿针，将线穿过花边一端的织物，打结固定。用针穿上一颗大珠，然后是一颗小珠，小珠可防止大珠脱落，将两颗珠子尽量往上穿，将针回穿过大珠的珠孔，在织物下一个标示点上缝针。

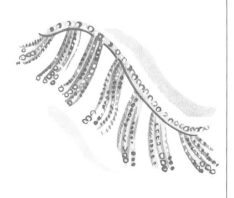

长流苏

1 剪一条线，长度为所需线股长度的四倍，将线的两端同时穿入针眼，在织物上缝针，然后打结固定，将针穿过线环然后拉紧。

2 在坐标纸上标出流苏的长度，然后将纸放在穿珠线旁，用线穿上所需数量的珠子，使珠子挨紧。

3 将针穿过第二颗至最后一颗珠子的珠孔，使珠子挨紧。在倒数第三颗和第四颗珠子之间将线打结，每穿四颗珠子就固定一次，直至穿到最顶端的珠子。

4 小心拉线去除线上的扭结，修剪珠子旁边的线头。

短流苏

　　这种流苏由一条连续的穿珠线制成。在坐标纸上标出所需长度，将线穿过织物，打结固定，用线穿上所需数量的珠子，使珠子紧挨在一起。将针穿过第二颗珠子至最后一颗珠子，然后回穿整串珠子，再将线穿过织物并从下一个流苏的标示点穿出。

尖状流苏

　　用线穿针，穿过织物，在一端打结固定，穿上一颗柱状玻璃珠，然后再穿一颗小玻璃珠、一颗柱状玻璃珠，将珠子挤紧形成尖状，然后将针穿到下一个点。

水滴状流苏

　　用线穿针，穿过织物，在一端打结固定，穿上一颗小玻璃珠、一个水滴状珠子，然后再穿一颗小玻璃珠，使珠子紧挨在一起，然后将针穿到下一个点。

网状流苏

1　这种流苏平铺开来呈菱形，非常漂亮，主要由柱状玻璃珠构成，长度可以根据需要调整。将珠子穿在菱形丝带上，可缀在灯罩、手提包或其他家居用品上。用记号笔沿丝带画出相距1cm的标记。

2　用一条长而结实的线穿针，在第一个标记处固定。在线上穿一颗小珠、一颗大珠、一颗贝形珠，然后穿一颗柱状玻璃珠、一颗大贝形珠，再穿一颗柱状玻璃珠、一颗大贝形珠、一颗柱状玻璃珠、一颗大贝形珠和三颗小珠，针回穿最后一颗大贝形珠，最后再穿一颗柱状玻璃珠、一颗大贝形珠和一颗柱状玻璃珠。

3　回至第一串珠子的第一颗大贝形珠，在线上穿一颗柱状玻璃珠、一颗小贝形珠、一颗大贝形珠、一颗小贝形珠，针穿过丝带边缘至下一个标记点，再回来穿过前两颗珠子，继续穿一颗小贝形珠、一颗柱状玻璃珠、一颗大贝形珠、一颗柱状玻璃珠，再穿过上一串珠子中的第二颗大贝形珠。依此类推，直至穿珠完毕。

环状流苏

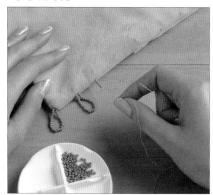

用记号笔在织物上标出等分点，用线穿针，在第一个等分点处穿过织物，一端打结固定。在线上穿足够的珠子以构成设定的圆环，将珠子挤紧，将针回穿至第一个等分点形成环状，然后再将针穿至第二个等分点。

环状带柄流苏

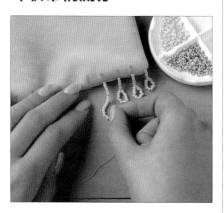

在制作环状之前先在线上穿珠形成柄，然后继续穿珠形成圆环，将针回至环柄处，再穿过下一个等分点。

针织珠子工艺

用一根线穿一圈珠子，再用同一根线在第一圈珠子的每两颗珠子之间穿一颗珠子形成第二圈，将第二圈珠子通过交叉织在第一圈珠子上。下图的制作说明是为立体编织珠子工艺品而设计的，如果是平面的工艺品，只需将珠子穿成排，而不用穿成不同的圆圈。

1 制作第一圈时，先用线穿上所需数量的珠子，绕瓶口一圈，末端打结。

2 制作第二圈时，将针穿过第一圈的第一颗珠子，然后将第二圈的第一颗珠子穿在第一圈上第一颗和第二颗珠子之间，再将针穿过第一圈的第三颗珠子。继续此方法直到完成整个作品。

珠绣工艺

将用线穿好的珠子摆在织物上形成图案或用来给图案饰边，然后用线固定。特殊材质可以再加一串珠子。

扇形流苏

在织物上标出等分点，用线穿针，在第一个等分点处穿过织物，一端打结固定。在线上穿所需数量的珠子形成所需扇形流苏的长度，将珠子挤紧，将针穿过织物上的下一个等分点。

珠子编织

用珠子编织既趣味横生，又简单易学，是源于美国土著人的手工艺技巧。这种方法可制作图案复杂的长条珠子工艺品。珠子编织是在织珠机上完成的，织珠机是一个金属架，可拉住垂直的经线使其紧绷，水平线或纬线是用来穿珠的,纬线横越过经线，用特殊的长针编织珠子，这种针非常细，很容易穿过最小珠子的珠孔，但它的缺点是容易折断或弯曲，因此最好多备一些。

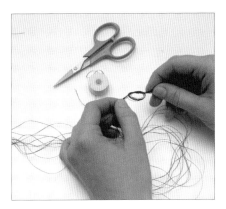

1 经线代表设计的长度，所有的经线长度要一致：经线的长度是成品的长度外加25cm。经线比穿珠的排数要多出一根，例如：如果所穿的珠子为15排，经线则需16根。测量好经线然后用交腕结将线固定在织珠机上，一端打结。

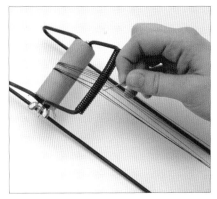

2 将经线分成两拨，每个卷轴中间都有一根圆柱，在第一个圆柱上打一个线结，在另一个圆柱上打第二个线结，拧侧面的螺母，将轴向自己的方向卷，把线拉紧。将第一拨线分散开使每根线位于两个弹簧线圈之间，如用针拨线会事半功倍。

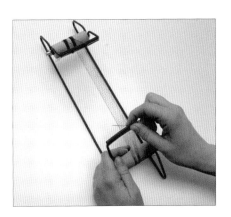

3 将另一端的线按同样的方法拨开，确保每根线都保持平行，拧紧侧面的螺母使线保持紧绷。

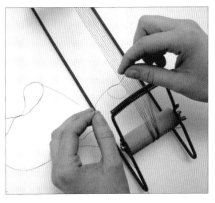

4 摆好织珠机，使经线短的一头正对自己，剪出一根60cm长的尼龙线穿入穿珠针，将长的一头绑在左边的第一根经线上，末端留出5cm长的线头。

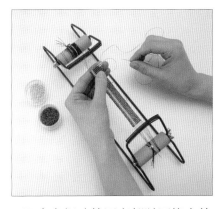

5 大多织珠的图案都以网格上的彩色方块标示，每个彩色方块代表一颗珠子。在制作第一排的珠子时，依照每个方块，用针尖挑起珠子从左至右编织。

金属线穿珠

金属线可以用来制作三维的珠子工艺品，其材质有多种，有纯银的、铜质的，还有镀上了各种亮色的带延展性的合金的。金属线的直径用标准尺寸（gauge）表示，简记为 g，g 的值越小就说明金属线越粗，金属线的 g 值从 10g 到最细的 40g，我们常用 20g 的金属线做首饰，用 24g 的金属线做包裹穿珠和珠花。

珠链

单个的金属线穿珠连在一起可以组成漂亮的项链或珠链，这样可以使一些贵重的珠子显得更加突出。使用 20g 的金属线、圆口钳制作一些金属环，用平口钳将这些金属环连在一起。在金属线的一端弯出一个圆环，穿上珠子，将金属线剪至 6mm 长，然后在该端再次弯出一个圆环，并使这个圆环与第一个圆环方向相反。

1　穿第二颗珠子，使第二个圆环半开，将这个圆环与第一颗珠子接合在一起，然后用平口钳将开口合住。重复此动作，直至得到想要的长度，两端加上扣链。

2　将穿好的珠子连在一起，形成漂亮的成品。将珠链剪成同样的长度，每条珠链都有奇数个金属环，然后把穿好的珠链连在一起。

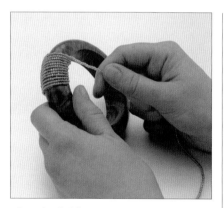

珠子包裹技巧

可以用这种技巧装饰普通的手镯和束发带。将小珠子穿在细金属线上，然后将线在珠子末端弯曲固定，将穿好的珠子缠绕在手镯或束发带上，使珠子紧挨，用平口钳将松的一头固定。

记忆金属线

这种工业强度的卷曲金属线即使伸开还会恢复卷曲，它可以使项链、手镯和耳环呈现立体效果。需要用重型丝剪剪断这种金属线，然后用圆口钳在一端制作圆环，在金属线上穿上珠子，然后在另一端再制作一个圆环固定珠子。

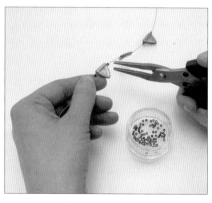

虎尾穿珠线

这种结实的金属线上覆盖着各种亮色的塑料层，上面可以穿夹压式珠子，这种珠子主要用于固定主要的珠子，形成柔软的项链和手镯，可以用平口钳将夹压式珠子固定在线上。

珠花

这种精致的珠花已有近百年的历史，在以威尼斯玻璃珠著称的琉璃岛尤为受欢迎。这种恒久而焕发自然气息的珠子可用来制成珠子花环、花朵或冠状头饰。用细金属线穿小的贝形珠或短的柱状玻璃珠，用最基本又容易掌握的方法可制作出各种尺寸的叶子和花瓣。

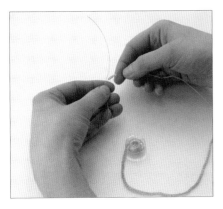

1 将珠子穿在一卷有延展性的细金属线上，将最后15cm卷成一个圆环，末端留出7cm的金属线头，将剩余的金属线松松地拧成珠花的柄，将五颗珠子穿在金属线上使其处在拧好的金属线之上。

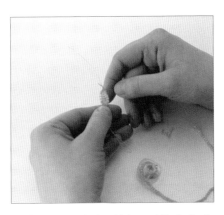

2 将金属线向后折，再往未穿珠的末端前折，数出七颗珠子，将它们固定在中心珠的左边，再将金属线绕在珠子下方柄的上端，再数出七颗珠子，固定在中心珠的右边。

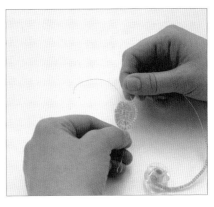

3 将金属线绕未穿珠的金属线，使其处在最上面珠子的顶端。以同样的方法制作另一个圆环，不同的是这个圆环上左边为九颗珠子，右边为十一颗珠子。不断加圆环直至形成所需尺寸的花瓣，制作过程中要在两边加上两片花瓣。

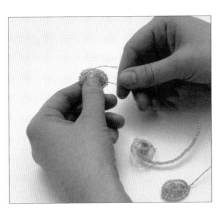

4 将两条金属线折在珠子后面完成制作，将四条金属线拧在一起形成花柄，然后用丝剪将线剪断。以同样的方法制作四个花瓣，用大拇指和食指轻轻折出弧线，使其显得自然。

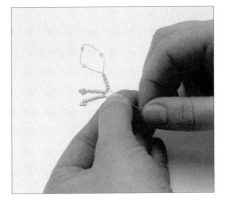

5 制作珠子雄蕊，在30cm的金属线上穿上十颗金色珠子，将未穿珠的一端再重新穿回前七颗珠子。重复此方法七次，将未穿珠的一端拧好，然后剪断。

6 将第一片花瓣和雄蕊固定在一起，然后将其紧紧地缠在花柄上，再加上另一片花瓣，使花瓣均匀分布在花心周围，用制花胶带缠绕金属线使其更加美观。

金属配件的使用

金属配件包括饰针、扣环、圆环等，这些配件可以将珠子连成首饰。配件种类繁多，风格各异：有的优雅别致，有的气质粗犷，散发出异域风情。

单环

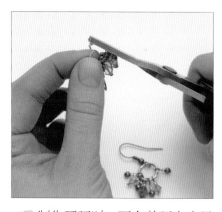

1 这些金属环可用来将扣件固定在项链或耳环上，也可连接珠链、吊坠或制作耳环。轻轻将金属环从侧面拧开，如需要可使用钳子，如果从中间将金属环强行夹开会破坏其形状。

2 制作耳环时，可在单环上穿吊坠之后加上耳坠钩。将金属环两侧向相反方向拧使两端重新合拢，粗一些的金属环需用钳子开合，而细小的金属环可用手小心开合。

三角形吊环

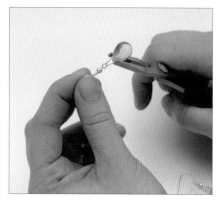

水滴珠的珠孔在窄的一端，而不是在珠子中心，可用三角形吊环将其与金属配件接合在一起。用钳子将三角形吊环小心拧开口，将珠子的一端塞进去，然后用平口钳将三角形吊环合拢。

带头的饰针

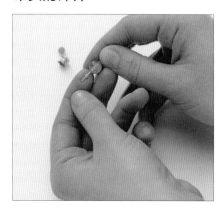

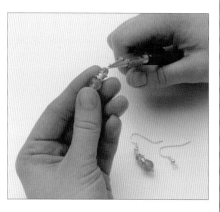

1 带头的饰针可用来制作珠子吊坠或简易耳环，如果珠孔过大，先在上面穿一颗较小的珠子，然后继续穿珠，直到金属线仅余6mm为止。

2 用圆口钳将其弯成圆环，在圆环合拢前，将金属线向饰针上端的圆环中心弯曲，穿上一颗吊坠或耳环钩，将整个圆环完全合拢。

带眼的饰针

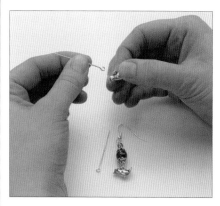

这种饰针末端有一个小眼，可连接小的饰物或吊坠。可用钳子开合金属环，使顶端的金属环形成向右的角度，以便饰物的正面朝前。

贝形帽盖

在接近穿珠线的末端处打结（如果穿珠线很细可打两三个结），涂上胶封闭，待胶晾干，将末端修剪至 2mm，将帽盖放在打结处，然后用钳子夹紧固定。在穿珠线的另一端，在最后一颗珠子旁将线打结，剪去线头，在打结处固定贝形帽盖。

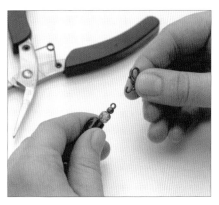

蟹爪钩

这种有弹簧的固定配件是用一个单环固定在帽盖上的，尺寸大小不同：珠子越小使用的蟹爪钩也越小。在另一个帽盖上固定另一个单环，即可完成一套固定配件。

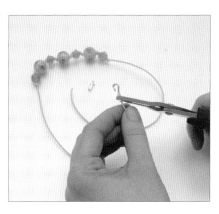

钩与钩眼

这种固定配件两端都有中空管，特别为皮革绳或粗线绳设计。将线绳修剪成所需长度，一端稍涂一点强力胶，将其塞入固定配件，然后用钳子轻轻往里塞，另一端也用同样的方法制作。

间隔配件

对于多排珠子穿成的手镯或项链，要想使各排的珠子隔开就需要这些间隔配件，这些配件可以将 2 ~ 7 串不同的珠子分隔开。

1 将每股穿珠线的一端牢固地绑在间隔配件的环上，然后在穿珠的同时将穿珠线穿过节状间隔配件上的小孔。

2 均匀地使用节状间隔配件，手镯一般需要两个——将穿珠线绑在第二个间隔配件上。而制作项链时，则需要增加每排珠子的数量，这样在佩戴时，可以使项链平展在胸前。

项链和手镯的制作

根据珠串的长度可将其制作成手镯、短项链或长项链。100cm 长的项链可从头上佩戴，而稍短的项链则需要固定配件才能佩戴。每个珠串的末端都有一个由帽盖覆盖的金属结，帽盖是一种个头很小、带铰链的金属球状物，一端有开口，另一端有圆环。固定配件可与圆环连接。首饰配件可从专业的首饰配件公司购买，多数可通过邮购购得。

这个漂亮的吉祥符手镯上的珠子吊坠由不拘一格的珍珠、变色玻璃、紫色和银色切面水晶组成。

珠子吉祥符手镯
Beaded Charm Bracelet

需要准备

✂ 银链手镯
✂ 各种珍珠、水晶珠子及玻璃珠子
✂ 银质圆垫片
✂ 2.5cm 长带头的银饰针
✂ 配色的贝形珠
✂ 圆口钳
✂ 银质单环
✂ 银质吉祥符
✂ 平口钳

1 在手镯上每隔一个链环，用带头的银饰针穿上一颗大珠子、一个垫片、一颗小珠子做成吊坠，如果第一颗珠子珠孔较窄，可先穿一颗贝形珠防止其他珠子脱落。

2 用圆口钳将金属线的末端弯成一个圈。轻轻将金属线放入钳口，使其有饱满的弧度，在合拢圆环之前，先将金属线向右弯曲形成一个问号，再将圆环合拢。

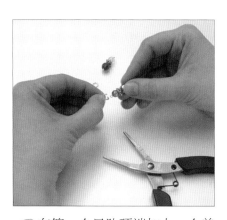

3 在第一个吊坠顶端加上一个单环。用平口钳夹住单环的一边向一侧轻轻用力，拧开一个小口，将一端套入金属线环。

4 将打开的单环套在另一个链环上，用平口钳将开口合拢。在手镯上每隔一个链环加上一个吊坠。

5 用单环将一个银质吉祥符挂在第一个没有珠子的链环上，将剩余的吉祥符挂在其他链环上，完成手镯的制作。

维多利亚式的茶盘上如果少了珠子饰边的牛奶罐盖子，就少了一份雅致。这里所讲的是如何借助传统概念制作现代版的罐子盖，制作时会觉得维多利亚式的精致又回来了。

珠子装饰薄纱罐子盖
Bead-trimmed Voile Jug Covers

格子花纹罐子盖

需要准备

- ✂ 缝纫剪刀
- ✂ 卷尺
- ✂ 格子花纹和素净的橙色薄纱
- ✂ 缝纫针和疏缝线
- ✂ 缝纫机
- ✂ 与薄纱匹配的缝纫线
- ✂ 熨斗
- ✂ 缝纫珠针
- ✂ 大颗橙色塑料珠子
- ✂ 中号粉色磨砂玻璃珠
- ✂ 红色和粉色小磨砂玻璃珠
- ✂ 小的橙色不透明玻璃贝形珠
- ✂ 小的橙色方形磨砂玻璃珠

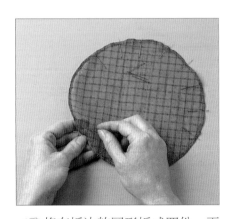

1 剪出一块直径为 20cm 的圆形格子花纹织物，将周边折好并用疏缝线缝制一个窄的双折边，然后以匹配的缝纫线沿内折边附近手缝或机缝折边。

2 将有折边的圆形折成四份，再折成八份，然后是十六份，用熨斗轻轻熨烫将圆形均匀地分成十六份，用珠针标示出等分折痕。

3 在珠针标示处固定一根与薄纱匹配的线，然后在线上穿一颗大的橙色塑料珠、一颗中号粉色磨砂珠、一颗红色磨砂珠和一颗橙色贝形珠，将线重新穿回前三颗珠子，然后在折边上缝双针固定。

4 在折边上珠针标示的中间处续线，在线上穿一颗中号粉色磨砂珠、一颗红色磨砂珠和一颗橙色贝形珠，将线回穿过前两颗珠子，在折边上缝双针固定。重复此动作至完成整个圆形织物周边的装饰。

素净罐子盖

1 如前所述，备好素净的薄纱，缝好折边，线上穿一颗方形珠、一颗小粉色珠、一颗方形珠、一颗小粉色珠、一颗方形珠、一颗大粉色珠和一颗贝形珠，将线回穿过大的粉色珠和最后一颗方形珠。在另一边重复此动作。

2 在折边上缝双针固定，在线上穿一颗方形珠、一颗红色珠、一颗方形珠、一颗小粉色珠和一颗贝形珠，将线回穿过粉色珠。重复此动作。

3 在折边上缝双针固定，以同样的方法沿折边将整个罐子盖加以装饰，完成制作。

这种窗饰适合小窗子，各色的珠子既能装饰窗子，又不遮挡光线。可用尼龙线穿珠子，末端再穿上大颗水晶吊坠。

华丽窗饰
Glittering Window Decoration

需要准备

✄ 铅笔和直尺
✄ 可钉在窗框上的4cm×4cm的木条
✄ 电钻
✄ 剪刀
✄ 尼龙钓鱼线
✄ 各色大小各异的塑料珠子：大颗水滴状珠、长珠子或柱状珠
✄ 大颗吊坠
✄ 4cm宽丝带
✄ 钉枪
✄ 2个螺钉固定型钩

1 用铅笔和直尺沿木条标出相距2.5cm的点，木条一端留出2.5cm。为了与窗框吻合，木条两端第一个点和第二个点之间要留出足够的空间，用电钻在每一个点上钻孔。

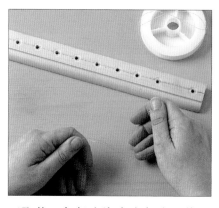

2 裁一条长度为窗户长度两倍再加50cm的钓鱼线，将线对折穿入第二个孔，然后将两个线头穿入双股线形成的环内。

3 将钓鱼线拉直，随意在上面穿珠，用柱状珠或长珠子将圆珠子分隔开。

4 等穿到需要的长度时，在线上穿上吊坠，将线回穿过最后几颗珠子，末端打结。将线沿整条珠线回至最上端，再打两三次结，修剪好线头。

5 用同样方法穿其他的珠串，珠串的长度越往窗户中间越短。剪出一条比窗框长2cm的丝带，将丝带两端用钉枪钉在窗框上，在木条两端钉上螺钉固定型钩，将木条挂在窗框上。

这种小包用印度尼西亚传统的扎染织物制作而成，用无花纹的织物制作镶边和穿带子的空管。灵感来自具有民族风格的珠子工艺，这种手工特别适合珠子工艺的初学者。

珠子流苏小包
Little Fringed Bag

需要准备

- ✂30cm×15cm 扎染织物
- ✂缝纫剪刀
- ✂卷尺
- ✂丁字尺或直尺
- ✂织物记号笔
- ✂铅笔
- ✂纸张
- ✂缝纫珠针
- ✂与扎染织物颜色对比强烈的35cm 见方无花纹彩色织物
- ✂熨斗
- ✂缝纫机
- ✂与织物匹配的缝纫线
- ✂缝纫针和与镶边匹配的缝纫线
- ✂穿珠针
- ✂黑色穿珠线
- ✂黑色小玻璃珠
- ✂各色小玻璃珠
- ✂2 根长 50cm 的黑色鞋带
- ✂12 颗大孔大珠子

1 将扎染织物剪成两片边长为 15cm 的正方形，在每片正方形的正面画出对角线，然后与对角线相隔 2cm 画出平行线，按照成品图片在纸上画出包的形状。

2 将纸钉在两片扎染织物上，剪出包的形状，再剪出两片 16cm × 20cm 的纯色织物制作镶边。将已画线的一面朝上，用疏缝线将包布与镶边布缝在一起，用平针缝沿镶边缝制，修剪去多余的镶边布。

3 剪出两片 7cm × 12cm 的织物制作穿带子的空管。将布沿长边对折熨平，沿四边向内折，用珠针将长边固定在包的上端，然后机缝固定。重复上述方法制作另一个空管。

4 将两片包布正面相对，用珠针固定好，然后在距毛边 1cm 处机缝弧线边，上端不缝合。

5 将小包的正面翻出，把空管折在毛边上，用暗针缝缝好固定。将穿珠线穿在穿珠针上，固定在空管下。

6 在线上穿七颗黑色珠子和一颗彩色珠子，然后将线回穿过最后一颗黑色珠子，再在线上穿六颗黑色珠子，然后在距缝边1cm处缝制一个小针迹。沿小包的周边以同样方法进行装饰。

7 每个空管里穿进一根鞋带，在鞋带两端各穿上三颗大珠子，末端打结，然后将两根鞋带两端绑在一起。

这种前卫的低腰裤珠链腰带会给你的着装带来时髦的波西米亚风格，也可用同样的方法制作配套的项链。

银质珠链腰带
Silver Chain Belt

需要准备

- 60cm 中等粗细的银线
- 圆口钳
- 25 颗直径 1.5cm 的扁平玻璃珠
- 6 颗直径 6mm 的银质珠子
- 丝剪
- 75cm 大环银链
- 60 个银质单环
- 3 个银质带头的饰针
- 40cm 长小环银链
- 固定环
- 银质蟹爪钩

1 在银线上穿上珠子，用圆口钳将银线的一端弯成圆圈，然后再穿上珠子，将末端修剪成6mm，然后沿反方向完成另一个圆圈。

2 将大环银链剪成4cm的小节，用单环交替将穿好的珠子和银链连接固定，直至得到满意的长度。

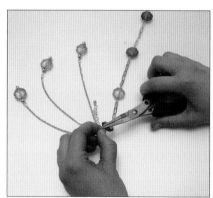

3 制作吊坠时，在带头的饰针上穿一颗银质珠子、一颗玻璃珠子，再穿一颗银质珠子，修剪末端然后将其弯成圆环。将细银链剪成三段，用单环在每个银链末端缀上吊坠，用一个单环将三条银链和腰带固定在一起，用另一个单环固定腰带的另一端，完成制作。

华丽的帽针曾经是不可或缺的饰品，爱德华时期的时髦女性用它来固定宽边帽，现在这些帽针可用来别头发，也可作为翻领上的胸针。

珠子帽针
Beaded Hatpins

需要准备

✂ 装饰珠和镶有人工钻石的珠子
✂ 末端安全的帽针针基
✂ 胶枪或强力胶
✂ 各色 6mm 宽丝带
✂ 与丝带匹配的缝纫线

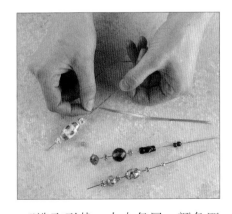

1 选取形状、大小各异，颜色匹配或互补的珠子，捡一颗小珠子穿在帽针针基上以防止其他珠子滑落，在帽针的柄上涂一层薄胶，然后继续穿其他的珠子。

2 可在穿好的珠子之间加入丝带作为装饰，将丝带打成蝴蝶结然后缝几针固定。

3 如第 136 页所示，用丝带制作出小玫瑰花，将其末端缝好，修剪整齐，然后将玫瑰花用胶粘在珠子之间形成装饰效果。

半透明的灰色、白色和金色贝形珠可用来制作精致的烛台，闪耀的烛光会使烛台上的珠子流光溢彩。为了安全起见，必须使用带金属底座的烛台。

珠子装饰烛台
Bead Candle-holder

需要准备

- ✂ 丝剪
- ✂ 卷尺
- ✂ 直径 0.6mm 的金色金属线
- ✂ 玻璃杯
- ✂ 胶带
- ✂ 大橡皮筋
- ✂ 直径 0.2mm 的金色金属线
- ✂ 圆口钳
- ✂ 直径 4mm 的灰色玻璃珠子
- ✂ 直径 4mm 的白色玻璃珠子
- ✂ 直径 4mm 的金色玻璃珠子

1 剪出两根金色粗金属线，长度是玻璃杯的高度和直径之和的两倍再加上 10cm，将两根金属线从中间拧在一起，然后将中间的打结点用胶带粘在杯底中心。从玻璃杯上套进一个橡皮筋固定金属线，将金属线的四个末端折进杯沿里。

2 剪出两根金色细金属线，长约 1m，在中心点将两根金属线拧在一起，把打结点固定在杯底。可先将金属线绕在手上，免得它们互相缠绕在一起。

3 将灰色珠子穿在粗金属线上，用钳子从弯曲的金属线开始，将其末端弯成直径为 2cm 的扁平螺旋形，将细金属线与粗金属线和螺旋形金属线上下交错编织在一起，固定在杯子底座的中心。

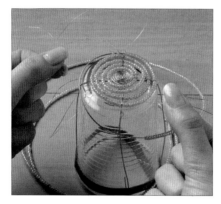

4 在弯曲的金属线上继续穿灰色珠子，并不断将其弯成螺旋形，将细金属线上下交错与螺旋形编织在一起形成框架，一直编织到离杯沿 1cm 处，去除橡皮筋。

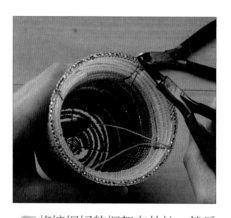

5 将编织好的框架向外拉，然后在金属线上穿一些白色珠子，形成烛台的沿儿。继续将细金属线与粗金属线和框架上下交错编织，上面穿上金色珠子。打开框架开口，拿去玻璃杯，修剪金属线末端并将其内折，将末端固定在烛台框架上。

这种波状螺旋手镯用简单的脱机编织方法制作而成,这种方法叫作皮约特仙人掌法,一旦掌握这种技巧,你就可以创作出各种各样的饰品。

螺旋形手镯
Spiral Bracelets

●●●

需要准备

✂ 与珠子匹配的尼龙线或被服线

✂ 剪刀

✂ 穿珠针或 10 号缝纫针

✂ 金属绿色、红色和绿条纹贝形珠

✂ 2 个贝形帽盖

✂ 2 个直径 2.5mm 的银质珠子

✂ 小单环

✂ 蟹爪钩

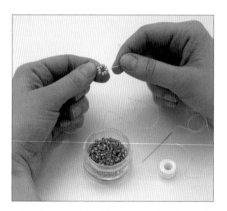

1 将 2m 长的线穿针,线上穿九颗绿色珠子,然后将穿好的珠子绑成平结形成环状,使圆环离线的末端 25cm,将线的末端夹在大拇指与食指之间。

2 为了制作第一个圆环,在线上穿一颗条纹珠子,然后跳过一颗珠子穿过下一颗珠子,再穿上一颗绿色珠子,跳过一颗珠子后再穿过下一颗珠子。

3 为了将圆环合拢,在线上穿一颗条纹珠子,然后穿过下一颗珠子,再穿上一颗绿色珠子,跳过一颗绿色珠子后再穿过下一颗珠子,最后会得到一个扁平、带四个尖的星形。

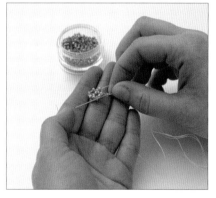

4 制作下一个圆环时,线上穿一颗条纹珠子,再穿一颗条纹珠子放在右边,再穿一颗绿色珠子,然后将针穿过旁边的一颗绿色珠子。重复此步骤两次,将穿珠线收紧使珠子形成圆柱状。

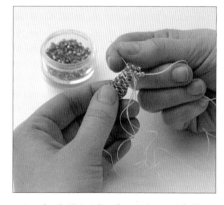

5 穿珠线用完时,可用平结将所加的线接起来,用针尖拨动平结使其处于最后一颗珠子的旁边。继续编织珠子,将线尾留在圆柱体外,在末端的两颗珠子之间用三颗珠子穿成锥状,重复此动作直至得到满意的长度,最后留出空隙以便安装固定配件。

6 将针穿上线，穿好最后四颗珠子，将针从圆柱体的中间穿出来，上面加上贝形帽盖，再穿上一颗大的银珠和一个单环，再将线回穿过金属配件五次，最后固定。

7 在手镯另一端，以同样的方法制作，在银珠后面加上固定配件，将未穿珠的线回穿至末端2.5cm 处，修剪末端。

8 制作条纹状图案。用一种色彩对比强烈的珠子制作圆环，也可用三种不同色彩的珠子制作一个圆环，使圆环上的条纹宽度有所变化。用一种颜色的珠子制作的手镯同样效果极佳。

用颜色醒目的大玻璃珠子制作窗帘结会使你的窗户成为瞩目的焦点。开始制作前，要用卷尺测量窗帘聚拢在一起时的尺寸，以便计算窗帘结的长度。

短粗的珠子窗帘结
Chunky Bead Tie-backs

●●●

每个窗帘结需要准备

✂2个分开的环
✂2个带有配饰的分隔配件：适用于3股线绳
✂胶枪和胶棒
✂2个背面扁平的蓝色玻璃块
✂剪刀
✂铅笔
✂描图纸
✂卷尺
✂结实且不会延展的穿珠线
✂透明指甲油
✂橙色手工柱状玻璃珠和陶艺珠
✂蓝色圆玻璃珠
✂蓝色大玻璃珠

1 将一个分开的环与三角分隔配件顶端的环连接在一起，这样可以将它固定在墙上的钩子上，用胶枪将背面扁平的蓝色玻璃块粘在分隔配件的中心。

2 用纸剪出有弧度、对称的图样，使图样与成品窗帘结大小一致，确保窗帘结长到足以将合拢的窗帘围住，且宽到能够缀上三排珠子。

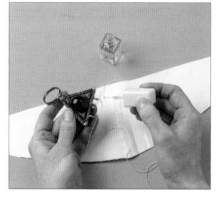

3 剪出一条30cm长的结实的穿珠线，这个长度比图样的长度稍长，将一端牢固地系在第一个分隔配件顶端的环上，在打结处涂一些透明指甲油将其固定。

4 如图所示，在线上穿大小不等的珠子形成对称图案，将穿珠线和多余线头的末端一起穿过前几颗珠子将其固定。

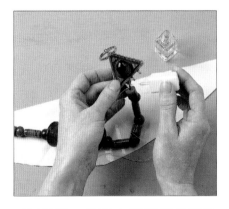

5 在第一排线上穿足够多的珠子，使其长度与图样相符，将线打结固定在第二个分隔配件上。修剪末梢，打结固定，并如前所述在结上涂指甲油。

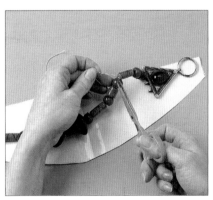

6 将多余线头的末端回穿过线上的最后几颗珠子，修剪线头。

7 依照前面的方法穿第二排和第三排珠子，后一排都比前一排多穿几颗珠子，使其比前一排显得稍长些。另外一条窗帘结以同样的方法制作。

　　将这种漂亮的流苏挂在卧室或卫生间的钥匙上，与房间的装修色彩相得益彰，是一种迷人的装饰细节。

丝质流苏钥匙链

Silken Key Tassels

●●●

需要准备

✂ 每个钥匙链需两束绣线，含制作圆环和绑结的绣线
✂ 硬纸板
✂ 剪刀
✂ 卷尺
✂ 缝纫针、与绣线匹配的缝纫线
✂ 2颗大陶艺珠子
✂ 穿珠针
✂ 橙色、青绿色和红色小玻璃贝形珠
✂ 红色和青绿色大玻璃贝形珠
✂ 红色中号玻璃水晶珠
✂ 红色不透明小贝形珠

1 制作流苏时，将两束绣线缠在一片硬纸板上，剪一条20cm长的绣线，打结形成一个圆环，再将这个线环紧紧绑在线圈顶端，小心地从硬纸板上取下绑好的线圈。

2 一手拿住打结的一端，将另一端剪开形成流苏。将六股绣线分成三对编成紧紧的辫绳，用针和与绣线匹配的缝纫线将其末端固定。用同样的方法绕流苏周围再制作三个辫绳。

3 修剪流苏末端使其长度一致，在吊环上穿两颗陶艺珠，打一个小结固定。

4 制作珠子流苏时，重复第1步至第3步，在线束顶端下约2cm处用缝纫线将其绑紧，在线束顶端穿一根缝纫线，在缝纫线上穿八颗红色小贝形珠，将缝纫线打成双结在吊环四周形成一个圆环。

5 用缝纫线交替穿过上述珠环中的贝形珠，做成三个珠环，线上穿珠顺序为两颗橙色、两颗青绿色、两颗红色和一颗红色大贝形珠，然后颠倒顺序再穿六颗小贝形珠。通过把缝纫线穿过大颗红色贝形珠，再制作三串同样的珠环。

6 如图所示，将第5步中的大颗红珠子与六颗红色贝形珠连接，大颗红珠子与贝形珠交错穿在线上，再将大颗红珠子与六颗橙色贝形珠和六颗青绿色贝形珠连接起来。从每颗红色大珠子上垂下一个环形吊坠：半环上穿三颗红色珠子、三颗青绿色珠子、三颗橙色珠子，下接一颗红色贝形珠，再穿上一颗中号红色玻璃珠和一颗红色不透明小贝形珠，将线回穿过最后两颗珠子，线再返回流苏的另一边。

7 再将线穿上大颗红色贝形珠将所有的珠子连接起来，用三颗红色、三颗青绿色和三颗橙色小贝形珠构成半个珠环，这样的两个半环与一颗青绿色大贝形珠和一颗红色不透明小珠形成一个珠环，共做三个珠环，每个珠环的端线回穿过最后两颗珠子再返回流苏的另一边，打结，完成制作。

这个精致的蝴蝶完全由金属线穿珠制成。可以将这个蝴蝶别在中意的帽子、发卡上或缀在包上，但要注意佩戴时蝴蝶上不能有突出的金属线头。

水晶蝴蝶
Crystal Butterfly

●●●●

需要准备

✂ 30cm 中粗银线

✂ 直径 3mm 的浅紫色刻面椭圆珠

✂ 直径 6mm 的蓝色和紫色刻面椭圆珠

✂ 平口钳

✂ 制花金属线

✂ 丝剪

✂ 银色贝形珠

✂ 2 颗直径 15mm 的蓝色心形珠

✂ 2 颗直径 8mm 的蓝色心形珠

✂ 4 颗直径 4mm 的绿色圆珠

✂ 1 颗直径 8mm 的绿色圆珠

✂ 4 颗直径 8mm 的绿色双锥体珠

✂ 圆口钳

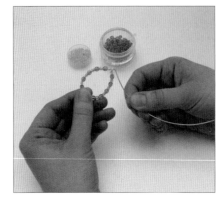

1 用银线的一端做一个圆环，将十二颗浅紫色小珠子和十一颗蓝色刻面大珠子交错穿在圆环上，将未穿珠子的银线一头穿过圆环，拉紧制成蝴蝶翅膀的上半部分，然后将圆环向外弯曲。

2 将八颗浅紫色小珠子和七颗紫色大珠子交错穿在银线上，将其弯成另一个圆环，做成翅膀的下半部分。将线头穿过圆环，将线牢固地缠在圆环上，用平口钳将线头剪断，然后向里折好。

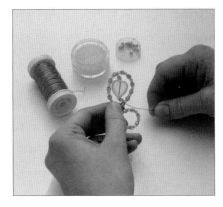

3 在翅膀的上半部分的框架里固定一根 30cm 的制花金属线，将金属线固定在第五颗蓝色大珠子上。在制花金属线上穿一颗紫色大珠、一颗银色贝形珠、一颗心形大珠、一颗贝形珠、一颗紫色大珠子和一颗贝形珠，将金属线的另一端固定在圆环的下边第一颗蓝色大珠子上。

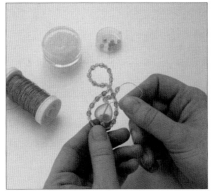

4 在银线上穿一颗贝形珠、一颗紫色大珠子和一颗贝形珠，将线往相反方向弯成一个圆环，使其处在最后一颗蓝色大珠子上面，再在线上穿一颗贝形珠、一颗紫色大珠子和一颗贝形珠，然后将线回穿过心形珠。

5 在线上继续穿一颗贝形珠、一颗紫色大珠子和一颗贝形珠，然后从起点在线上固定三颗珠子，再用一颗珠子固定，银线上再穿一颗贝形珠、一颗紫色小珠子，然后将线沿心形珠子的上端拧好。继续在银线上穿一颗紫色小珠子、一颗贝形珠，然后在起点处穿上两颗珠子固定。

6 在第一个圆环旁边固定一段 30cm 的金属线，在线上穿一颗紫色小珠子、一颗紫色大珠子、一颗贝形珠、一颗小心形珠、一颗贝形珠和一颗紫色小珠子，将金属线的另一头固定在对面下方的翅膀上，固定点在第一个圆环上的第七颗珠子下面。

7 将金属线穿过右边第一颗珠子固定在蝴蝶框架上，并在上面穿一颗贝形珠和一颗紫色小珠子。将金属线拧在心形珠下方，再在上面穿一颗贝形珠和一颗紫色小珠子，然后绕框架拧两圈，继续往线上穿珠，穿上一颗贝形珠、一颗紫色珠子和一颗贝形珠，将三颗珠子绕在框架上，以同样的方法将翅膀空隙处填满。以同样的方法制作另一个翅膀，使其与已制作好的翅膀对称。

8 用制花金属线将翅膀缠在中心轴上。在剩余的银线末端制作一个圆环，在上面穿上绿色珠子制成蝴蝶的头和身子，将制作身子的金属线留出 6mm 剪下并做出一个圆环。将剪下的金属线拧成触角，然后将触角固定在上面的圆环上。在翅膀的交叉点固定上蝴蝶的身子，如需要，可在蝴蝶的背面安上饰针。

这种优雅而现代的短项链是由孔雀绿色和银色珠子编织而成的，完成珠子编织后，可将成品覆在柔软的条状绒面革上，也可将其松松地围绕在颈部。

机织短项链
Loom-woven Choker

需要准备

✂ 织珠机
✂ 黑色尼龙线
✂ 穿珠针
✂ 直径 2mm 的三种不同绿色的贝形珠
✂ 直径 2mm 的银色贝形珠
✂ 2 颗直径 6mm 的颜色对比鲜明的珠子
✂ 柔软的深蓝色绒面革
✂ 卷尺
✂ 缝纫剪刀
✂ PVA 胶（白色）
✂ 缝纫针
✂ 与绒面革匹配的缝纫线

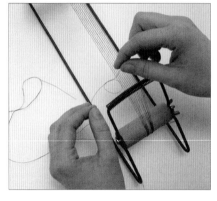

1 参照第 167 页，在织珠机上扯 11 根 50cm 长的经线，按照书后所附图示，在左边第一根线上打结接上一根 1m 长的黑色尼龙线，穿上第一排珠子，在经线下将针从左边移到右边。

2 用指尖轻轻地将珠子向上抬，使每颗珠子处在经线之间的缝隙里。将针回穿过珠子，使针处在穿珠线上方，但不要使经线分开，依照图示继续编织。

3 制作流苏时，在上面穿更多的珠子，将线回穿过最后一颗珠子，以防止其他珠子脱落，然后将针穿过剩余的珠子，如前所示完成整排的穿珠。以同样的方法在每股线上穿珠子，按照图示穿上大颗的珠子。

4 完成编织后，将成品从织珠机上取下，剪断打的结，然后将穿珠线每两根打结固定。

5 剪一长块绒面革，其宽度与编织好的珠链相同，长度比成品项链长 50cm。将编织好的珠链用胶粘在绒面革的中间，在织珠线下进行疏缝。等胶干了之后，用暗针缝将珠链四边缝在绒面革上。

珠子流苏可以让最普通的靠垫瞬间变得华丽无比。以下三种设计将向你展示大小不同、颜色各异的珠子是如何呈现不同的艺术效果的。

珠子流苏靠垫
Bead-fringed Cushions

●●●●

需要准备

✕ 卷尺

✕ 缝纫剪刀

✕ 熨斗

✕ 缝纫机

✕ 缝纫线

✕ 缝纫珠针

✕ 穿珠针

✕ 穿珠线

制作黄色靠垫需要准备

✕ 黄色天鹅绒

✕ 方形靠垫芯

✕ 直径 6mm 的白色玻璃珠子

✕ 直径 7mm 的黄色不透明珠子

✕ 直径 7mm 的白色不透明珠子

✕ 直径 7mm 的蓝色不透明珠子

✕ 古铜色小玻璃珠子

制作条纹靠垫需要准备

✕ 长方形靠垫芯

✕ 条纹织物

✕ 织物记号笔

✕ 坐标纸

✕ 铅笔

✕ 粉色和黄色小玻璃珠子

✕ 直径 7mm 的黄色圆盘状珠子

制作粉色靠垫需要准备

✕ 长方形靠垫芯

✕ 粉色天鹅绒

✕ 黄色和粉色小玻璃珠子

✕ 直径 6mm 的白色玻璃珠子

✕ 直径 6mm 的青绿色玻璃珠子

✕ 古铜色小玻璃珠子

黄色靠垫

1 剪一块天鹅绒，四周比靠垫芯多出 2.5cm。剪出两块同样宽度、长度是天鹅绒布片的三分之二的衬布，在每个衬布的长边上折出折边，将衬布背面朝下，使两个折边重合，并使两片衬布与靠垫前片尺寸一致。

2 将两片衬布正面朝下铺在靠垫前片的正面，沿四边用珠针固定然后疏缝，在四边上留 1cm 缝份机缝，剪好四角，将角翻出来。熨烫天鹅绒时要在绒面上铺一条湿毛巾，这样熨斗的热气不至于使绒毛侧倒；熨斗温度要适宜，不能过热，否则可能会烧焦绒毛。

3 用双股线穿针，固定在靠垫罩一角，线上穿两颗白色、一颗黄色、一颗古铜色珠子，将线回穿过黄色珠子，继续穿两颗白色玻璃珠子，用针沿缝边固定 2cm 的线。

4 用针缝一个小针迹，然后在线上穿一颗蓝色或白色不透明珠子，再穿一颗古铜色珠子，将线回穿过蓝色或白色珠子，继续将针向前穿 2cm。以同样的方法将靠垫罩的四周缀满珠子。

条纹靠垫

1 剪出一块条纹织物，尺寸要比长方形靠垫芯宽5cm、长20cm，再剪出两片衬布：宽与条纹织物一致，长为条纹织物长度的三分之二。

2 将每个衬布的短边折出折边，正面朝下，将两片布的折边重合使衬布与前片大小一致。将衬布与前片正面相对，沿长边向内1cm缝合。将缝好的布翻过来，在每个毛边上缝一条10cm的线，在这条线上制作流苏。

3 将10cm长的流苏放在坐标纸上，剪一条至少40cm的穿珠线，以双股穿针，将针穿过织物上第一个条纹的内边，打结固定，将线穿过线圈拉紧。

4 将粉色和黄色珠子混合在一起，将珠子穿在9.5cm的线上，再加上一颗圆盘状珠子和一颗黄色珠子，将线回穿过圆盘状珠子，缝制一个结束针迹，将针穿过上面的线，再缝制一个结束针迹，轻拉线以去除扭结，最后修剪线头。以同样的方法给其他条纹装饰。

粉色靠垫

1 制作粉色靠垫罩的方法与上面所讲的黄色靠垫罩一样，只是这个是长方形的而不是正方形的。在两个对边上标示出相距1.5cm的点，在靠垫角上用双股穿珠线固定。

2 将黄色和粉色珠子混合在一起，在线上穿上2cm长的珠子后穿上一颗白色珠子，再用粉色和黄色珠子穿2cm长，然后加上一颗青绿色和一颗古铜色珠子，继续用粉色和黄色珠子穿2cm长，然后加一颗白色珠子，接着穿粉色和黄色珠子，将针穿过标示的第三个点。

3 用回针将针从第二个标示点穿出，在线上穿2cm长的粉色和黄色珠子，然后将针穿过已经穿在右边线上且已固定的白色珠子，再穿一串长2cm的粉色和黄色珠子，然后加上一颗青绿色和一颗古铜色珠子。重复此方法，将靠垫的四周全部缀上珠子装饰。

这种更加复杂的珠子饰边由贝形珠、柱状珠、珍珠和水晶珠制作而成，呈现出精致的艺术效果。这些珠子是用结实的穿珠线缝制在靠垫上的，不易脱落。

珠子靠垫饰边
Beaded Cushion Trims

●●●●

需要准备

✂ 紫色和绿色亚麻布各 50cm 见方
✂ 缝纫剪刀
✂ 卷尺
✂ 缝纫珠针
✂ 缝纫机
✂ 与亚麻布匹配的缝纫线
✂ 35cm 见方的靠垫芯
✂ 30cm 见方的靠垫芯
✂ 穿珠针
✂ 无伸缩性的结实穿珠线
✂ 粉色和绿色变色珠
✂ 金色、银色和红色贝形珠
✂ 粉色、蓝色和绿色磨砂柱状珠
✂ 绿色金属柱状珠
✂ 粉色、蓝色和黄色小水晶珠

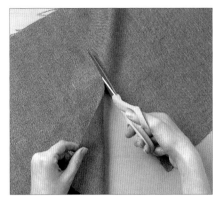

1 制作靠垫罩。剪出 38cm 见方的紫色亚麻布做靠垫正面，再剪两块 38cm×28cm 的紫色亚麻布做靠垫背面衬布。制作小靠垫时，剪出 33cm 见方的绿色亚麻布做靠垫正面，再剪两块 33cm×23cm 的绿色亚麻布做靠垫背面衬布。

2 将每片背面衬布的长边折出折边，然后覆在正面布片上，使其正面相对、折边在中间重合。沿靠垫四周缝制 1.2cm 的缝边。将正面翻出，塞入靠垫芯。

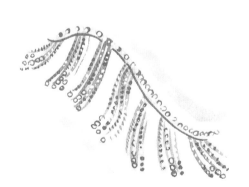

3 紫色靠垫的边饰是由垂饰和悬链交错缝制在两个对边上形成的。测量靠垫的一边，标示出相隔约 5cm 的点，用珠针垂直穿过每个标示点。

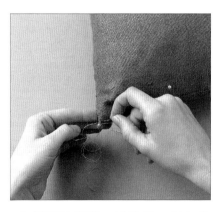

4 沿缝边穿第一排珠子，在左角固定线，穿上一颗粉色变色珠，然后是一颗金色贝形珠，将针回穿过粉色珠子，穿进边缝，然后再沿粉色珠子旁边的针迹穿出。

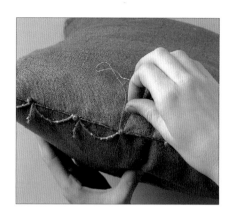

5 将粉色柱状珠和金色贝形珠交错穿成 2.5cm 的珠串，在边缝上用小针迹固定。重复此动作直至第一个标示点，将线固定，在粉色珠子下加上一颗绿色变色珠和一颗金色贝形珠。重复此动作，直至穿到下一个角上。

6 从下一个角开始，用一颗银色贝形珠、一颗蓝色柱状珠、一颗银色贝形珠、一颗蓝色柱状珠、一颗银色贝形珠、一颗粉色水晶珠和一颗银色贝形珠穿成珠子悬链，将针回穿过水晶珠和剩余的珠串，用小针迹将珠串固定在边缝上，针从右边的一颗珠子穿出。

7 制作垂饰时，线上穿一颗银色贝形珠和一颗磨砂柱状珠，重复此方法两次，然后继续在线上穿一颗金色贝形珠和一颗粉色水晶珠。在水晶珠的另一面制作对称的珠串，将珠串固定在变色珠下的边缝上，继续沿此边制作悬链和垂饰。

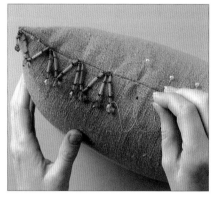

8 沿绿色靠垫的边用珠针标示出间隔 3cm 的点。制作吊坠时，可在线上穿两颗红色贝形珠、一颗蓝色柱状珠、一颗红色贝形珠、一颗绿色柱状珠、一颗红色贝形珠、一颗蓝色柱状珠、一颗红色贝形珠、一颗蓝色水晶珠和一颗红色贝形珠，将针回穿过水晶珠和剩余的珠串，固定好，然后从一颗珠子中穿出。再按同样的顺序继续穿珠，第一颗是红色贝形珠，末端蓝色水晶珠换成黄色水晶珠，将线回穿过水晶珠。

9 使三角形珠串的另一边与第一条边对称，将珠串固定在下一个珠针的左边缝上，继续交错制作珠串吊坠和三角形直至这条边的末端。从下一个角开始，用一颗金色贝形珠、一颗绿色金属柱状珠、三颗金色贝形珠、一颗绿色金属柱状珠和一颗金色贝形珠穿成珠串，用珠串遮盖住边缝。

光线照亮玻璃珠子，会使其显得特别漂亮，充满梦幻色彩。用长的珠子流苏点缀可将普通的纸质灯罩变得与众不同。

珠子流苏灯罩
Fringed Lampshade

●●●●

需要准备

- ✂ 黄色油性记号笔
- ✂ 圆筒状白纸灯罩
- ✂ 卷尺
- ✂ 尖的缝纫针
- ✂ 剪刀
- ✂ 黄色和白色穿珠线
- ✂ 穿珠针
- ✂ 铅笔
- ✂ 坐标纸
- ✂ 黄色小珠子
- ✂ 紫色小珠子
- ✂ 4cm 长的紫色柱状珠子
- ✂ 紫色水滴状珠子
- ✂ 透明小玻璃珠子

1 在灯罩上用油性记号笔手绘宽窄不同的条纹，晾干。

2 用尖针沿下边缘戳出一排间隔为 6mm 的洞。

3 剪出一条黄色穿珠线，长度是流苏所需长度的两倍再加上 25cm。将穿珠线以双股穿针，末端打结，将针穿过黄色条纹上的洞，再穿过线环，拉紧。

4 在坐标纸上标出珠子的顺序，在线上穿小珠子：用黄色小珠子先穿 12cm 长，然后穿一颗紫色小珠子、一颗黄色小珠子、一颗紫色小珠子和一颗黄色小珠子，再穿上一颗柱状珠子，然后在线上交错穿上五颗黄色小珠子和四颗紫色小珠子（在其他穿珠线上，黄色和紫色的珠子各另加两颗），最后再加上三颗黄色小珠子。

5 在线上继续穿一颗紫色水滴状珠子和三颗黄色小珠子，将针穿到紫色水滴状珠子下面，做一个牢固的结，确保没有线头露出，将针回穿过整个珠串。

6 在柱状珠子下做一个牢固的结，从柱状珠子上穿出，再做一个牢固的结。小心拉线以去除线上的扭结，沿灯罩四周制作流苏，在白色条纹上使用白色穿珠线，并将此处的黄色小珠子更换为透明珠子即可。

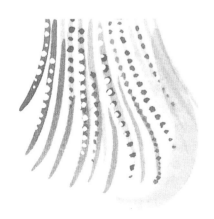

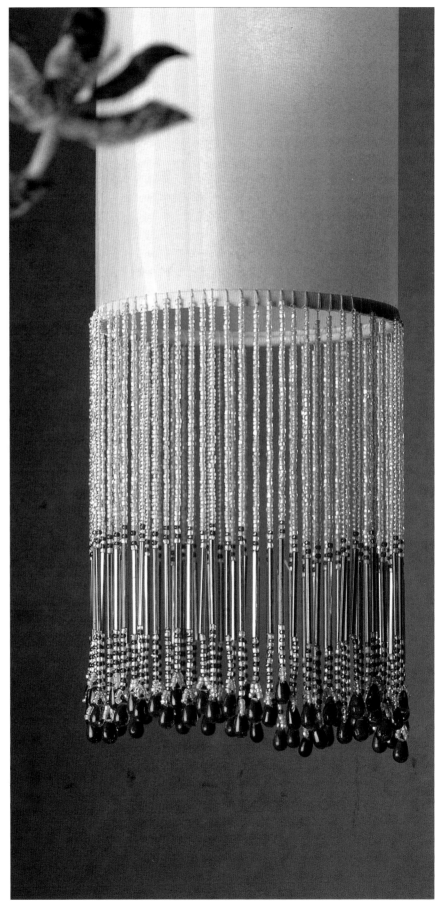

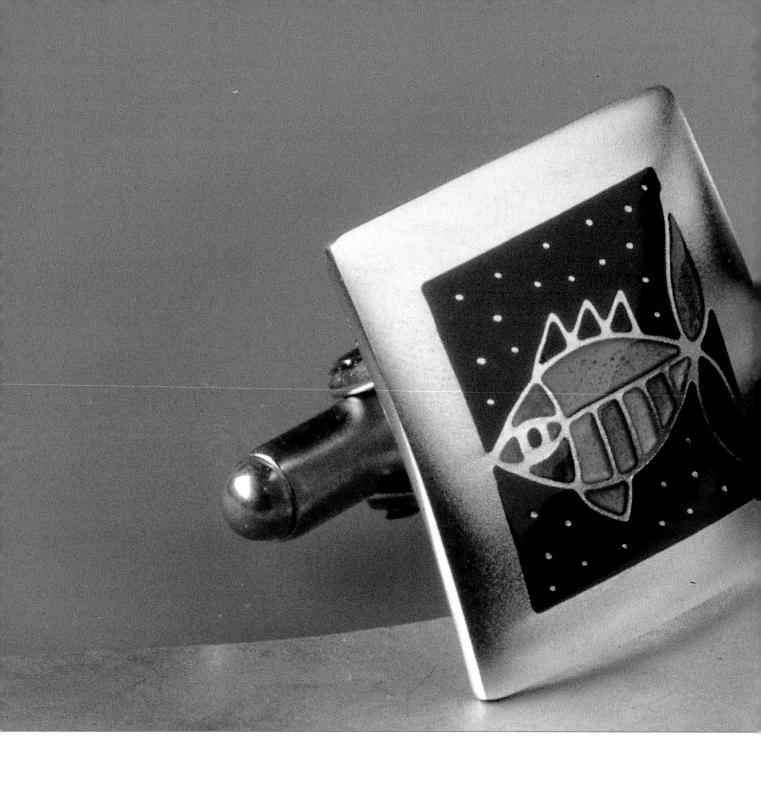

珐琅饰品

Enameliing

从人类开始使用金属起，珐琅的美观和实用就得到了重视。珐琅用于装饰有着悠久的历史，早期工匠们用它来仿制珍贵的珠宝。这门古老的技艺需要用到特殊的材料和器具，在制作书中的饰品时也需格外小心仔细。不过，一旦看到所制作出的绝美饰品，你所有的努力都值了。

珐琅是一种玻璃，而制作珐琅就是通过加热将其镶嵌在金属上的过程。大多数材料需要从专门的供应商那里获得，你可先从购买最简单的材料开始。

材料
Materials

酸类和酸洗液

各种各样酸性稀释溶液用来在珐琅烧制前后对金属进行脱脂和脱氧处理。

陶瓷纤维

通过浇铸可以用来烧制不规则图案的珐琅制品。

珐琅

珠宝珐琅通常呈块状或粉状，分含铅的和无铅的两种。含铅珐琅和无铅珐琅不能混合使用。可用透明、半透明和不透明的珐琅做出不同的效果。

珐琅胶液

有很多种有机的胶液，还有些则是喷雾。稀释的胶液用来固定景泰蓝丝，弱胶液用于烧制前固定粉状珐琅。注意控制用量。

蚀刻剂

用硝酸或其他酸类溶液涂抹在金属上蚀出凹痕，并在凹痕里填上珐琅料。

金箔

优质金箔和银箔有多种不同的厚度。金叶子对于珐琅制作来说太薄了。

高岭土

可防止珐琅附着在烤盘或火窑的地板上。

云母

有一种工艺称为镂花珐琅，就是使透明的珐琅在金属框内呈现出"镂空"的效果。在此工艺中，云母片在烧制的过程中作为珐琅的衬料。

浮石粉

烧制后用浮石粉和水浆给珐琅和金属抛光。

防腐剂

蚀刻时，可在金属上涂上光漆来保护金属。PnP蓝色醋酸膜可做光敏抗蚀剂。

金属片

铜质和银质金属片有不同的尺寸和厚度。至少要使用92.5%的银片，不要使用含铍的铜片。

焊料

最好使用硬质银（4N，"IT"级）焊料。

洗涤碱晶块

用来制作苏打溶液来中和酸。

水

在水质硬的地区应使用瓶装水或雨水，因为硬水中的水垢和添加剂会破坏珐琅的纯净度。

嵌丝

制作景泰蓝饰品时，要预先准备方形的铜丝、细金银丝。

制作珐琅饰品最主要的工具是燃气烧窑或电烧窑。这种或其他特殊的工具一般可以从珐琅供应商和珠宝商那里买到。

工具

美术刷

纯貂毛美术刷是上湿珐琅的传统工具。

铜刷

在酸洗后用铜刷或绒面革清洁金属。

金刚砂纸

这是一种比金刚砂更能高效清洁珐琅的传统磨料，对于凹面非常有用。

圆形和U形模具，心轴和打孔器

这些铁制、铜制和硬木制模具用来给金属塑形。使用铁制、铜制模具时用锤子，使用硬木模具时用木锤。

毛毡打磨头

用毛毡打磨头蘸上浮石粉和水，打磨烧制过的珐琅，可用手工也可用电动打磨器。

锉

用手锉锉去切割后金属的毛刺。金刚锉蘸水用来打磨烧制过的珐琅。

玻璃纤维刷

这种刷子不会在金属表面留下划痕，用来清洁珐琅，可避免用手触碰珐琅。

烧窑

电烧窑价格相对低廉，但是加热不如燃气烧窑快。恒温调节器可防止温度过高，高温计可测量出准确的温度。使用烧制托盘或用钢丝制作托盘。

杵和研钵

只用于磨洗玻化的陶瓷珐琅。

羽毛笔

鹅羽毛笔，可在书法用品店买到，湿珐琅料使用。

转动磨粉器

在上漆珐琅中，用它在银片上压出纹理。

筛子

干珐琅料使用。漏网的大小要适合珐琅料。

焊料工具

要用到焊料、木炭、可燃气体、喷灯和硼砂焊剂。

钳子和镊子

铜制或塑料制镊子和钳子，用于在酸洗液和蚀刻剂中放入或取出金属。

制作珐琅时，需要高温并会用到一些有危险的材料。制作时应选择通风良好的地点，穿上防护服，严格按照工艺规程操作。当不需要烧窑时，将其关闭。

珐琅工艺
Enamelling Techniques

准备金属材料

在制作珐琅前，金属必须进行脱脂和脱氧处理。为了使金属更有韧性，用喷灯煅烧金属至樱桃红色，待其变成黑色后放入冷水中，用酸洗液去除金属表面的氧化层。

1 脱脂时，用金刚砂纸研磨金属。在普通酸洗溶液（10% 的硫酸溶液、安全的酸洗液或明矾溶液）中处理铜。

2 把标准银（92.5%）和大不列颠银（95.8%）放入硝酸溶液中，轻轻晃动溶液，直至银变成白色（纯银不需要除氧化层）。

3 用铜刷和清洁液（皂液）上光。用干净的棉布擦干，避免手指接触金属表面。

焊接

为避免珐琅脱色和空鼓，在进行作品设计时，应尽量少焊接。焊接时，为避免饰品移动，可用扎线或镊子固定饰品。

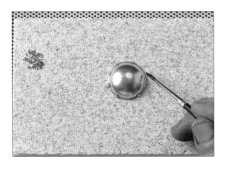

1 把硼砂焊剂放在焊点处。把焊料切成小块，用蘸了焊剂的刷子把它们放在焊点处。

2 为防止焊剂起泡，用火灼烧整个金属以烘干焊剂。焊剂结晶后，就可对准焊点进行加热，直至焊料熔化。

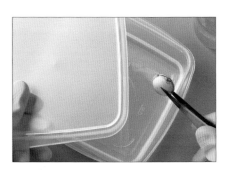

3 自然冷却焊好的金属，然后放入普通酸洗溶液中洗去灼烧痕迹和焊剂。在水龙头下冲洗金属，擦干并用锉子锉去多余焊料。

蚀刻

　　金属经过酸洗和上光后，就可进行蚀刻，然后上珐琅。蚀刻时，只可使用铜镊子和塑料镊子，并应戴上防护手套和护目镜。

1 用防蚀漆在金属背面和边缘涂抹三遍避免腐蚀，晾干。

2 用防蚀漆把设计好的图案画在金属上，酸性溶液会蚀刻没有涂防蚀漆的地方。也可以将金属表面涂满防蚀漆，再将需要蚀刻部分的防蚀漆用钢针除去。

3 按一份纯硝酸和三份水的比例配置蚀刻液，盛在开放式塑料容器内，用羽毛除去泡沫。放入金属，达到预定的蚀刻深度时，将金属取出（注意，蚀刻的深度最大不应超过金属厚度的三分之一）。

4 在水龙头下冲洗金属，用玻璃纤维刷刷去残余的蚀刻溶液，用刷子清除剩余的防蚀漆，用铜刷和清洁液（皂液）给金属上光。

照片蚀刻

　　不用把图案描到金属表面，也可以制作出逼真的照片。画一个为成品两倍大的对比强烈的黑白画（黑色区域代表金属，白色区域代表上珐琅区域），线径不小于 0.7mm。用影印机把画缩印到实际大小。

　　将缩印的照片以高对比度影印在 PnP 蓝醋酸胶片上，感光面朝上。用干熨斗把印好的胶片烙在金属片上。把防蚀漆涂在金属背面和边缘并按照上述方法蚀刻金属片。

制作珐琅料

　　设计复杂、表面弯曲的饰品需要将珐琅料碾磨得更细。先用棉布包裹珐琅块料，用锤子敲碎。

1 在干净的研钵里放一块珐琅料，加入纯净水，用杵捣碎，直至呈现砂糖样颗粒。用此方法制作足够的材料，需要时添加纯净水。

2 用杵把颗粒碾磨成粉状，沉淀后将水倒出。反复清洗直至水变得清澈、珐琅料颜色一致。

湿珐琅料的使用

把淘洗好的珐琅料倒入调色盘中，加水没过珐琅料。用美术刷、鹅羽毛笔或不锈钢笔尖在金属上涂珐琅，不要涂厚厚的一层，要分多次薄薄地涂珐琅。

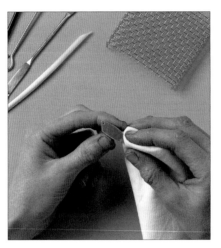

1 倒出多余的水，倾斜调色盘，露出一部分珐琅料以供使用。把珐琅料均匀地涂在金属上，每一个角落都要涂到，避免烧制时回缩。

2 用棉布吸去金属边缘的水分。不要触及珐琅，避免弄坏成品表面。擦好后尽快烧制。

干珐琅料的使用

碾磨冲洗过珐琅料后，把水全部倒出。把糊状珐琅料倒在厨房用锡箔纸上包好，放在烧窑或暖气片上烘干。

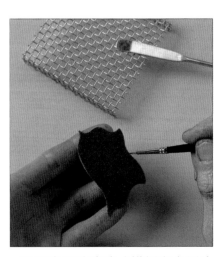

1 金属脱氧和脱脂后，用刷子在上珐琅的区域涂上薄薄的一层珐琅胶，放在一张纸上。

2 把珐琅粉放在筛子（过滤器）上，距金属片5cm轻轻晃动筛子。小心托起金属片，清除多余的珐琅料，放在烧盘上准备烧制。

3 可先用珐琅胶或模板在金属片上画出图案，再筛上珐琅粉。也可在烧制前，用画笔或铁笔尖在珐琅料上画出图案。

烧制　　　烧制小物件的时候烧窑温度大约为900℃。将物件先放在烧窑边，使水分蒸发，然后放入烧窑内，当珐琅呈结晶状、没有蒸汽冒出时，就烧制好了。

1 刚开始烧制时，珐琅会发亮，金属也会发生氧化。然后，珐琅色泽变暗并呈颗粒状。

2 接着，珐琅开始熔化，表面闪光但凹凸不平。

3 最后，珐琅会变得光滑、闪亮。如果有珐琅溢出或是褪色，说明烧制时间过长。最好在烧制前期使用中火，后期使用大火。

最后加工　　　为了使珐琅成品平整光滑，在烧制后应进行打磨抛光。根据饰品的不同形状，需要准备碳化硅砂轮、金刚砂纸、碳化硅砂纸（湿的和干的）等各种打磨工具。

1 用大量的水从各个角度打磨珐琅饰品，珐琅色泽会变暗，这样就能发现有凹痕的地方，需填补珐琅料进行二次烧制。用玻璃纤维刷蘸水刷去残留物。用棉布擦干，避免用手接触珐琅表面。

2 二次烧制。珐琅饰品冷却后，放入常规酸洗溶液中。用浮石粉蘸水打磨珐琅和金属表面，用毛毡打磨头或用900~1200 r/min（转／分）的电动打磨器抛光珐琅。

用一套大小不同的漂亮纽扣装饰衣物。这些纽扣上点缀着金片、银片和各色珐琅料。

多彩珐琅纽扣

Multicoloured Buttons

需要准备

- ✕ 手钻
- ✕ 0.8mm 厚的铜片
- ✕ 浮石粉
- ✕ 牙刷
- ✕ 杵和研钵
- ✕ 珐琅胶
- ✕ 美术刷
- ✕ 筛子
- ✕ 各色不透明珐琅料
- ✕ 烧制工具和烧窑
- ✕ 纽扣支撑架
- ✕ 剪刀
- ✕ 景泰蓝金丝或银丝
- ✕ 打孔器
- ✕ 0.16mm 厚的银片

1 在每个铜片中心钻两个大孔。

2 用牙刷蘸上浮石粉和水清洁铜片。

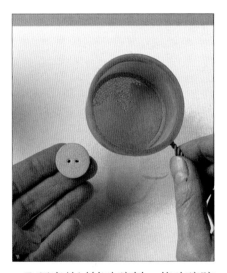

3 研磨并过滤珐琅料。将珐琅胶轻轻涂到纽扣背面，使用筛子给纽扣上不同颜色的珐琅料。晾干，烤制，清洁，将纽扣放到支撑架上。如有需要，可添补珐琅料，进行二次烧制。

4 把金丝或银丝剪成方形和三角形的小段。用打孔器在银片上打孔。

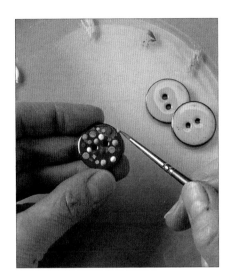

5 用珐琅胶把金属小段粘在纽扣上。用珐琅胶拌少量珐琅料在纽扣上点上各色小点。

6 将纽扣放到支撑架上放入烧窑中烧制。待珐琅料熔化后，冷却。用牙刷蘸水和浮石粉清除表面的氧化层。

在银片上上珐琅做出精美的领针造型——叼着一颗心的美丽的小鸟。可以做出不同色彩的领针来搭配不同的衣服。

鸟形领针
Bird Lapel Pin

需要准备

- ✕ 描图纸和铅笔
- ✕ 双面胶
- ✕ 1.3mm 厚的银片
- ✕ 手锯
- ✕ 手钻
- ✕ 银管和银丝（银管的直径要和银丝粗细相匹配）
- ✕ 焊具
- ✕ 硬焊料
- ✕ 钳子
- ✕ 抛光器
- ✕ 杵和研钵
- ✕ 白色、明红色、中蓝色不透明珐琅料
- ✕ 黑色透明珐琅料
- ✕ 珐琅胶
- ✕ 玻璃纤维刷
- ✕ 三角架
- ✕ 细头画笔或羽毛笔
- ✕ 烧制工具和烧窑
- ✕ 金刚砂纸
- ✕ 碳化硅细砂纸（湿的和干的）
- ✕ 指甲抛光块
- ✕ 冷凝胶（环氧树脂胶）

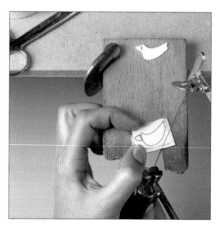

1 描下书后的图样。用双面胶把图形粘在银片上。用手锯把多余的银片锯下来。在心形和鸟之间打洞，把锯刀穿进去沿图案锯制。

2 剪下一段 5mm 长的银管，用硬焊料把它焊在鸟形银片背面的中央。截取 6cm 长的银丝制作别针。用钳子将银丝一端 0.5cm 处折成一个直角。

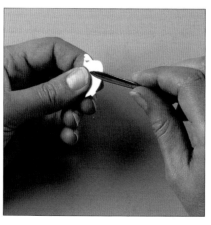

3 抛光鸟形银片的边缘，以便上珐琅。打磨清洗珐琅料，滴入一滴珐琅胶，用水覆盖珐琅料。

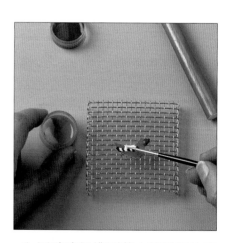

4 用玻璃纤维刷蘸水清除银片表面的油脂。把银片放在三角架上，用细头画笔或羽毛笔上珐琅料。

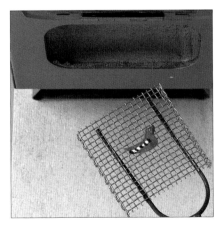

5 晾干后，烧制。至少上两层珐琅料，逐层烧制。

6 用金刚砂纸和水打磨，用湿砂纸抛光，冲洗，直至珐琅面平整光滑。用软物将银片背面擦光亮，将银丝蘸冷凝胶穿入银片背面的银管内。这样领针就做好了。

用透明的浅色珐琅料制作自己设计的耳环。注意要控制好孔的大小，既要能透光，又不能让珐琅料掉出来。

镂空珐琅耳环

Plique-a-jour Earrings

需要准备

- 铅笔和纸
- 1.2mm 厚的银片
- 手锯
- 手钻
- 镊子
- 铜刷
- 清洁液
- 杵和研钵
- 浅色透明珐琅料
- 细头画笔
- 三角架
- 烧制工具和烧窑
- 云母片
- 金刚砂纸
- 浮石粉
- 铁丹
- 耳环钩

1 在纸上画出设计图形，将其粘在银片上，用手锯裁出轮廓和上珐琅料的各个孔。孔的边缘用锯打磨光滑。

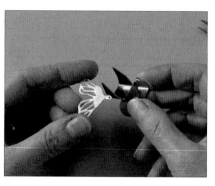

2 用镊子修整银片的形状。用铜刷和清洁液清洗银片。研磨、过滤透明珐琅料。

3 用细头画笔把湿珐琅料填入孔内。要掌握好珐琅料的湿度，过湿料会从孔内漏出。

4 趁珐琅料还湿润的时候把它放入烧窑中烧制，可在下面垫一块云母片。珐琅料开始熔化时取出，再填料，再烧制。

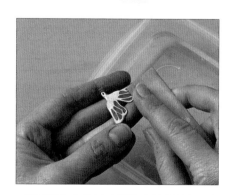

5 当孔中完全填满珐琅料时，取出用金刚砂纸打磨，冲洗后再次烧制。用水和浮石粉抛光后，上铁丹，然后挂上耳环钩。

有着简单珐琅花带图案的戒指看起来简洁高雅。如果你习惯平整的戒面，可省去最后一次烧制。

花带戒指
Banded Ring

需要准备
- ✂ 戒指用纯色银条
- ✂ 感光贴膜和烙铁
- ✂ 夹具
- ✂ 锉子
- ✂ 砂纸
- ✂ 钳子
- ✂ 铁丝
- ✂ 焊具
- ✂ 硬焊料
- ✂ 常规酸洗溶液
- ✂ 戒指模具
- ✂ 木锤
- ✂ 硝酸
- ✂ 铜刷
- ✂ 清洁液
- ✂ 透明珐琅料
- ✂ 珐琅胶
- ✂ 烧窑和烧制工具
- ✂ 细头画笔或羽毛笔
- ✂ 金刚砂纸
- ✂ 浮石粉或毛毡打磨头
- ✂ 杵和研钵

1 描下书后的图案，并在银条上蚀刻出对比强烈的黑白图案（详见"珐琅工艺"一节）。用夹具夹起银条，锉至所需要的长度，先用锉打磨，再用砂纸打磨。

2 用钳子将银条弯成环状，这一步还不需要弯成正圆形。用锉打磨戒指两端，使其能够密合。

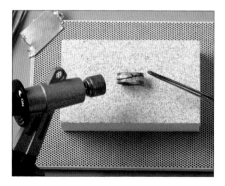

3 用铁丝箍紧戒指，用硬焊料焊接戒指两端。放入凉水中冷却，晾干。去掉铁丝，酸洗戒指。

4 锉去多余焊料。把戒指放在戒指模具上，用木锤敲打，直至它成为正圆形。放入硝酸溶液中洗去焊痕，冲洗。用铜刷蘸水和清洁液抛光银戒指。

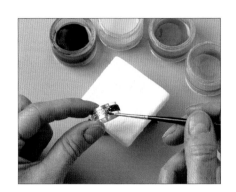

5 研磨过滤珐琅料，滴入一滴珐琅胶，倒入水覆过珐琅料。用细头画笔或羽毛笔上珐琅料，晾干，烧制，再冷却。

6 用中等粗细的金刚砂纸和水打磨，直至露出银花。冲洗戒指并再次填料，烧制，打磨。用细金刚砂纸打磨，再冲洗，烧制，直至达到所需的效果。冷却后酸洗，冲洗，抛光。

浅蓝色的小鱼在深蓝的大海中游弋，这样的袖扣美轮美奂。需要注意的是，为了使袖扣成对，要蚀刻出两幅对称的图案。

鱼儿袖扣
Fishy Cufflinks

需要准备

- 1.1mm 厚的袖扣用纯色银片
- 感光贴膜和烙铁
- 手锯
- 夹具
- 锉子
- 砂条
- 木制圆形模具
- 圆木冲
- 木锤
- 硝酸
- 铜刷
- 清洁液
- 杵和研钵
- 透明珐琅料
- 珐琅胶
- 细头画笔或羽毛笔
- 三角架
- 烧窑和烧制工具
- 金刚砂纸
- 砂纸
- 焊具
- 软焊料
- 袖扣脚
- 常规酸洗溶液
- 浮石粉和毛毡打磨头（非必需）

1 描下书后的图样，并在银片上蚀刻出对比强烈的黑白图案（详见"珐琅工艺"一节）。用手锯裁出袖扣用纯色银片，用夹具夹起，锉至所需长度，再用细砂条抛光。

2 把银片放入圆形模具中，用木锤通过圆木冲轻轻敲打银片，直至达到所需弧度。

3 将银片放入硝酸溶液中静置几分钟以去除氧化层，然后用凉水冲洗。用铜刷蘸清洁液和水刷亮银片。

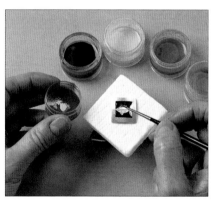

4 研磨过滤珐琅料，滴入一滴珐琅胶，倒入水覆过珐琅料。用细头画笔上湿珐琅料，注意不要使颜色混合。晾干，烧至珐琅料熔化，冷却。

5 用中粒度金刚砂纸和水打磨，直至露出银丝，冲洗。用细金刚砂纸抛光。再烧制，冷却，用砂纸除去氧化层。

6 在银片背面用软焊料焊上袖扣脚，冷却，酸洗，抛光。鱼儿袖扣就制作完成了。

用蚀刻工艺同样可以做出美丽的耳环。需要注意的是，为了使耳环成对，要蚀刻出两幅对称的图案。

观星者耳环
Stargazer Earrings

需要准备

- 1.1mm 厚的耳环用纯色银片
- 感光贴膜和烙铁
- 手锯
- 夹具
- 锉子
- 木制圆形模具
- 圆木冲
- 木锤
- 硝酸
- 铜刷
- 清洁液
- 杵和研钵
- 透明珐琅料
- 珐琅胶
- 细头画笔或羽毛笔
- 三角架
- 烧窑和烧制工具
- 金刚砂纸
- 砂纸
- 细砂条
- 遮蔽胶带
- 打孔器
- 手钻
- 常规酸洗溶液
- 浮石粉或毛毡打磨头（非必需）
- 耳环钩
- 钳子

1 描下书后的图样，并在银片上蚀刻出对比强烈的黑白图案（详见"珐琅工艺"一节）。用手锯裁出耳环用纯色银片，用夹具夹起，锉至需要的长度，打磨边缘。

2 用细砂条抛光边缘。

3 用遮蔽胶带固定银片正面，在银片上部边缘中央钻一个孔。

4 把银片放入圆形模具中，用木锤通过圆木冲敲打，直至达到所需弧度。

5 将银片放入硝酸溶液中静置几分钟以去除氧化层，然后用凉水冲洗。用铜刷蘸清洁液和水刷亮银片。注意只可拿住边缘。

6 研磨过滤珐琅料，滴入一滴珐琅胶，倒入水覆过珐琅料。用细头画笔或羽毛笔上珐琅料。注意不要使颜色混合。

7 晾干，烧至珐琅料熔化。冷却，再上一层珐琅料并烧制，直至耳环表面饱满。

8 用中粒度金刚砂纸和水打磨，直至露出银丝，冲洗。在反光处再填些珐琅料，再次烧制，冷却，打磨，冲洗，直到表面光滑。

9 冷却，用砂纸打磨背面，酸洗去除氧化层。

10 双面抛光，小心地把耳环钩挂在打好的小孔上并固定好。

用图片蚀刻法蚀刻图案，留宽边，再填珐琅料，这样漂亮的胸针就做成了。你可任意选取自己喜欢的图案。

小猎犬胸针
Pet Hound Brooch

需要准备

- 1.1mm 厚的胸针用纯色银片
- 感光贴膜和烙铁
- 手锯
- 夹具
- 锉子
- 细砂条
- 木制圆形模具
- 圆木冲
- 木锤
- 硝酸
- 铜刷
- 清洁液
- 杵和研钵
- 透明珐琅料
- 珐琅胶
- 细头画笔或羽毛笔
- 三角架
- 烧窑和烧制工具
- 金刚砂纸
- 砂纸
- 胸针卡和卡托
- 焊具
- 软焊料
- 牙刷
- 常规酸洗溶液
- 浮石粉
- 平口钳

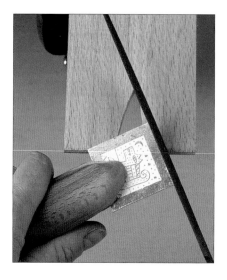

1 描下书后的图样，并在银片上蚀刻出对比强烈的黑白图案（详见"珐琅工艺"一节）。用手锯裁出胸针用纯色银片，用夹具夹起，锉至所需要的长度，打磨边缘。

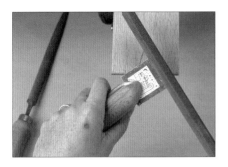

2 用细砂条抛光边缘。

3 把银片放入圆形模具中，用木锤通过圆木冲敲打，直至达到所需弧度。

4 将银片放入硝酸溶液中静置几分钟以去除氧化层，然后用凉水冲洗。用铜刷蘸清洁液和水刷亮银片。注意只可拿住边缘。

5 研磨过滤珐琅料，滴入一滴珐琅胶，倒入水覆过珐琅料。用细头画笔或羽毛笔上珐琅料，然后晾干。

6 烧至珐琅料熔化，冷却。然后再上一层珐琅料并烧至银片表面饱满。

7 用中粒度金刚砂纸和水打磨，直至露出银丝，冲洗。在反光处再填些珐琅料，再次烧制，冷却，打磨，冲洗，直到表面光滑。

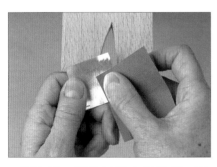

8 冷却，用砂纸除去银片背面的氧化层。

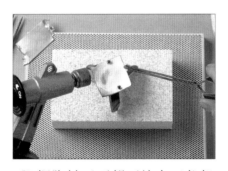

9 把胸针正面朝下放在三角架上，用软焊料焊上胸针卡托。冷却，酸洗去除氧化层。冲洗，用牙刷蘸浮石粉清洗。

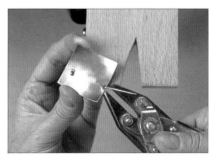

10 如果需要可进行抛光。把胸针截至所需长度并卡在卡托上，用平口钳固定好。

用透明珐琅料给蚀刻好的图案上色时，可选择多种颜色，特别是各种不同色调的绿色，可用来衬托夏日花园里美丽的花朵。

花朵项坠
Flower Pendant

需要准备

- 1.1mm 厚的项坠用纯色银片
- 感光贴膜和烙铁
- 手锯
- 夹具
- 锉子
- 砂条
- 木制圆形模具
- 圆木冲
- 木锤
- 硝酸
- 铜刷
- 清洁液
- 杵和研钵
- 透明珐琅料
- 珐琅胶
- 细头画笔或羽毛笔
- 三角架
- 烧窑和烧制工具
- 金刚砂纸
- 细砂纸
- 一小截银丝
- 软焊料
- 焊具
- 镊子
- 常规酸洗溶液
- 浮石粉或毛毡打磨头（非必需）

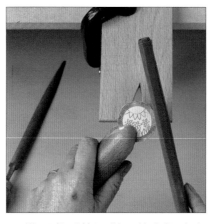

1 描下书后的图样，并在银片上蚀刻出对比强烈的黑白图案。用手锯裁出圆形银片，用夹具夹起，锉至所需长度，用砂条打磨边缘。

2 把银片放入圆形模具中，用木锤通过圆木冲敲打，直至达到所需弧度。把银片放入硝酸溶液中静置几分钟以去除氧化层，然后用凉水冲洗。用铜刷蘸清洁液和水刷亮银片。

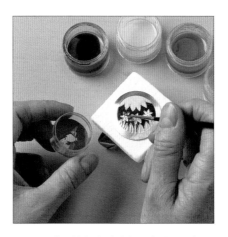

3 研磨过滤珐琅料，滴入一滴珐琅胶，倒入水覆过珐琅料。用细头画笔或羽毛笔上珐琅料，小心不要混色。晾干，烧制，冷却。

4 用金刚砂纸和水打磨，直至露出银丝，冲洗，在反光处再填些珐琅料，再次烧制，冷却，打磨，冲洗，直到表面光滑。

5 冷却，用细砂纸除去背面的氧化层。

6 将银丝弯成圆环，用镊子镊住并用软焊料焊接到项坠背面。冷却，酸洗，抛光。

景泰蓝工艺中，用细银丝作为图案的嵌丝，三角形的设计像是山峰，而弯曲的银丝则可增加耳环的美感。

景泰蓝耳环
Cloisonne Earrings

需要准备

- 手锯
- 1mm 厚的银片
- 描图纸和铅笔
- 0.5mm 厚的银片
- 双面胶
- 细砂条
- 1.2mm 粗的银丝
- 钳子
- 锉子
- 焊具
- 硬焊料
- U 形模具
- 圆木冲
- 木锤
- 银质耳针和托片
- 玻璃纤维刷
- 抛光器
- 剪刀
- 0.3mm 粗的景泰蓝银丝
- 细头画笔
- 杵和研钵
- 象牙色、亮蓝色和浅琥珀色透明珐琅料
- 珐琅胶
- 羽毛笔（非必需）
- 三角架
- 烧窑和烧制工具
- 金刚砂纸
- 碳化硅砂纸（干的和湿的）
- 指甲抛光块
- 丝剪

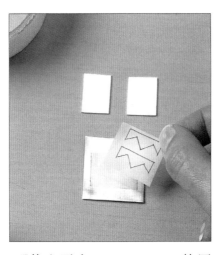

1 截取两个 1.6cm × 2.2cm 的厚银片作为耳环主体。从书后描下耳环上的图案，用双面胶将图样贴在薄银片上，然后用手锯裁下两个图案。

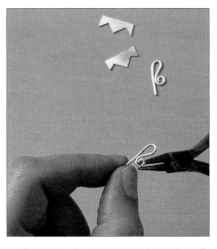

2 用锉子打磨两个图案银片，边缘用细砂条抛光。截取两段银丝，用钳子弯成如图所示的形状。

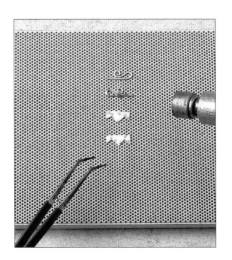

3 在银丝的边缘和银片背面涂硬焊料。

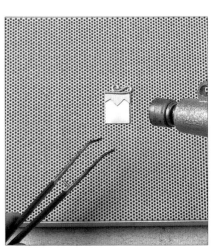

4 如图所示，有焊料的面朝下，用喷灯把图案银片和银丝焊在耳环的主体银片上。

5 把银片正面朝下放入U形模具中，用木锤通过圆木冲敲打，直至达到所需弧度。

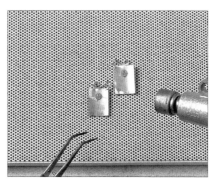

6 用硬焊料把耳环托片焊在耳环主体银片背面。抛光银片边缘，用水和玻璃纤维刷清洗耳环。

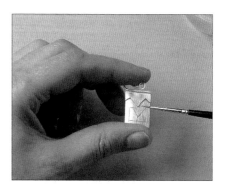

7 截取所需长度的景泰蓝银丝，用细头画笔在耳环银片上用珐琅胶粘成几何图形嵌丝。

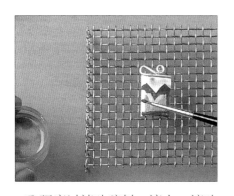

8 研磨过滤珐琅料，滴入一滴珐琅胶，倒入水覆过珐琅料。用细头画笔或羽毛笔在景泰蓝银丝间上珐琅料。

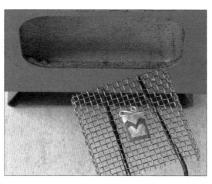

9 晾干，烧制。至少上两层珐琅料，两次烧制，使颜料饱满。

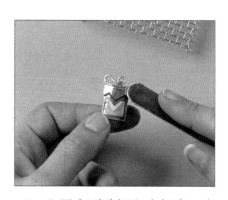

10 用金刚砂纸和水打磨，直至露出景泰蓝嵌丝。冲洗，再次烧制，用碳化硅砂纸打磨，最后用指甲抛光块抛光。

把银片和水彩纸压在一起，上两种颜色的珐琅料，就能创造出精致的大理石状肌理。在两次上色之间要烧制银箔碎片。

盾形耳环
Shield Earrings

需要准备
- 剪刀
- 粗纹水彩纸
- 手锯
- 0.8mm 厚的银片
- 喷灯
- 转动磨粉器
- 描图纸和铅笔
- 双面胶
- 锉子
- 手钻
- 抛光器
- 铜刷
- 清洁液
- 常规酸洗溶液
- 干净棉布
- 杵和研钵
- 浅紫色和浅黄绿色透明珐琅料
- 细头画笔或羽毛笔
- 三角架
- 硼砂焊剂
- 烧窑和烧制工具
- 美工刀
- 小银箔
- 金刚锉或金刚砂条
- 碳化硅砂纸(干的和湿的)
- 耳环钩
- 圆口钳
- 2个银质小圆片
- 2颗磨砂珠
- 2个珠针

1 剪出一片比银片略大的水彩纸。锻炼银片，去除氧化层(详见"珐琅工艺"一节)。把纸和银片重叠，用磨轴压紧。

2 描下书后的图样，用双面胶把图样粘在银片上。

3 用手锯裁下图案，用锉子锉银片边缘，用手钻在银片两头对称处分别钻一个孔。

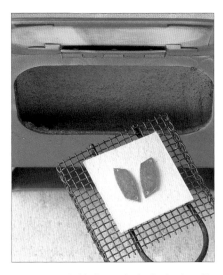

4 抛光银片边缘，以便上珐琅料。用铜刷和清洁液清洗银片，冲洗，晾干。

5 研磨过滤珐琅料。用细头画笔或羽毛笔先后上湿硼砂焊剂和浅紫色珐琅料以制出大理石状肌理。注意不要堵住钻孔。

6 用干净棉布吸去多余水分，烧制，冷却。

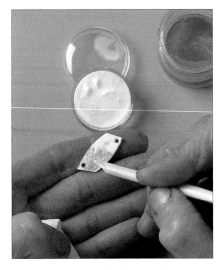

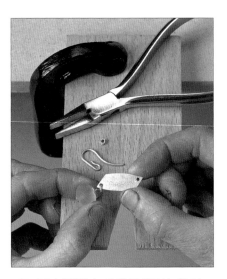

7 用美工刀把银箔切成小块。用水打湿烧过的珐琅料，用湿画笔将银箔放在银片上，摆出不规则的S形。用棉布吸去多余水分。加焊剂，再次烧制。焊料熔化后，银箔就会附着在银片上。

8 冷却后，在银箔上涂黄绿色珐琅料。在银箔外的其他地方涂上焊剂，烧制。最后，再涂满一层焊剂烧制。

9 用金刚锉打磨烧制好的表面，如有凹陷，再填料烧制。除去边缘的多余珐琅料。用碳化硅砂纸打磨盾形边缘，冲洗。在盾形的一端穿上耳环钩和小圆片，一端用珠针穿上磨砂珠。

这个细长而优雅的项坠体现了复古的装饰珠宝艺术。在精致的框架上加入景泰蓝嵌丝，与这种几何设计很搭配。

三角形项坠

Triangular Pendant

需要准备

- ✂ 描图纸、铅笔和直尺
- ✂ 0.5mm 厚的银片
- ✂ 双面胶
- ✂ 手锯
- ✂ 手钻
- ✂ 锉子
- ✂ 焊具
- ✂ 硬焊料
- ✂ 1mm 厚的银片
- ✂ U 形模具
- ✂ 圆木冲
- ✂ 木锤
- ✂ 圆形模具
- ✂ 银链
- ✂ 玻璃纤维刷
- ✂ 三角架
- ✂ 小号锋利的剪刀
- ✂ 0.3mm 粗的细景泰蓝嵌丝
- ✂ 细头画笔
- ✂ 珐琅胶
- ✂ 杵和研钵
- ✂ 象牙色、浅琥珀色、亮蓝色和灰色透明珐琅料
- ✂ 羽毛笔（非必需）
- ✂ 烧窑和烧制工具
- ✂ 金刚砂纸
- ✂ 碳化硅砂纸（干的和湿的）
- ✂ 指甲抛光块
- ✂ 银项链钩

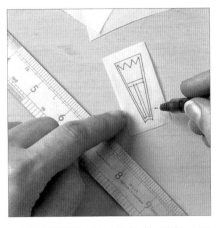

1 用描图纸描下书后的图案。用双面胶把图案粘在 0.5mm 厚的银片上。

2 用手锯裁出外形。钻一个孔，用手锯裁出内部图形。锉光内外边缘。

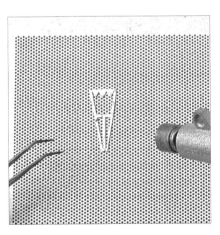

3 在项坠框架的背面熔化一些硬焊料。

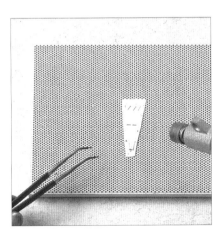

4 把框架有焊料的一面朝下焊在 1mm 厚的银片上。除去框架内的残余焊料。

5 根据框架用手锯裁下多余银片，在底部留一个圆形，在顶部留一个钩环。顶部钩环和底部圆形上各钻一个小孔。

6 把银片正面朝下放入 U 形模具中。用木锤通过圆木冲敲打，直至达到所需弧度。

7 裁下一个比项坠底部圆形大一点的圆形银片，放入小圆形模具中，敲打至所需弧度。锉光圆形边缘和其背面。

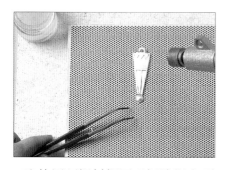

8 使用硬焊料把圆形银片焊在项坠底部的圆形上。用手锯把顶部钩环的孔开大，以能穿入银链为准。用玻璃纤维刷和水清洗项坠，将其放在三角架上。

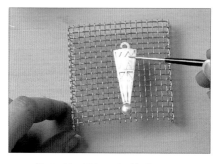

9 截取所需的景泰蓝嵌丝，用细头画笔蘸珐琅胶把嵌丝摆成几何形图案粘在项坠上。

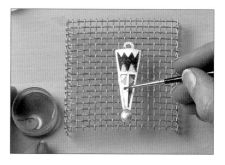

10 研磨过滤珐琅料，滴几滴珐琅胶，倒入水覆盖珐琅料。用细头画笔或羽毛笔上珐琅料。

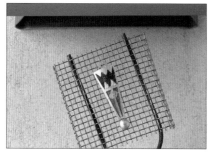

11 晾干，烧制。再上至少两层珐琅料，分层烧制。

12 用金刚砂纸和水打磨项坠，再用玻璃纤维刷和水清洗，然后烧制。锉光项坠边缘。用碳化硅砂纸将银质部分打磨光滑。最后用指甲抛光块抛光，把项链穿在钩环里。

金属丝饰品

Wirework

　　金属丝粗细不同，强度多样，可用多种方式加工出富有想象力且美观实用的家居制品。你可以使用金属丝制作出优雅的烛台、独特的餐垫和餐巾环、漂亮的厨房用品甚至花园的吊灯。金属丝装饰性强，用途广泛。

你可以从珠宝商店、雕刻材料供应商店或是五金店买到金属丝，也可以从一些专门的金属丝商店或是电气商店找到所需的物品。

金属丝
Wire

铝丝

呈灰蓝色，质地柔软，易弯曲，易于加工。

鸡网丝

由镀锌铁丝加工而成，通常用于制作篱笆和动物笼舍，尺寸多样，网洞大小各异，易于制作且价格便宜。本书中的制品应选用最小孔径的鸡网丝。

铜丝

呈暖色，强度各异。软铜丝易于加工且粗细多样。

漆皮铜丝

通常用于电子工业，颜色多样。

电镀丝

是镀锌的铁丝。镀锌外皮可以防腐，是理想的户外用品材料。电镀丝很硬，不易弯曲，但弹性极好，使用时要多加小心。有不同粗细可供选择。

园艺丝

有塑料外皮，易于制作，防水，可持久使用且色彩丰富，是制作厨房、浴室用品的理想材料。

清管线和管夹

一些较少见的金属丝材料，使用它们制作饰品趣味无穷。

镀银铜丝

主要用于珠宝及细金属丝制品的制作。

钢绞丝

这种结实、有弹性的钢绞丝用一股镀锌丝扭成。使用时须当心。

镀锡铜丝

光泽度好，不褪色，适于制作厨房用品。

弯线带

这种又薄又平的带子中间是金属丝。绿色用于园艺制品，白色和蓝色用于家居制品。

金属丝衣架

价格低廉，随处都可买到。

制作金属丝制品最重要的工具就是好的丝剪和钳子。很多制品都要用到通用钳，而圆口钳也必不可少。

工具

平口钳——用于弯曲金属丝和调节角度。

圆口钳——也叫扁嘴首饰钳，可用来制作不同的手工用品，或修复受损的珠宝饰品。使用它可以把金属丝弯成很小的圈。

擀面杖、木勺、铅笔、扫帚杆

这些家务用品都可用来制作金属圈。

尺子或卷尺

制作饰品时做精确测量用。

剪刀

用来剪断细的金属丝。

丝剪

选择有长把手因而剪切时省力的剪刀。

木质衣架

可用木衣架把电镀丝捻在一起。选择时要确保衣架的架钩牢固，不会松脱。

木料

把坚硬的金属丝弯成小的环状时要用到木质模具。例如，可先在木头上钉一个螺丝钉，留一截钉头在木头上，再绕着钉头弯曲金属丝。

园艺手套和护目镜

在加工粗糙的金属丝时可保护你的皮肤和眼睛。在加工长的金属丝，尤其是拉伸金属丝时要佩戴护目镜。

锤子

用于砸平剪断的金属丝的末端。

手钻

用于把软金属丝拧在一起。

不褪色记号笔

用于在金属丝上做标记。

钳子

通用钳——通常有锯齿状的钳嘴，用于夹住金属丝。在金属丝和钳子之间有一块皮子，防止在金属丝上留下痕迹。

长嘴钳——在不好操作处会经常用到长嘴钳，是最好的鸡网丝加工钳。

以下说明可以帮助你学会一些基本的金属丝制作工艺，来完成这章的手工制作。开始制作之前，应尽量熟悉这些技巧。

金属丝制作工艺
Wirework Techniques

拧丝　　　一种把两根或多根金属丝拧在一起来增加金属丝的强度和韧度的简单有效的方法。软金属丝（比如铜丝）易于弯曲，可使用手钻来加快拧丝速度。硬金属丝（比如电镀丝）拧起来需要多花一些工夫。如果你用衣架来拧金属丝，要选取金属衣钩的木质衣架，并确保衣架的架钩牢固，不会松脱。

拧硬金属丝

1 取一段长度为成品长度三倍的金属丝，对折并把它的一端绕在门把手或其他可固定的地方，另一端绕在衣架钩上。使金属丝保持水平，否则拧出的金属丝就不直。

2 拉紧金属丝，然后转动衣架。转动时要抓紧。拧到所需的程度就可以了，注意不要用力过度把金属丝拧断。

3 拧好之后，一手握牢衣架，一手拿着衣架钩。迅速放开握衣架的手来释放拧时所产生的力，金属丝可能会晃动一会。把拧好的金属丝从衣架上取下，并剪去末端。

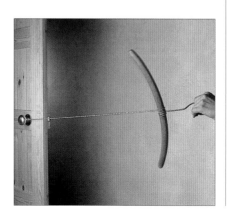

拧软金属丝

1 取一段长度为成品长度两倍的金属丝，对折。可用双股，也可选择其他不同的股数。把金属丝绕在门把手上，用胶带缠住另一端，用手钻夹住。

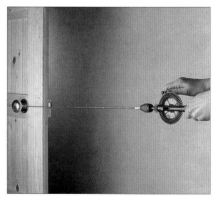

2 拉紧金属丝，转动手钻拧到所需的程度。开始时要缓慢转动手钻，以便计量拉力。拧软金属丝不需释放拉力。从钻头中取出金属丝，修剪金属丝末端即可。

缠丝　　　　　缠丝时，中心丝应选取比缠丝更粗更硬的金属丝。铜丝最适合用来做缠丝。截取中心丝时，要比所需长度至少多出 6.5cm 以便弯成圆形。太长的软金属丝在缠丝时不易操作，所以应先把软金属丝盘成一盘，如做法 B 所示。

做法 A

1 用圆口钳在中心丝末端弯一个环，把缠丝的端线固定在这个环上。

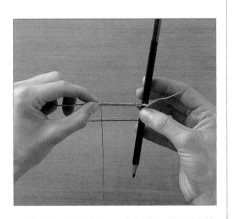

2 在环中插入一支铅笔或是其他合适的工具作为缠绕转动器。转动铅笔时，用食指和拇指捏紧缠丝，使之紧紧缠在中心丝上。

做法 B

1 用圆口钳在中心丝末端弯一个环，并把中心丝的一半弯成所需的形状。在中心丝的另一端弯一个环，把缠丝的端线缠在这个环上。在这个环中插入一支铅笔作为缠绕转动器。

2 缠了一部分后，把缠过的丝弯成所需的形状。再把缠好的部分作为转动器，用手从底部握紧中心丝，缠绕时，用拇指和食指固定缠丝。

缠丝的窍门

当使用整卷缠丝时，把缠丝卷放在地板上，并用脚固定。这样你就可以很容易地控制缠丝的力度，防止其散开或打结。

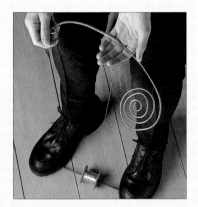

当使用线轴时，在线轴内穿一根长棍，并用脚踩住。这样线轴就不会到处滚，而且缠出来的丝会更紧实。

制作螺圈　　　螺圈也许是最常用的金属丝装饰。由于平整没有尖角，螺圈也有很多实际的用途。扁平螺圈常用来制作各种装饰用品及其框架，用它来制作容器的边框简单又迅速。

松型螺圈

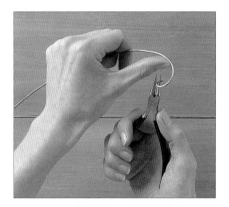  

1 用圆口钳在金属丝末端弯一个小环。用钳子捏住这个小环，用拇指顶住金属丝进行弯曲。

2 目测螺圈各个圈之间间距是否一致。如果金属线较粗，则要花费更大力气才能使间隔一致。

3 最后，用平口钳压平螺圈。

紧型螺圈

  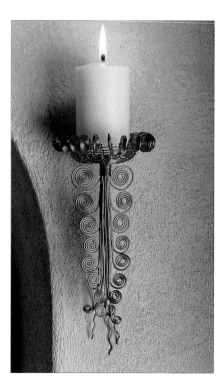

1 用圆口钳在金属丝末端弯一个小环。

2 用平口钳紧紧压住这个小环，将金属丝沿小环缠至所需的螺圈大小。在缠绕时，随时调整平口钳的角度。

右图：极简单的金属螺圈也可以制作出华丽而富有装饰性的饰品。

平展型螺圈

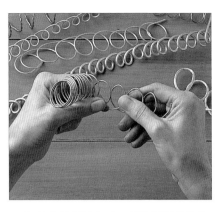

1 在扫帚柄或其他圆柱体上缠出所需的螺圈。如果用电镀丝，则需用拇指固定缠好的电镀丝圈。

2 从扫帚柄上取下缠好的螺圈，用拇指和食指握紧，并一个圈一个圈地打开它。

3 整理拉开的螺圈，使其平整。此时每个圈都近似椭圆形。可随你所需任意伸展螺圈。

编织

金属丝制品中要用到很多编织篮子和针织物的技法。同样，编结和编织蕾丝的技法也会使你的作品更加美观。好的漆皮铜丝特别适合编织，它质地柔软、易弯曲且色彩丰富。下面所讲述的技法中，技法 A 是最简单的，但用技法 B 和技法 C 编出的饰品比用技法 A 编出的更紧实平整。

技法 A

最快最简单的编织法就是交叉缠绕骨丝，编织出疏松的效果。

技法 B

将金属丝从正面绕过每根骨丝，编织出脊纹的效果。

技法 C

将金属丝从反面绕过每根骨丝，编织出平整紧实的效果。和技法 B 相似，但脊纹在背面。

字母衣架可以作为馈赠亲友的贴心礼物，也可作为客房的迷人标志。下面就教大家怎样制作富有装饰性的衣架。

字母衣架
Monogrammed Clothes Hanger

需要准备

✂ 2mm、1mm 和 0.3mm 粗的电镀丝
✂ 尺子或卷尺
✂ 丝剪
✂ 大钳子
✂ 珠子
✂ 圆口钳

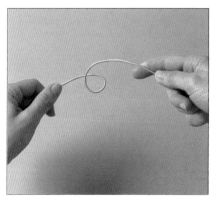

1 截取一段 140cm 长、2mm 粗的电镀丝。如图所示，在离其一端 25cm 的地方弯一个环。

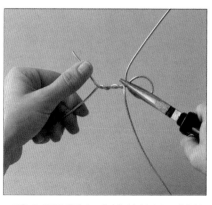

2 在圆环处与电镀丝的另一端拧到一起，用钳子夹紧，拧大约 5cm 长。

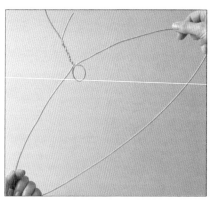

3 拧好后，修剪短的一端，并把长的一端弯成一个衣钩。衣钩在上，拉住两端，弯出衣架的样子。

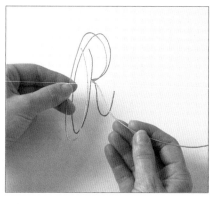

4 用 1mm 粗的电镀丝按书后所附图样做出字母，放在衣架的中间。

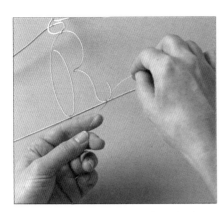

5 用 0.3mm 粗的电镀丝把字母
两端固定在衣架上。

6 用 1mm 粗的电镀丝按书后图
样做出装饰性图案。在每段电
镀丝的尾端都穿上珠子，并用圆口
钳弯出形状。

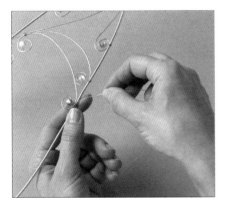

7 用 0.3mm 粗的电镀丝按书后
图样标注的顺序把装饰性图案
固定在衣架上。

这种别致的蝇拍既易于制作又实用。成品像一朵巨大的花，可为厨房和暖房增添色彩。

花朵蝇拍
Flower Fly Swatter

需要准备
- 金属衣架
- 丝剪
- 钳子
- 扫帚柄
- 尺子或卷尺
- 直径 2.5cm 的羊毛球
- 纸张
- 铅笔
- 塑料网
- 剪刀
- 棉毛线
- 针

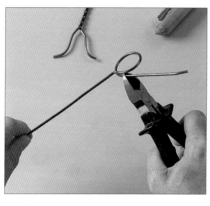

1 将金属衣架的衣钩剪去，使用余下的部分。用钳子弯曲金属丝的一端，利用扫帚柄制作出一个环形。剪去环形多余的短头部分。

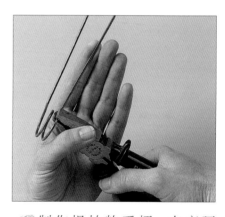

2 制作蝇拍的手柄。在离环 45cm 处弯一个 90° 的角，在扫帚柄上绕两圈，再弯个 90° 的角，留 4cm 长的金属丝，把剩余的部分剪掉，末端拧在手柄上。打开双环，夹入羊毛球。

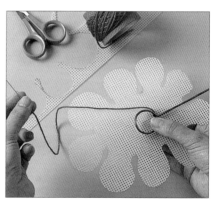

3 将书后花朵图样放大到所需的尺寸，在塑料网上裁下花朵图案，并用棉毛线把花朵缝在蝇拍的环上。

用有色塑皮丝制作的奇妙饰品会让你每天清晨都开心快乐，该饰品上可放一只玻璃口杯和四把牙刷。

牙刷架
Toothbrush Holder

需要准备

✂ 玻璃杯
✂ 1mm 粗的塑皮丝
✂ 尺子或卷尺
✂ 丝剪
✂ 直径 5mm 的玻璃珠
✂ 水笔
✂ 万能胶

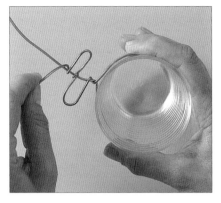

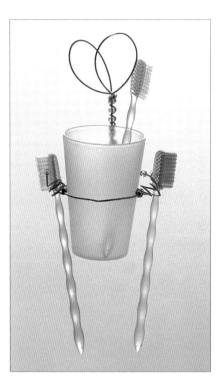

1 选取一个上粗下细的玻璃杯。截取一段 1m 长的塑皮丝并把它缠在玻璃杯上，接口处缠紧。将塑皮丝做出两个相对的环再扭紧。

2 在塑皮丝平直的部分穿上八颗玻璃珠，并用另一根塑皮丝绕过每个玻璃珠，固定珠子，缠出脊纹。随后再用塑皮丝弯两个大环，形成心形。剪掉多余的塑皮丝。

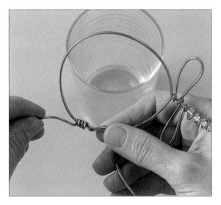

3 制作牙刷支架。截取两根 30cm 长的塑皮丝，将其中间的部分分别缠在玻璃杯塑皮丝环的两侧。

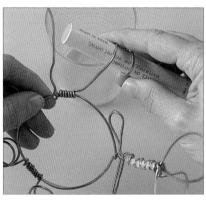

4 把塑皮丝的两端在粗水笔上缠四圈，这样就能把牙刷架在上面了。在塑皮丝尾端粘上玻璃珠。

使用电镀丝可以制作出实用美观的厨房用品，这些物品也会和厨房的其他物品很相称。你可以制作一套不同形状和大小的架子。

心形架
Heart-shaped Trivet

需要准备

✄ 2mm 粗的电镀丝
✄ 丝剪
✄ 尺子或卷尺
✄ 扫帚柄
✄ 钳子

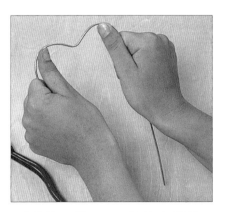

1 截取一段 50cm 长的电镀丝，弯成心形。在电镀丝的尾端做两个钩子，使其可以扣在一起。

2 用另一段电镀丝在扫帚柄上紧紧地绕 50 个圈，同样在尾端做两个钩子。

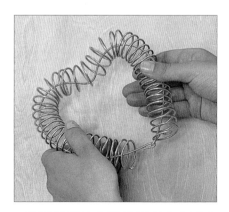

3 把卷好的电镀丝圈套在心形电镀丝上，把心形电镀丝的钩子钩在一起，用钳子捏紧钩口。整理电镀丝圈，使其整齐分布在心形周围，扣上钩子并捏紧钩口。

按照这个聪明的设计，用两个旧衣架，你就能做个可以挂在厨房墙上的美观实用的擀面杖架了。

擀面杖架
Rolling Pin Holder

需要准备

✂ 2mm 粗的电镀丝
✂ 细铜丝
✂ 丝剪
✂ 尺子或卷尺
✂ 螺丝刀
✂ 钳子
✂ 挂画钩

1 截取两根 75cm 长的电镀丝。取一根在中点处做一个环，并把电镀丝的两端拧在一起。

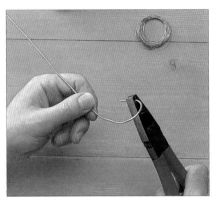

2 用钳子在电镀丝的两端捏两个弯，用来挂擀面杖的手柄。挂之前应根据擀面杖的手柄调整弯度。

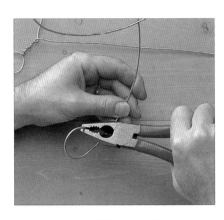

3 取另一根截好的电镀丝，在中点处弯一个心形，使电镀丝的两端交叉，并弯曲电镀丝尾部。

4 如图所示，用细铜丝把两根制作好的电镀丝拼起来，按擀面杖的长度调整电镀丝的位置。

用这些精巧的金属丝制品整理你的书桌会很方便。笔筒和便笺篮都采用了时髦的金属丝制作工艺。你也可以在笔记本上装饰一个搭配的图案，再搭配上配套的纸夹。

书桌饰物
Desk Accessories

需要准备

- ✂ 纸
- ✂ 铅笔
- ✂ 2mm、3mm、1mm 粗的电镀丝
- ✂ 丝剪
- ✂ 长嘴钳
- ✂ 尺子或卷尺
- ✂ 烙铁、焊料和焊剂
- ✂ 园艺丝
- ✂ 剪刀
- ✂ 厚纸板
- ✂ 硬皮本
- ✂ 美工刀
- ✂ 刻花垫
- ✂ 锥子
- ✂ 彩纸
- ✂ PVA 胶（白色）

1 把书后给出的螺旋形、三角形、花朵形图案放大到所需尺寸。截取几段 2mm 粗的电镀丝并使用长嘴钳捏出螺旋形、三角形和花朵形，做好后放到一边备用。

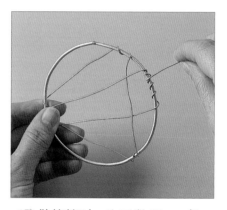

2 做笔筒时，取三段 30cm 长、3mm 粗的电镀丝，弯成三个圆环作为骨架，并用烙铁焊好接口。取一个环，把园艺丝交叉缠在圆环上做出笔筒的底，再在环上缠丝固定。

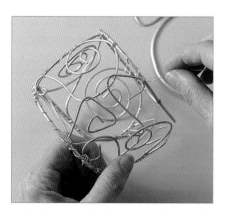

3 用 1mm 粗的电镀丝做出笔筒外部的装饰图案，装上第二个环，继续完成图案，然后装上第三个环做出顶部的装饰图案。剪一块圆形厚纸板，放在笔筒底部。

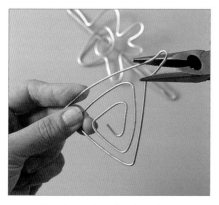

4 重复上述步骤做出便笺篮，不同的是，便笺篮需要两个方形骨架。做纸夹时，用三段 35cm 长、3mm 粗的电镀丝分别捏出螺旋形、三角形和花朵形。

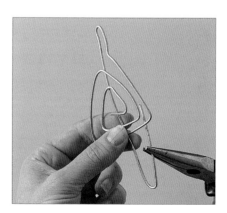

5 如图所示，做好纸夹的形状后，将电镀丝末端弯到图案背后做出别针。

6 制作笔记本时，在硬皮本上裁出一个正方形天窗。在天窗的每个边的中点处都戳一个小孔。

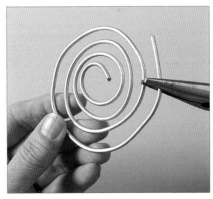

7 取一段 3mm 粗的电镀丝弯成合适大小的螺旋形，放进硬皮本的正方形天窗中。

8 用园艺丝把螺旋形固定在正方形天窗中，并在硬皮本内粘一张彩纸作为内衬。

好用的酒瓶架很难买到。这里用硬电镀丝做成的三叶草形酒瓶架可以放三瓶酒。

酒瓶架
Bottle Carrier

需要准备

✂ 2mm、0.8mm 粗的镀锌园艺丝
✂ 尺子或卷尺
✂ 丝剪
✂ 酒瓶
✂ 通用钳
✂ 不褪色记号笔
✂ 5mm 长的钉子
✂ 大木珠
✂ 强力胶
✂ 锤子

1 截取三段80cm长的粗园艺丝。如图所示，园艺丝的一端留10cm，然后绕着瓶子做出三个弯。在园艺丝的两端做出钩子并扣到一起，剪去多余的园艺丝。用同样的方法再做两个三叶草形环。

2 截取七段80cm长和两段91.5cm长的粗园艺丝，并齐捆在一起。用较长的两根丝做把手，从长出的那端用细园艺丝开始缠丝，大约缠42cm长。

3 把齐的一端均分成三股，弯成90°角，在距把手3cm处用细园艺丝缠2cm宽，使三根园艺丝平行。然后用三根园艺丝分别固定在三叶草形环的底部，其他两股也依次制作。每根园艺丝的尾端都弯个钩子。

4 用九根园艺丝作为三叶草形酒瓶架的骨架，把三个三叶草形环均匀地固定起来，园艺丝尾端的钩子扣在最上面的三叶草形环上。

5 把木珠穿在把手顶部，用胶水和钉子固定木珠。

用普通的铜丝和多彩的玻璃珠可制作出美丽的餐巾扣。如果你要做一整套，可以将其放大做成一个纸巾插。

螺旋形餐巾扣
Spiral Napkin Holders

需要准备

✂ 丝剪
✂ 尺子或卷尺
✂ 0.8mm、1.5mm 粗的铜丝
✂ 水笔或木勺
✂ 什锦玻璃珠
✂ 扁嘴长钳
✂ 保鲜膜卷

1 截取 1m 长 0.8mm 粗的铜丝，把它缠在木勺柄或水笔上。在缠的同时，随机穿上各色玻璃珠。

2 缠 18 圈后，就可从木勺柄或水笔上取下铜丝圈。用扁嘴长钳把铜丝圈两端扭紧。

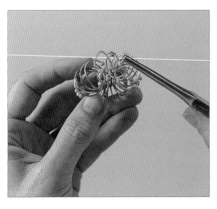

3 在铜丝的两端穿上玻璃珠，以防松开。

4 制作大的铜圈时，要使用 1.5mm 粗的铜丝和大的珠子，可在保鲜膜卷上缠绕。

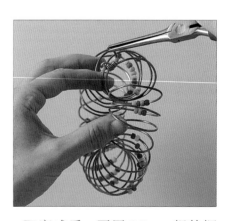

5 完成后，再用 0.8mm 粗的铜丝缠绕固定大铜圈的两端。同样在粗铜丝的两端穿上玻璃珠，以防松开。

虽然看起来很复杂，但是这个色彩绚丽的餐垫只用了简单的编结和钩针编织法。水晶珠使它更加熠熠生辉。

网状餐垫
Mesh Place Mat

需要准备

✂ 0.4mm 粗的酒红色和粉色漆皮铜丝各 50g
✂ 一对 12 号编织针
✂ 尺子或卷尺
✂ 14 号钩针
✂ 丝剪
✂ 水晶珠
✂ 缝衣针

1 用编织针和酒红色漆皮铜丝松松地编织 52 针，每一行编织的力道都要均匀，大约编织 22cm 长。也可以根据个人喜好混色编织。

2 编织完成后展开，看看是否达到 23cm×29cm 的尺寸。如果没有，可再编织几行。

3 用钩针和粉色漆皮铜丝松松地编织 165 针锁针。第二行，第一针不织，然后在每一锁针中钩长针或短针。结尾留 2.5cm 长，剪断铜丝。

4 把水晶珠穿在粉色铜丝上，左手拿着珠串，用长针锁边，并把每个珠子都钩进长针里。

5 再用长针钩两行。完成后，将珠边绕餐垫一周看长度是否合适，如有需要可轻拉珠边。用粉色铜丝把粉色珠边缝在餐垫上，注意针迹要均匀平整，从餐垫的一角开始缝制。

冬天在开放的炉火中烤制英式松饼是件很惬意的事。用四个衣架制作的烧烤架既轻便又结实。

烧烤架
Toasting Fork

需要准备

- ✂ 4 个捏直的铁丝衣架
- ✂ 丝剪
- ✂ 尺子或卷尺
- ✂ 木勺
- ✂ 铝丝
- ✂ 不褪色记号笔
- ✂ 0.8mm 粗的电镀丝
- ✂ 通用钳
- ✂ 铜管
- ✂ 锤子

1 将铁丝衣架拉直，并在离一端 10cm 处绕木勺柄弯一个环，离环 2cm 再把铁丝弄直。

2 取第二个衣架，按和第一个丝环相反的方向制作一个环。

3 用同样的方法处理其他两个衣架，注意这两根铁丝要从 12.5cm 处开始弯环，制成烤架内支架。

4 先暂时用铝丝把四根铁丝绑在一起，要注意绑得松紧适度，留出活动余地。

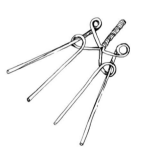

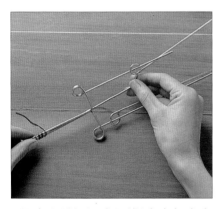

5 如图所示，把两根内支架穿入两根外支架的环内。用记号笔分别在手柄上标出 4cm、18cm、4cm、20cm、4cm、2cm 的间隔。在 4cm 的记号处都缠紧电镀丝，缠好后，不要修剪多余的电镀丝。

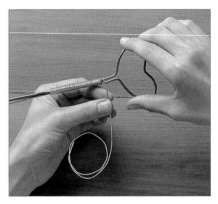

6 从最后的记号处把其他三根铁丝剪断。用最后一根铁丝弯出一个心形。弯好心形后留 2cm 并入其他三根铁丝内，再用电镀丝把这部分缠紧。

7 用钳子在 20cm 记号处分别把四根铁丝都扯出弯来。这样烧烤架就做好了，拿在手中试试是否顺手，如果需要可作适度调整。修齐烧烤架的叉头，并用锤子将每个叉头都敲出刃口。

这些制作精巧的容器看起来就像胖胖的小罐，事实上它们都是穿上了明亮布衣的金属架，可用作棉毛线容器。

布衣金属罐
Fabric-covered Baskets

需要准备

✂ 3mm、2mm、1mm 粗的电镀丝
✂ 尺子或卷尺
✂ 丝剪
✂ 长嘴钳
✂ 胶带
✂ 双面布料
✂ 剪刀
✂ 缝纫机
✂ 缝纫线
✂ 针

1 量取三段 45cm 长 3mm 粗的电镀丝。用 1mm 粗的电镀丝把三段粗电镀丝的中心缠起来，使得每根粗电镀丝之间的夹角相同，呈星形。取 2mm 粗的电镀丝制作一个双股的直径为 13cm 的环形，作为容器的底。如图所示缠在星形架上。

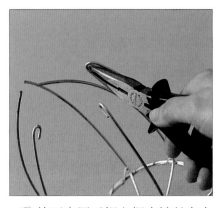

2 从环底用手把六根电镀丝向上弯折，作为容器的框架。如图所示，用长嘴钳分别在六根电镀丝的根部弯个钩。

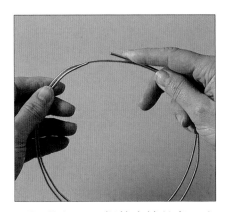

3 再用 2mm 粗的电镀丝弯一个和底环大小一样的双股环。用胶带暂时把环的两端粘起来。

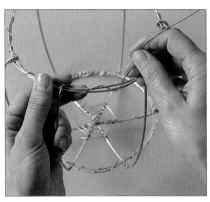

4 如图所示，把顶环固定在六根框架电镀丝上，再用 1mm 粗的电镀丝松松地缠绕顶环。

5 剪下一块 35cm 见方的双面布料。对折布料，并用缝纫机缝合长边，布料就成了管状。

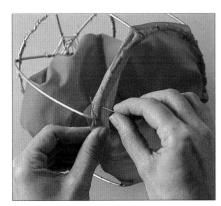

6 把布料放在做好的金属框架内，把开口的一边缝在顶环上。

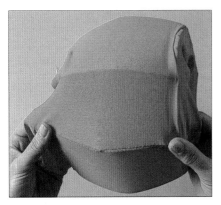

7 小心把布料翻到金属框架外。

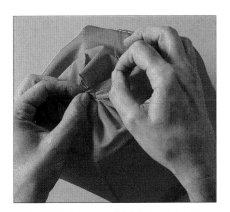

8 把布料另一端缝在底环的中心，拉紧，长出的部分留在容器顶部。用电镀丝做出螺旋卡子，卡住顶部的布料。

通过简单的编织就可以做出讨人喜欢的小篮子。这种密实的清管线质地柔软，做成的成品让人爱不释手。可以用这种篮子来收纳首饰。

清管线编织篮
Woven Pipe-cleaner Basket

需要准备

✂ 1.5mm、0.5mm 粗的电镀丝
✂ 尺子或卷尺
✂ 丝剪
✂ 30cm 长的清管线：丁香紫色 50 根，灰色 24 根
✂ 平口钳
✂ 圆口钳

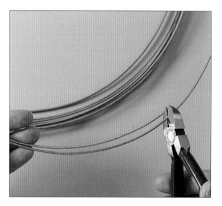

1 取 16 根 36cm 长 1.5mm 粗的电镀丝来制作篮子的骨架，保持电镀丝的原有曲度。截取一根 30cm 长 0.5mm 粗的电镀丝。

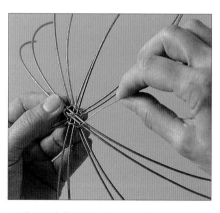

2 用这根细丝把 16 根粗骨丝从中心缠起来，注意每两根骨丝为一组。缠丝要绕过每根骨丝，起到固定的作用。缠好后，调整位置，使八组骨丝排列均匀。

3 在骨架中间编入一根丁香紫色的清管线，盖住缠丝。

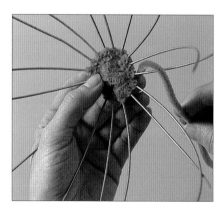

4 编织时，用丁香紫色清管线绕过每一根骨丝（编法见第 241 页"技法 B"）。看情况调整每根骨丝的位置，使其均匀分布。用丁香紫色清管线编织一个直径约 7.5cm 的圆。

5 需要接线或换线时，把线的末端和新的线头拧在一起，然后如图所示用平口钳把接头处捏平。

6 接着按照如下顺序编织：两圈灰线，三圈丁香紫线，两圈灰线，四圈丁香紫线，两圈灰线，五圈丁香紫线，四圈灰线。

7 取一根灰线和一根丁香紫线交叉拧在一起，如果长度不够，按照第 5 步进行接线。拧好的线接上最后编织的灰线，缠在骨丝的外面，作为篮子的顶边。

8 每根骨丝留 5cm，然后剪掉多余部分，用圆口钳固定在篮边上。最后，整理好顶边的接头。

尽管看起来华丽繁复，这款有着中世纪风格的烛台却很容易制作。通过调整篮子底座的大小，你可制作出更大的烛台来。

装饰性烛台
Decorative Candle Sconce

需要准备

✂ 1.5mm、0.8mm 粗的铜丝
✂ 尺子或卷尺
✂ 丝剪
✂ 通用钳
✂ 胶带
✂ 圆口钳
✂ 平口钳

1 截取 38cm 长 1.5mm 粗的铜丝 21 根。码齐铜丝，在 16cm 处用通用钳夹紧铜丝，用 0.8mm 粗的铜丝作为缠丝，从钳子处开始缠绕，缠约 2cm，不要剪断缠丝，取下钳子。

2 缠好后，用圆口钳使每根铜丝向外弯曲 90°，整束铜丝呈圆盘状。用缠丝接着在铜丝圆盘上编织（编法见第 241 页"技法 B"），编织一个直径 7cm 的圆盘作为烛台底座。

3 把铜丝圆盘捏成篮子状，大约深 2.5cm。每根铜丝的末端弯个小圆圈。

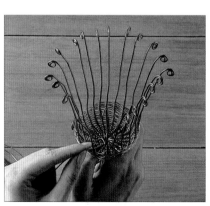

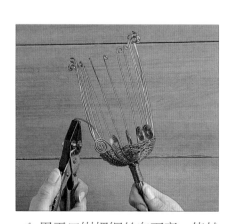

4 用平口钳把铜丝向下弯，使其呈螺旋形，作为篮子的装饰边。

5 如图所示，在铜丝束的另一边做出从大到小、对称的 18 个螺旋形装饰。做适当的整理和修饰，使得中间的铜丝最长。

6 确定篮子的背面，并捏直其中两个花边，使其交叉。通过交叉的两个螺旋形将烛台固定到墙上。把底部的波浪形铜丝向墙内折使其顶在墙上，作为烛台的底部支撑并使烛台与墙面保持一定的距离。点上蜡烛，注意烛火和墙面的距离。

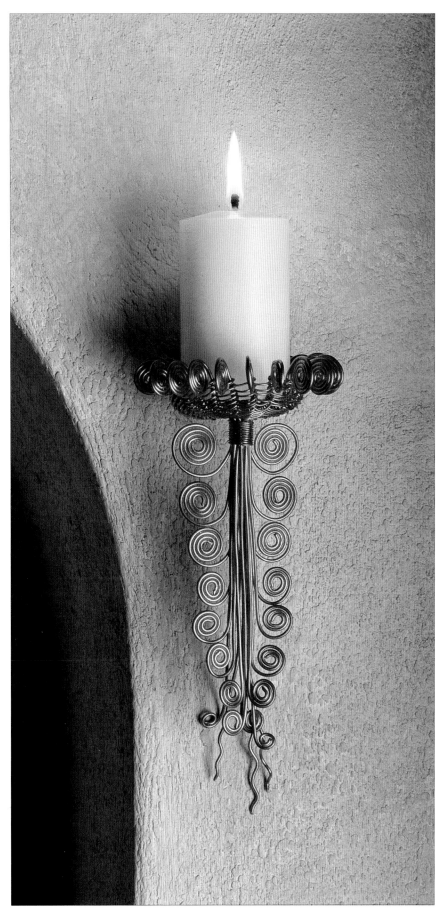

这种结实的篮子尤其适合盛放刚刚采摘的蔬菜。因为泥土可以从网孔中掉落，而且材料防水，在户外就可用水管冲洗里面的蔬菜。

果蔬篮
Vegetable Basket

需要准备
✂ 小口径鸡网丝
✂ 丝剪
✂ 手套
✂ 尺子或卷尺
✂ 钢绞丝
✂ 1.5mm 和 0.8mm 粗的电镀丝
✂ 圆口钳
✂ 不褪色记号笔
✂ 扫帚柄

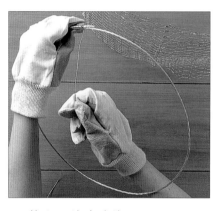

1 截取一片大小为 28cm×89cm 的鸡网丝作为篮子的筐体，圈成椭圆形，将其短边连接起来。再取一段长 94cm 的钢绞丝，弯成椭圆形，使其直径和椭圆筐体相同，然后用 0.8mm 粗的电镀丝把钢绞丝两端连接起来。

2 从筐体的底部向上数十个孔格作为篮子的基底。用圆口钳把这些孔格都捏成心形。取一段 70cm 长的钢绞丝弯成椭圆形作为底圈。

3 分别截取两段 18cm 长和两段 23cm 长的 1.5mm 粗的电镀丝。把这四段电镀丝如图所示在底圈上打一个井字形支撑，在四段丝的交叉处用电镀丝缠紧。

4 将篮筐的底部用 0.8mm 粗的电镀丝整齐地穿起来。

5 把底圈放入穿好的筐底，沿底圈的边向下弯折筐体。

6 把大的椭圆圈放入篮筐内，顶部留5cm。把顶部的鸡网丝向下弯折盖住椭圆圈，这样篮口就会更结实。

7 量出约54cm的钢绞丝，但不要剪断。将其一端固定在篮口，另一端固定到篮子对面，作为篮子的手柄。将后面的钢绞丝在扫帚柄上绕出十个圆环，把这十个环穿在篮口处。

8 如图所示，再弯折一根这样的钢绞丝，作为篮子的手柄。用另外一根钢绞丝弯过篮口，如图所示弯出三瓣状的图案，作为篮柄的装饰。

9 将这根钢绞丝再重新弯过篮口的另一边，也做出相同的花形。最后，用0.8mm粗的电镀丝缠绕固定果蔬篮的手柄。

弯曲的串珠银丝，既有装饰效果，又具艺术气息。在同样的主题色彩下，可用不同的装饰性玻璃珠穿出各种美丽的网形斜纹烛台。

串珠烛台

Beaded Wire Candlesticks

需要准备

- ✂ 尺子或卷尺
- ✂ 丝剪
- ✂ 中等粗细的银丝
- ✂ 圆口钳
- ✂ 中等大小的黄色、绿色、银色透明玻璃珠
- ✂ 铅笔
- ✂ 小玻璃贝形珠和方珠
- ✂ 一对烛台

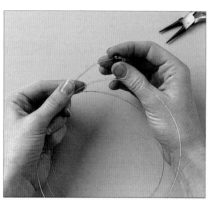

1 每个烛台都需准备四段 1m 的银丝。取一根银丝，将其底部弯钩并穿上珠子。

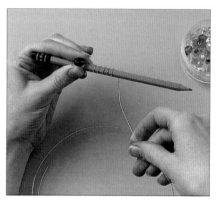

2 把这条银丝在铅笔上绕六圈，绕得松一些，以便穿珠。

3 穿上八颗小珠，将其沿螺旋形银丝分开排列，再穿一个中等大小的珠子。重复上述步骤完成这一根银丝的绕圈和穿珠工作。

4 在银丝末端穿上一个大珠，用圆口钳弯一个钩固定。用相同的方法加工其他三根银丝，注意穿珠时要配色均匀。

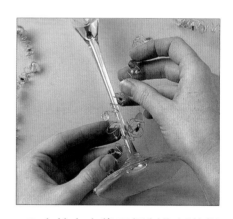

5 在烛台上绕两根制作好的银丝，用其余两根缠绕固定已缠好的银丝。用相同方法装饰另一个烛台。

铜丝呈现自然的暖色调，使用缠丝法加工铜丝可使铜丝更具装饰性。在烛光的映衬下，果盘显得柔和而奢华。

铜圈果盘
Copper Bowl

需要准备

- ✂ 2mm、0.8mm、2.5mm、1mm、1.5mm 粗的铜丝
- ✂ 尺子或卷尺
- ✂ 丝剪
- ✂ 平口钳
- ✂ 两个大小不同的碗
- ✂ 速干胶
- ✂ 不褪色记号笔
- ✂ 通用钳

1 截取八段 42cm 长、2mm 粗的铜丝，用 0.8mm 粗的铜丝把它缠起来。在每段缠丝的一端用平口钳弯一个直径 4cm 的螺圈，另一端弯一个直径 2.5cm 的螺圈。

2 如图所示弯曲缠丝制作果盘的支撑条。分别截取两段 2.5mm 粗，80cm、50cm 长的铜丝来做果盘的底圈和顶圈。用 1mm 粗的铜丝缠长的那根，用 1.5mm 粗的铜丝缠短的那根。

3 把这两段粗铜丝上的缠丝线圈都向一端推移 2cm，露出中心丝。这两段缠丝分别围在大小不同的碗上做出两个圆圈。

4 把速干胶滴入缠丝圈的空端，然后把另一端露出的 2cm 中心丝插入黏合。注意，需用手固定一会儿，等胶干透再放开双手。

5 截取 16 段 12.5cm 长、1mm 粗的铜丝。用它们把制作好的支撑条均匀固定在两个圆圈上。支撑条在大圈上的间距为 6cm，在小圈上的间距为 4cm。

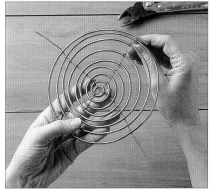

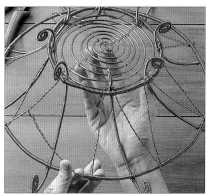

6 注意，在固定支撑条的时候，固定完一条，应接着固定其对面（成180°角）的另一条，以稳固筐体。固定最后四个支撑条的时候要做适当调整，防止出现操作上的失误。

7 如图所示，用2.5mm粗的铜丝制作一个松型螺圈，再用两根1mm粗的铜丝十字交叉缠在螺圈上固定形状。注意，每端应留10cm铜丝用于后续固定。

8 把螺圈固定在果盘的底圈上。取1mm粗的铜丝拧一个双股的2.3m长的铜丝，把它呈Z形均匀地缠在果盘上。

用鸡网丝制作的灯罩极具异国情调，在果酱罐中点上长明灯，挂在花园里非常合适。

花园灯
Garden Lantern

需要准备

- ✂ 手套
- ✂ 小孔径鸡网丝
- ✂ 丝剪
- ✂ 尺子或卷尺
- ✂ 1mm 粗的铝丝
- ✂ 1.5mm 粗的电镀丝
- ✂ 圆口钳
- ✂ 通用钳
- ✂ 圆锥形嘴的瓶子
- ✂ 果酱罐
- ✂ 水塞链
- ✂ 大珠子
- ✂ 金属环
- ✂ 扁头珠宝钉
- ✂ 窄丝带（非必需）
- ✂ 大的和小的金属珠

1 戴上手套，分别截取 18cm × 61cm 和 22cm × 55cm 的两片鸡网丝。用铝丝分别把两片金属网的短边穿起来，做成两个筒状物。截取一段 66cm 长和一段 61cm 长的电镀丝。弯成两个直径相同的圆圈，接口处用铝丝固定。

2 用铝丝把两个圆圈分别固定在两个网筒的一端。用圆口钳把网筒上的每个洞都捏成心形。

3 如图所示，制作盖子。将网筒上的每个洞都捏成心形，然后将小网筒做成一个弧形的盖子。用钳子把开口处的孔洞弄扁。

4 如图所示，把大的网筒用手捏成铃铛形。用通用钳嘴把两个网筒的开口拧在一起。大的作为灯底，小的作为灯盖。

5 用铝丝在瓶子嘴上缠出一大一小两个圆锥体。

6 如图所示，将铝丝缠在灯底的封闭端上，并把缠好的小圆锥体穿在上边，然后穿上大金属珠固定。将大圆锥体用相同的方法固定在灯盖的封闭端上，穿上小金属珠并把水塞链穿上，作为灯的挂链。

7 截取四段 10cm 长的电镀丝。用圆口钳在丝的两端分别弯一个小钩，把它们均匀固定在灯底的圈上。取两根电镀丝交叉缠在果酱罐口上，两端留出足够的长度，把果酱罐固定在灯底的圆圈上。

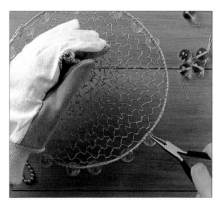

8 用扁头珠宝钉把大珠子均匀地穿在灯盖的圆圈上。

9 把灯盖盖在灯底上，用灯底圈的四个固定钩卡在灯盖圈上固定。最后，可用窄丝带缠在两个网圈上进行固定。

你可以把调料瓶整齐地摆放在这个心形架上。它最多可以放置五个标准大小的调料瓶。可以把它挂在墙上，也可以把它放在橱柜架或是厨房台面上。

心形调料架
Heart Spice Rack

需要准备

✂ 1.5mm、0.8mm 粗的电镀丝
✂ 尺子或卷尺
✂ 丝剪
✂ 不褪色记号笔
✂ 圆口钳
✂ 通用钳
✂ 1.5mm 粗的双股电镀拧丝
✂ 铝丝
✂ 扫帚柄

1 截取 5 段 45cm 长、1.5mm 粗的电镀丝。用记号笔分别在间隔 5cm、5cm、25cm、5cm、5cm 处做记号。

2 使用圆口钳在离两端的第一个 5cm 处弯成钩，然后用通用钳在离两端的第二个 5cm 记号处弯成直角。再取两段 45cm 长的双股电镀拧丝，使用相同的方法制作拧丝，不同的是要在离两端第一个 5cm 处打开拧丝，分别弯成小圈。

3 取两段 9cm 长 1.5mm 粗的电镀丝，将制作好的两根双股拧丝如图所示连接起来，中间大约留 6cm 的空隙，制成调料架的主框条。

4 取 104cm 长的双股拧丝，分别在间隔 20cm、12.5cm、6cm、25cm、6cm、12.5cm 处做记号。如图所示，从记号点把拧丝弯成长方形和心形。

5 用铝丝连接心形圈的四角和主框条的顶部。

6 取四段 54.5cm 长的双股拧丝，分别在间隔 5cm、5cm、6cm 和 38cm 处做记号。拧开四段丝的第一个 5cm 记号端，分别弯成小圈，在接下来的两个记号处分别弯成直角。在 38cm 处弯成大圈，其余记号处向内弯折成小圈。

7 把第6步中制作好的辐条从外面固定在主框条上，这样四根拧丝的大圈刚好在心形的后侧。用铝丝固定接触点。

8 把第1步中的五段电镀丝均匀地固定在主框条内部，作为辅框条，同样用铝丝固定交叉点。

9 取一段长电镀丝缠绕在扫帚柄上，做出疏松的圆环。压平圆环并把它放在调料架的前架框上。

10 取0.8mm粗的电镀丝，把圆环紧紧地固定在前架框的上下两端。如图所示，修整制作成形的调料架。

带挂钩的挂架十分有用，可以用来挂钥匙、毛巾或是厨房用品。本饰品中所用的塑皮丝很安全，可以和孩子一起来制作。

厨房挂架
Kitchen Hook Rack

需要准备
- 绿色园艺丝
- 扫帚柄
- 尺子或卷尺
- 丝剪
- 不褪色记号笔
- 铅笔
- 木勺
- 螺丝刀和3个螺钉

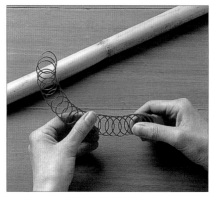

1 用绿色园艺丝紧紧缠绕扫帚柄大约40圈，园艺丝的两端各留10cm。压平圈环，使圈环约长30cm。

2 取一段56cm长的园艺丝，在其中心和距两端15cm处做记号。在15cm记号处绕铅笔缠一个小圈，然后将这根园艺丝穿过第1步中的圈环。

3 如图所示，用木勺把两端15cm长的园艺丝弯成三叶草形，末端约留2cm作为三叶草柄。使圈环两端留出的10cm的园艺丝穿过铅笔弯成的小圈，并缠紧三叶草的柄。

4 取四段30cm长的园艺丝，对折，用木勺柄绕出一个圈，拧紧两端闭合圆圈。园艺丝的两端都捏一个小钩，对折做好挂钩，并把它们按五等分固定在圈环上，留出中间位置。

5 取2m长的园艺丝，对折，用木勺柄绕出一个圈，拧紧两端闭合圆圈。在距圈15cm处，把园艺丝的剩余部分拧起来，在拧园艺丝时应紧握圆圈。用拧好的园艺丝在扫帚柄上弯出一个大的三叶草形，缠紧三叶草的柄。

6 最后，把大三叶草形挂钩固定在圈环的中间。从离挂钩端大约5cm处向上弯折。分别用三个螺钉把挂架的两端和中心固定在墙上。中间的螺钉起固定挂架形状的作用。

这个设计简单的挂架足以放四个食物罐。食物罐撕去标签，就成为非常有用的储物罐，从而增加挂架的储物功能。

多功能挂架
Utility Rack

需要准备

✂ 1.5mm、0.8mm 粗的电镀丝
✂ 钢绞丝
✂ 尺子或卷尺
✂ 丝剪
✂ 不褪色记号笔
✂ 圆口钳
✂ 通用钳
✂ 手套
✂ 铝丝
✂ 小孔径鸡网丝

图 1

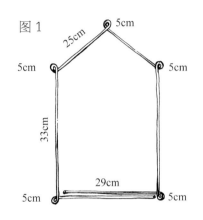

1 取 2m 长的钢绞丝做成图 1 所示的主框架。为了防止散开，两端打结。用记号笔分别在间隔 29cm、5cm、33cm、5cm、25cm、5cm、25cm、5cm、33cm、5cm、29cm 处做记号。

2 用圆口钳在每个间隔为 5cm 的地方弯出圈。用 0.8mm 粗的电镀丝把间隔为 29cm 的两段缠在一起。

图 2

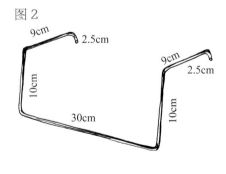

3 取 73.5cm 长的钢绞丝做成图 2 所示的框架。用记号笔分别在间隔 2.5cm、9cm、10cm、30cm、10cm、9cm、2.5cm 处做记号。

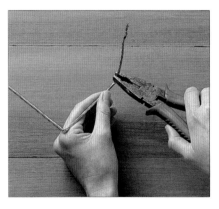

4 用通用钳如图所示在标记处弯折钢绞丝。

5 在离主框架底部 10cm 处，使用第 3 步中做好的框架两端 2.5cm 长的钢绞丝，将框架固定到主框架上。

6 取 104cm 长 1.5mm 粗的电镀丝做成挂架的侧架。如图 3 所示，用记号笔分别在间隔 2.5cm、12.5cm、9cm、12.5cm、30cm、12.5cm、9cm、12.5cm、2.5cm 处做记号。把两端 2.5cm 长的电镀丝弯成钩。在 12.5cm 和 9cm 处把电镀丝弯成 45° 角。弯折 30cm 长的电镀丝作为挂架顶边。

图 3

8 把做好的挂架框平放在鸡网丝上，沿着挂架框裁剪鸡网丝，多截取 30cm，使挂架框的前挡和底挡都由双层网丝覆盖。用 0.8mm 粗的电镀丝把网丝固定在挂架框上，做必要的修剪和整理。

7 把侧架固定在主框架上，固定每个交叉点。

锡饰品

　　许多金属持久耐用、美观多样，是手工制作的理想材料。从镜子、烛台到衣架、调料架、搁板或壁橱，你都可以用金属来制作。你也可以通过压花、锤花、钻孔、彩绘，甚至是加上玻璃珠装饰，做出图案美观的金属饰品。

锡板、金属箔、金属板可以从专门的五金店买到，也可以在回收商店或是金属市场购得。制作时一定要戴上防护手套和护目镜，穿上防护服。

材料
Materials

饼干罐

是锡金属的理想来源。有些罐子外面有一层塑料皮，如果要焊接，须用钢丝球把塑料皮刮去。

环氧树脂胶（AB 胶）

由两部分组成，使用时把两部分混合起来，混合过的胶会粘得很牢固。

焊剂

在焊接时可以使焊接部位保持干净。焊剂受热后，就会覆盖在金属表面，这样有利于焊料的附着。

金属箔

这些薄薄的金属片经常是卷起来的。金属箔很薄，用家用剪刀就可以剪开。有多种金属箔可供选择，包括铝箔、黄铜箔和红铜箔。因为很薄，所以很容易在上面画出图案。

碳化硅砂纸（干的和湿的）

打磨用具。细砂纸在打湿后，可用来打磨物品的边缘。用台钳将物品固定好，将砂纸包上木块进行打磨。

S 形连接件和吊环

用于把饰品的各个部分或是锁链连接起来。通常很结实，可用钳子来打开和闭合挂口。

焊料

一种合金。焊料是固体的，熔化后可连接两块金属。要使用比待焊接金属熔点低的焊料，严格遵循使用说明。

锡板

这种浅色金属板表面镀有锡。暴露在空气中或潮湿环境下，颜色不会变得暗淡。金属板有不同的厚度或规格，规格号越大，往往越薄。规格号 30（大约厚 0.2mm）的用剪子就可以剪开。

锌片

表面平整、柔软，易于切割。

你可能已经拥有基础的锡制品工具。从大的五金店可以买到像打孔器、夹剪、金属剪这样特殊的工具。

工具
Equipment

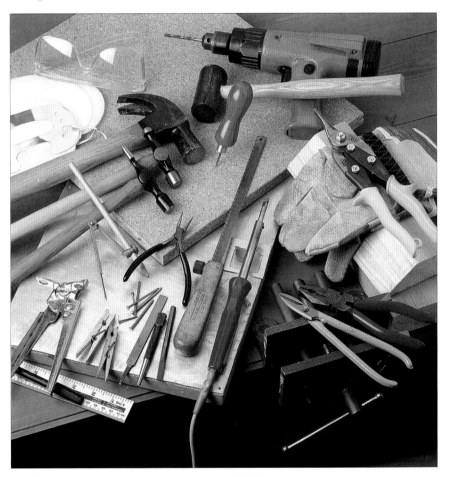

台钳

用于打磨、锉和敲打金属边缘时固定制品。

锥钻或锥子

用于在金属上钻洞。

冲头、凿子、钉子

用于敲打出图案。

垫板

在錾花和压花时要用到。

锤子

要用到各种锤子。圆头的中号锤子配合钉子或打孔器使用可在金属上錾花；钉锤用来把钉子敲进木头里；重锤和凿子用来凿出装饰孔。

平锉

用来锉平金属的毛边。

皮锤

用皮革制成，因为锤头柔软，不会在金属表面留下痕迹。

钳子

用来在切割和翻面时握住锡板。圆口钳可以给金属丝弯出小圈。

烙铁

用来加热焊料，焊接金属。

焊垫

有各种防火的焊垫可以选择，在五金店和金属店都可以买到。

金属剪

一种用来剪金属板的结实剪刀。直刃的金属剪可以用来剪直线；弯刃的可以剪圆圈或曲线。

夹剪

用来剪小图案。

木块

选择一边是90°、一边是45°的木块。

用简单的工艺就能制作锡饰品。开始制作前，要仔细阅读工艺步骤说明，小心操作。

锡饰品工艺
Tinware Techniques

剪切　剪薄的锡板或锡罐并不难，重要的是要剪得平整，避免边缘出现豁口，所以要先练习一下。剪下的金属片往往很锋利，要收集起来，安全处置。

剪片

用金属剪从大片的锡板上剪下一片。剪的时候不要闭合剪刀的刃，相反，把锡板卡在剪刀刃里，用力均匀，一气剪成，避免剪出豁口。剪的时候要一次剪完一条边，改变剪刀的位置，再剪下一条边。要沿画好的边缘整齐地剪下。

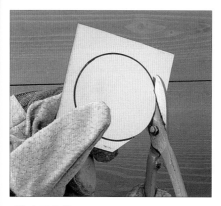

剪小图形

剪小图形时要用夹剪而不是金属剪。夹剪更容易操控，在剪复杂的图形时，夹剪也很好用。同样，剪时要转动金属片而不要转动剪刀，一次能剪多少就剪多少。

安全建议

☺ 处理金属片或未切割的金属板时要戴上防护皮手套、穿上厚的防护服。

☺ 金属剪和夹剪很锋利，能剪穿厚金属，要小心使用，避免儿童触及。

☺ 焊接时会产生浓烟，所以要戴上防护面罩和护目镜。要铺上焊垫，烙铁不用时要放在金属架上。

☺ 焊接时，要选择通风的地方，经常停下来休息，不要离浓烟太近。金属热的时候要戴上防护手套。

从油桶上剪切金属片

1 油桶上用的金属片通常又薄又有弹性，所以从油桶上剪金属片时一定要小心，须戴上护目镜。用钢锯在桶身上切一个小口，稍稍打开小口，将金属剪的刀刃插入，把桶顶剪下来。

2 从桶底 18mm 处开始剪切，边剪边转动桶身。这种操作方法也可以用来剪锡板。用纸擦去残留在金属片表面的油。

处理边缘

　　边缘没有经过打磨处理的锡片不能使用。为了避免意外受伤，要立刻处理锡片边缘。长的直边要用锤子配合木块敲平整，形状不规则的锡片要用手锉和砂纸打磨光滑。在制作前，一定要打磨锡片边缘，消除毛边。

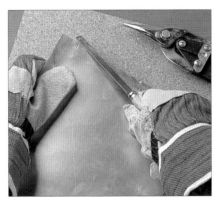

锉锡片

　　刚切割好的锡片的边缘粗糙、锋利，为避免伤到自己或他人，要立即处理边缘。小图形锡片要固定在台钳上，用手锉打磨边缘。打磨时，要不断调整锉的位置，锉掉毛边。

使用砂纸

　　锉过之后，为了保证边缘的光滑，要用细砂纸再打磨一遍。将打湿的砂纸包在小木条上打磨锡片的边缘，直到边缘都光滑为止。

锤平卷边

切割边可能会翻卷，为了安全，要立即把卷边弄平。机械制的锡罐或锡盒都压有45°的弯曲边，在家里用两块木块就可以将其弄平。

3 完成后，去掉木块，再用皮锤把边缘锤平。直边的锡板都要这样锤平，即便是制作凿花饰品，也要先敲平。锡板的边缘都锤平后，用锉子打磨锡板的四角。

1 在台钳上夹一块厚木板，把锡板压在木块90°的边上。在切割边上画一条锤打线。将木块的边和锤打边对齐，用皮锤锤打。

2 把锡板翻过来，使锤打线和木块45°的边齐平。边敲打边用手按牢木块。

焊接

可以通过焊接连接各个金属构件。在焊接前，清洁金属的焊接面，用钢丝球除去焊接面的油污和灰尘。焊接时，戴上防护手套、防护面罩和护目镜，铺上焊垫，烙铁不用时要放在金属架上。

1 放好要焊接的金属，用胶带固定。在焊接处涂上焊剂。使用焊剂很必要，因为金属受热时，氧化后的边不容易焊接，而焊剂能避免金属氧化。

◄ **2** 用烙铁加热金属，使焊剂熔化。选一小块焊料，放在焊接处，受热后，焊料会熔化。待焊料冷却、凝固，两个金属件就牢牢地焊接在一起了。

凿花

锡器的装饰方式有很多种。凿花，指通过敲击金属片的表面而产生图案，是一种最基本的工艺。用冲头、钉子和圆头锤，可以在锡片的正反面制作出凸起的图案，也可用小凿子和金属戳。锡片和其他金属适于用不透明和半透明的珐琅颜料进行彩绘。金属箔（如铝箔）非常柔软，可以在表面画图案，适用于浮雕或压花工艺。

准备图案

可以用钉子和冲头在锡片上弄出压痕和小孔。如果是一个复杂的图案，先把图案画在纸上，再沿图案线敲在锡片上。图纸应粘在锡片上，锡片要用平头钉固定在垫板上。

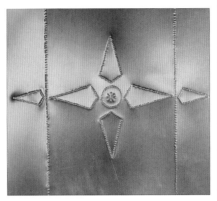

正面凿花

正面凿花的图案呈压痕状。凿过的线条都会呈现压痕纹，而锡片的其他部分都会微微凸起。这种正面的花纹被称为"雕镂"，呈现浅浮雕感。

背面凿花

背面凿花的图案会微微凸起，锡片表面会出现凸痕。可以用不同尺寸的钉子或冲头做出不同的图案效果。细线可以用小凿完成。还可以买一些有各种装饰头的冲头。

压花铝箔

铝箔又薄又软，用家用剪刀就可以裁剪，还可以自由弯曲或折叠，用来包裹画框、书本和其他小物件时非常好用。在铝箔背面用没水的圆珠笔勾勒图案，这样正面就会呈现浮凸感。

右图：很多饰品都结合使用了多种装饰工艺。

这个精致的心形装饰使你的礼物显得特别。有各种图案的金属压模，初学者很容易操作。

心形压花
Embossed Heart

需要准备

✂ 小尖头剪刀
✂ 0.1mm 厚的锡合金或铝箔
✂ 金属压模
✂ 双面胶
✂ 切割垫
✂ 双头压花针笔
✂ 手缝针（非必需）
✂ 花边剪（非必需）
✂ 相册、盒子或贺卡

1 取一块铝箔，把金属压模放在上面，四周要留边。把压模和铝箔粘起来，然后放在切割垫上。用压花针笔沿压模的图案轮廓描出整个图案。小图案用针笔的细头，大图案用针笔的粗头，特别小的图案用手缝针的钝头。

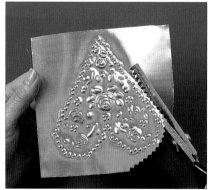

2 去掉压模，进一步完善作品。在凹面粘上双面胶，翻过来，把心形剪出来。如果需要更好的装饰效果，用花边剪给心形剪边。

3 把双面胶的背纸揭下来，将心形粘在相册、盒子或贺卡上。用手指按压压花箔没有图案的地方，粘牢。

用压花铝箔来装饰贺卡既简单又便捷。铝箔很软，可以用剪刀裁割。书后给你列了一些图样，制成后都有浮凸的表面。

压花贺卡
Embossed Greetings Cards

需要准备
- ✂ 描图纸
- ✂ 软芯铅笔
- ✂ 遮蔽胶带
- ✂ 0.1mm 厚的铝箔
- ✂ 薄纸板
- ✂ 没水的圆珠笔
- ✂ 剪刀
- ✂ 厚彩色卡纸
- ✂ 万能胶

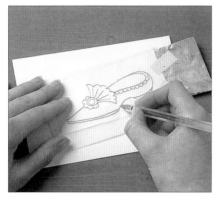

1 从书后描下图样，用遮蔽胶带把它粘在一张铝箔上，再放在一张薄纸板上。用没水的圆珠笔将图案描到铝箔上。

2 去掉描图纸，再用没水的圆珠笔描一遍图案的线条，还可以增加一些小的设计。注意不要画错，在描制时要做到小心准确。

3 把铝箔翻过来，剪下图案，注意剪的时候要留一个小窄边。剪一块厚彩色卡纸，对折，作为贺卡。小心地在上面涂些万能胶，将压花铝箔粘在上面，浮凸面朝上。

当你看到鸟儿在这个漂亮的鸟池中清洗和修整羽毛时会获得无尽的快乐。为了保证鸟儿的健康，每天都要准备干净的水。

红铜鸟池
Copper Birdbath

需要准备
- 瓷器描笔
- 细绳
- 0.9mm 厚的红铜片
- 防护手套
- 金属剪
- 锉子
- 锤子
- 吊钩
- 毯子
- 4m 长的铜丝
- 台钳
- 手钻和 3mm 钻头

1 用瓷器描笔和系好的细绳在红铜片上画一个直径为 45cm 的圆形。戴上防护手套，用金属剪把圆形铜片剪下来。打磨铜片边缘。

2 把铜片放在毯子上，然后从中心轻轻向外锤打。重复操作，直到锤出所需形状。

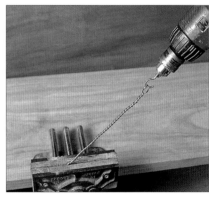

3 为了使鸟儿可以栖息，对折 1m 长的铜丝，把它的末端夹在台钳上。把吊钩卡在手钻的卡盘里，用吊钩钩住铜丝。用手钻拧好铜丝，并在铜片边缘钻三个直径 3mm 的小孔。在其他三根 1m 的铜丝末端打一个结，将铜丝穿过打好的孔里。拧好的铜丝固定在两根铜丝之间。

灵活地使用角形托架可以把蛋糕锡模做成美丽的墙面装饰品。蜡烛那摇曳的火焰在金属的映衬下异常美丽。

心形烛托
Heart Candle Sconce

需要准备

- ✂ 6 孔角形托架
- ✂ 7.5cm 宽的心形蛋糕锡模
- ✂ 直径 7.5cm 的圆形蛋糕锡模
- ✂ 不褪色记号笔
- ✂ 夹具和遮蔽胶带
- ✂ 钻
- ✂ 2 个螺栓和螺帽
- ✂ 扳手
- ✂ 膨胀管
- ✂ 螺丝刀和螺钉
- ✂ 蜡烛

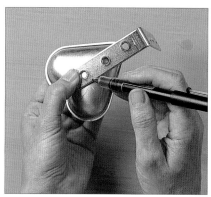

1 把角形托架的一端固定在心形蛋糕锡模的凸面，用记号笔标出托孔的位置。

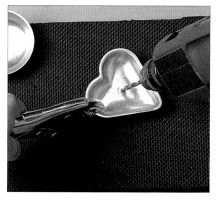

2 在托孔记号处打眼。为了保证图案完整美观，要把锡模放在衬垫上垂直钻孔。

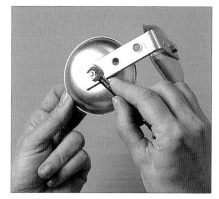

3 用螺栓和螺帽把圆形锡模固定在托架上。在墙上钻孔，放入膨胀管，然后用螺钉把心形锡模固定在墙上，放上蜡烛，完成。

防水铝膜通常用于屋顶，但经过锤打之后其表面呈现出别致的凹点，很像锡制品。可以用它来包裹普通的物件，比如搁架。

仿锡搁架
Pewter-look Shelf

需要准备
- ✂ 纸
- ✂ 铅笔
- ✂ 尺子
- ✂ 剪刀
- ✂ 18mm 厚的 MDF 板（中密度纤维板）
- ✂ 手锯
- ✂ 钻
- ✂ 木器胶
- ✂ 2 个螺钉
- ✂ 螺丝刀
- ✂ 防水铝膜
- ✂ 美工刀
- ✂ 圆头锤

1 按书后图样，用 MDF 板做出搁架的两部分，用手锯锯下来。在搁板的中心画线，标记两个钻孔。在支架板上也标记相应的记号。在标记点处钻孔，并用木器胶和螺钉把支架板和搁板固定在一起。

2 用美工刀裁下合适大小的防水铝膜，用美工刀和尺子修剪粗糙的边缘，揭下背膜，把它粘在搁架上。粘满整个搁架，这样 MDF 板就被防水铝膜包裹起来了。

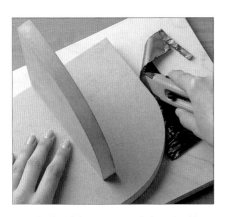

3 搁板贴好后，翻过来，用美工刀裁下多余的防水铝膜。

4 用防水铝膜粘贴搁架的边缘和背面。

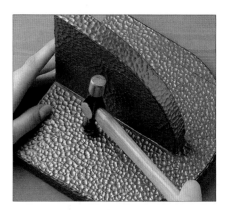

5 用圆头锤敲打搁架的表面，形成凹痕。变换锤击的力度，锤出不规则的凹点。

这个珠宝盒用薄锌片（有细微的光泽，很像锡合金）和黄铜片（通常用来雕花的金属片）制作而成。

心相印珠宝盒
Heart Jewel Box

需要准备

- ✂ 防护服和防护皮手套
- ✂ 金属剪和夹剪
- ✂ 薄锌片
- ✂ 旧雪茄盒
- ✂ 锉子
- ✂ 铅笔
- ✂ 薄纸板
- ✂ 剪刀
- ✂ 黄铜片
- ✂ 垫板
- ✂ 锤子和钉子
- ✂ 焊垫
- ✂ 防护面罩和护目镜
- ✂ 烙铁和焊料
- ✂ 强力胶

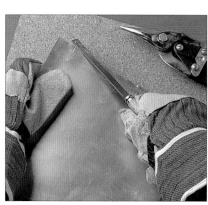

1 穿上防护服，戴上防护皮手套，用金属剪切割一块锌片来包裹雪茄盒。锌片要裁得比雪茄盒大，这样才能把边包住。锉磨边缘。在薄纸板上画一个菱形和两个大小不同的心形，剪下来。

2 把图样压在黄铜片上，剪下两个菱形、六个小心形、多个圆形和一个大心形，再剪下一个小心形锌片，打磨边缘。把黄铜片放在垫板上，每个图案边缘都用锤子和钉子敲出装饰边，但不要给心形锌片和黄铜圆片敲装饰边。

3 再剪四条黄铜片作为锌皮的边。把所有的图案都放在焊垫上，戴上防护面罩和护目镜，用液体焊料在铜片的中心焊一个小点，在心形锌片上焊满小点，在四个黄铜条上焊上点状装饰线。

4 在带有 90° 角的木块上压平锌片的卷边。把各种图案都按照图片所示粘在锌片上。

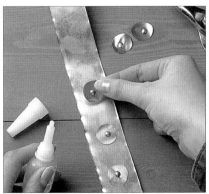

5 剪下一条和雪茄盒一样宽的锌片，长度足够绕盒子一周。打磨边缘，用胶把圆形铜片粘在上面。

6 把锌片粘在盒子正面，把锌条粘在盒子的四周。轻轻敲打锌片边缘，使它和雪茄盒贴合。

灵感来源于欧洲民间艺术图案。这些漂亮的压花鸟儿是很好的圣诞树装饰品，旋转时，它们浮凸的表面会反射光线。

压花小鸟
Embossed Birds

需要准备

✂ 描图纸
✂ 铅笔
✂ 纸
✂ 小尖头剪刀
✂ 胶带
✂ 0.1mm 厚的铝箔
✂ 衬垫
✂ 没水的圆珠笔
✂ 制衣描迹轮
✂ 3mm 和 5mm 的打孔器

1 从书后描下图样，剪好。用胶带把图案粘在铝箔上。把铝箔放在衬垫上，然后用没水的圆珠笔描图案的线条。

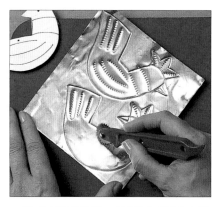

2 去掉纸图样，用没水的圆珠笔描鸟头和鸟喙。按照图样的线条，再用制衣描迹轮描出鸟身、冠羽和尾巴的点状线花纹。

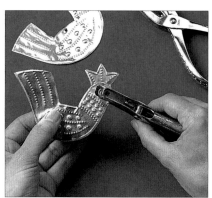

3 用笔画出鸟眼睛、鸟脖子和鸟的翅膀上的圆点装饰。沿小鸟的轮廓线裁下小鸟造型，用打孔器打出一个直径5mm的孔作为鸟眼，在鸟身上打一个直径 3mm 的孔作为挂孔。

可以用多种方法把啤酒罐变废为宝。通过以下简易的设计就可以把啤酒罐变成昆虫饰品来装点花园。选择有图案的啤酒罐，这样做出的昆虫就会有对称的花纹。

昆虫锡桶
Tin-can Insects

需要准备

- ✂ 描图纸
- ✂ 铅笔
- ✂ 小尖头剪刀
- ✂ 大啤酒易拉罐，去除罐顶和罐底
- ✂ 胶带
- ✂ 带有锥形手柄的画笔
- ✂ 长嘴钳

1 描下书后的图样，剪好。剪开啤酒罐的罐身，用胶带把图样粘贴在罐身上，用剪刀比照图样剪下来。

2 把昆虫图样放在画笔的手柄上，尾部放在画笔细的一头。绕着手柄弯曲昆虫的身体，轻轻地压低前翼，使后翼高于昆虫肢体。

3 用长嘴钳扭转触须，并在触须末端弯一个小钩。

铝制啤酒罐便于加工再利用，比如做成像这个烛台一样美丽实用的装饰品。啤酒罐亮面可以很好地映衬烛光。

啤酒罐烛台

Beer-can Candle Sconce

需要准备

- ✂ 长啤酒易拉罐
- ✂ 美工刀
- ✂ 防护手套
- ✂ 小尖头剪刀
- ✂ 纸
- ✂ 胶带
- ✂ 不褪色记号笔
- ✂ 3mm 和 5mm 的打孔器

1 用剪刀剪下啤酒罐的顶。用美工刀割一个豁口，戴上防护手套，用剪刀沿豁口把顶剪掉。将书后图案放大到合适大小，剪下来，粘在啤酒罐上，用记号笔描出轮廓。

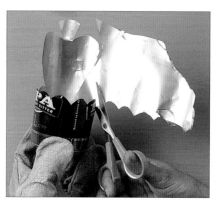

2 去掉图样纸，用小尖头剪刀剪下图案。每个扇形图案间都要留有豁口。

3 如图所示，用大打孔器在心形上打三个孔，顶端一个，心形两边各一个，并在每个扇形中心打孔。用小打孔器在心形的边缘打孔。向下弯折扇形图案，作为烛台的装饰边。

花插可以使花园变得高雅。它们易于制作，而且不用使用胶水来黏合。可以在花插上打上植物的名称。

植物花插

Plant Markers

需要准备
- ✂ 描图纸
- ✂ 软芯铅笔
- ✂ 薄纸板
- ✂ 剪刀
- ✂ 0.1mm 厚的红铜箔
- ✂ 不褪色记号笔
- ✂ 垫板
- ✂ 锥子
- ✂ 钳子

1 从书后描下图样，转印到薄纸板上，剪下来，用记号笔将纸样轮廓描在红铜箔上，用剪刀剪下。

2 把铜箔放在垫板上，用锥子一点一点地压出图案和植物名称。把花柄最长的那条线（到花心）剪开，再用钳子把它折起来。

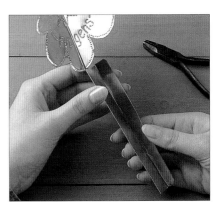

3 折叠花柄，这样花瓣就闭合在一起了。再沿折叠线对折花柄，这样植物花插就做好了。

浮雕感十足的天使装饰会使你的圣诞树变得高贵典雅，还可以作为壁炉上的节日装扮。

树冠天使
Treetop Angel

需要准备

- ✂ 铅笔
- ✂ 纸
- ✂ 遮蔽胶带
- ✂ 合金垫板
- ✂ 衬垫
- ✂ 制衣描迹轮
- ✂ 没水的圆珠笔
- ✂ 花边剪
- ✂ 美工刀
- ✂ 不褪色记号笔

1 放大书后图样至所需大小，粘贴在合金垫板上。垫上衬垫，用制衣描迹轮描出图案的双线条。

2 用没水的圆珠笔描出图案的其他线条，再用铅笔描一遍，加深凹痕。

3 用花边剪把图案剪下来，在剪光晕和翅膀的时候尤其要小心。如果剪的时候有边沿翘起，用指腹压平。

4 将树冠天使翻过来，在凹面继续美化图案。在眼睛和每个星星的中心点压入圆点。

5 在头顶的光晕处用美工刀裁一个豁口，注意，不要裁得离颈部太近。沿记号在两翼处裁出豁口。

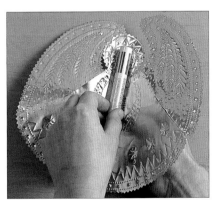

6 把头部和颈部轻轻地绕在圆柱形的物体（如记号笔）上。

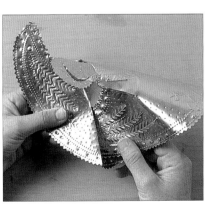

7 如图所示，把树冠天使的身体弯成圆锥形。

打花图案源自美国移民，他们用锡片制作出了许多手工家居用品，打花饰品也被赋予了新的艺术形式。

打花壁橱
Punched Panel Cabinet

需要准备

✂ 门上有凹槽的小橱柜
✂ 尺子
✂ 0.3mm 厚的锡片
✂ 不褪色记号笔
✂ 防护服和防护皮手套
✂ 金属剪
✂ 两边分别为 90° 和 45° 角的木块
✂ 台钳
✂ 皮锤
✂ 锉子
✂ 圆规
✂ 铅笔
✂ 坐标纸
✂ 剪刀
✂ 垫板
✂ 平头钉
✂ 钉锤
✂ 遮蔽胶带
✂ 冲头
✂ 圆头锤
✂ 小号凿子

1 量一下凹槽的大小，用记号笔在锡片上画下凹槽的尺寸。在矩形内画一条宽 1cm 的边线，在外矩形的外角边上做一个 2cm 的记号，沿这个记号向内矩形的角画对角线。

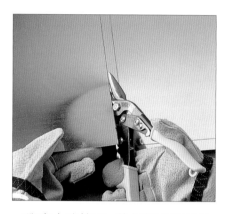

2 穿上防护服，戴上防护皮手套，用金属剪把锡片剪下，并沿对角线修剪矩形的角。这样，矩形的边就能弯折起来插入凹槽内。

3 将木块的 90° 边牢牢地夹在台钳中，把锡片压在木块 90° 的边上。将木块的边和锤打边对齐，用皮锤锤打。

4 把锡片翻过来，使锤打线和木块的 45° 边齐平。锤打时用手按牢木块。锤平一条边后，按照同样的方法把其他的边也锤平。打磨边角。

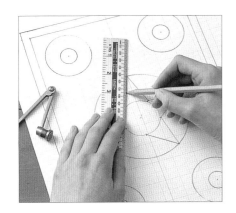

5 在坐标纸上画下壁橱的装饰图案，并用圆规和尺子在图样中心画一个圆圈，圆圈中心画一个五角星，在图样四周画上四个同心圆。按照锡片的尺寸将图样剪下。

6 用遮蔽胶带把图样粘在锡片的背面（折边面），四周用平头钉固定在垫板上。

7 使用冲头和锤子沿图案轮廓锤打出凹痕。随着线条的变化移动冲头，锤打出全部图案。

8 去掉坐标纸，用小号凿子再增加一些图案装饰。取下平头钉。

9 把锡片翻过来，插入凹槽中，用平头钉固定。

锡合金片很容易压花。在这个设计中，将压花锡合金片包在木块上，做成了美丽的门挡，也可以做成书挡。

压花门挡
Scrollwork Doorstop

需要准备

- ✂ 38cm×39cm 的锡合金片
- ✂ 衬垫
- ✂ 不褪色记号笔
- ✂ 尺子
- ✂ 没水的圆珠笔
- ✂ 压花针
- ✂ 冰棒棍
- ✂ 铅笔
- ✂ 19cm×9cm×9cm 的木块
- ✂ 2个直径 4cm 的金属圈垫
- ✂ 锤子
- ✂ 2个瓦楞钉

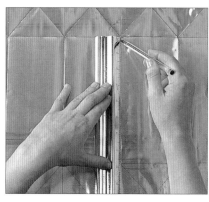

1 把锡合金片放在衬垫上，按书后的图样，用尺子和记号笔在锡合金片上标记上折线。用没水的圆珠笔把折痕加宽至 3mm，描好所有折线。

2 用不褪色记号笔在锡合金片上画下花纹，可根据自己的喜好绘制图样。如果要画一些正式的图案，先在纸上打底。这要作为成品的背面。

3 用压花针描图，用冰棒棍描粗线条，铅笔描细线条。

4 把锡合金片翻过来，用压花针或铅笔完成其他凹点装饰。

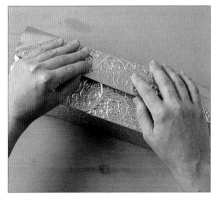

5 用压花的锡合金片把木块包起来。木块位置要放好，使折边与木块边重叠。

6 用包礼物的方法沿折线把木块包起来。

7 将一个金属圈垫放在木块一头的中心，用瓦楞钉将其钉入，这样锡合金片就不会开了，而且也增加了门挡的装饰性。木块的另一头也用同样的方法操作。

这个门号牌使用了初升的太阳图案。在门号牌的表面有一些敲打出的凹痕，这样更凸显了太阳初升的形象。

门号牌
Number Plaque

需要准备

✂ 0.3mm 厚的锡片
✂ 不褪色记号笔
✂ 尺子
✂ 防护服和防护皮手套
✂ 金属剪
✂ 两边分别为 90° 和 45° 角的木块
✂ 台钳
✂ 皮锤
✂ 锉子
✂ 坐标纸
✂ 剪刀
✂ 铅笔
✂ 遮蔽胶带
✂ 垫板
✂ 平头钉
✂ 冲头
✂ 圆头锤
✂ 钉锤
✂ 钢丝球
✂ 聚氨酯清漆
✂ 漆刷
✂ 螺钉和螺丝刀

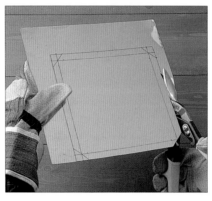

1 在锡片上画一个矩形，再画一个距其 1cm 的内矩形。在外边角 2.5cm 处做记号，连接两点。戴上防护皮手套，剪下图样，沿记号线剪掉三角形。

2 将木块的 90° 边牢牢地夹在台钳中，把锡片压在木块 90° 的边上。将木块的边和锤打边对齐，用皮锤锤打。

3 把锡片翻过来，使锤打线和木块的 45° 边齐平，用手按牢木块锤打。锤平一条边后，按照同样的方法把其他边也锤平。打磨边角。

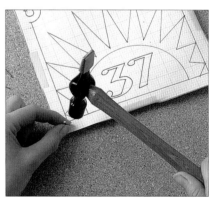

4 在和锡片一样大的坐标纸上画好图样，把图样粘在锡片的背面（折边面），四周用平头钉固定在垫板上。

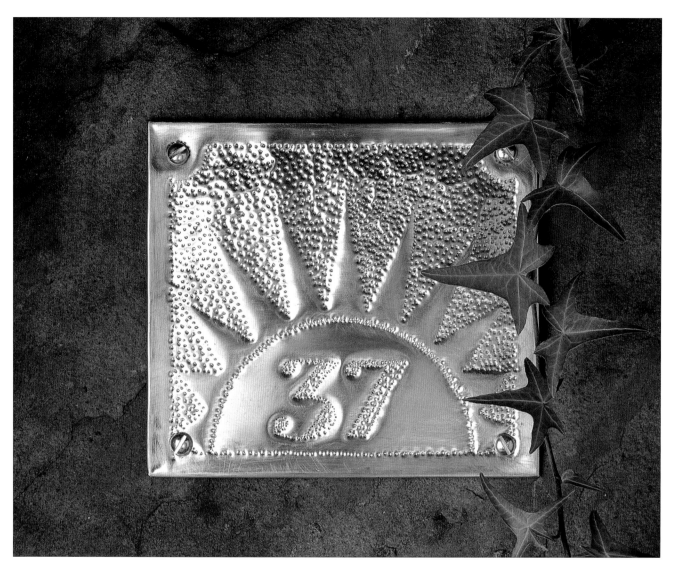

5 使用冲头和锤子沿图案轮廓锤打出凹痕。随着线条的变化移动冲头，锤打出全部图案。

6 去掉图样纸，翻过来。随意地敲打数字内部和太阳的外部形成凹痕。在上漆前先用钢丝球清理锡片。晾干，上螺钉。

空置的饼干盒是制作调料架的理想材料。制作这个调料架时，还可以用到饼干盒原有的形状。

锡制调料架
Tin Spice Rack

需要准备
✂ 防护服和防护皮手套
✂ 饼干盒
✂ 金属剪
✂ 锉子
✂ 不褪色记号笔
✂ 遮蔽胶带
✂ 焊垫
✂ 防护面罩和护目镜
✂ 焊剂
✂ 烙铁和焊料
✂ 钳子
✂ 尺子或卷尺
✂ 细铁丝
✂ 丝剪
✂ 木块
✂ 锥子
✂ 黄铜垫片
✂ 强力胶

1 穿上防护服，戴上防护皮手套，用金属剪把饼干盒剪成两半。打磨边缘。做调料架只需用到其中一半，安全处置另一半。

2 在饼干盒的盖子上画下调料架的背板，剪下，打磨边缘。把背板和调料架用遮蔽胶带粘起来。

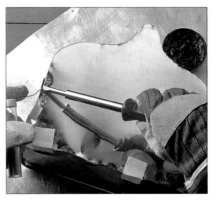

3 把调料架放在焊垫上，戴上防护面罩和护目镜，在焊接边涂抹焊剂，用焊料把焊接边焊好。将背板压平，打磨焊接边。

4 量一下调料架的尺寸。用细铁丝打一个分格，焊接在一起，以隔开调料架。把分格焊在调料架口上。

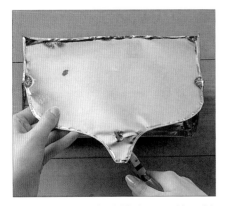

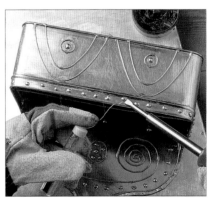

5 把背板放在木块上，用锥子钻一个大孔，用钳子轻轻打开孔，打磨孔的边缘。用钳子把孔的边缘压平。

6 取一段细铁丝，两端都弯一个螺圈。取六段铁丝，分别做成两段大弧线、两段小弧线和两个小圆圈。把螺圈焊在背板上，在螺圈中间用圆形铜片装饰。把弧线焊在调料架的前面，再用铁丝弯一个背板的轮廓线焊在背板上。

7 用焊料在架身和背板边缘及小圆圈内点一些点状装饰。制作一个铁圈圈住圆形黄铜垫片，焊在适当位置。

压花的铝箔可以使书皮变得别致，装饰在这本祷告书的表面，使原有的皮革书皮更显优雅。

压花书皮

Embossed Book Jacket

需要准备

✂ 0.1mm 厚的铝箔
✂ 剪刀
✂ 软头记号笔
✂ 尺子
✂ 没水的圆珠笔
✂ 铅笔
✂ 薄纸片
✂ 细头画笔
✂ 金色硝基颜料
✂ 环氧树脂胶

1 裁一块和书一样大的铝箔。用记号笔和尺子在铝箔边画一个 6mm 宽的边框，再把边框内的铝箔分成格子，用没水的圆珠笔压花。这是成品的背面。

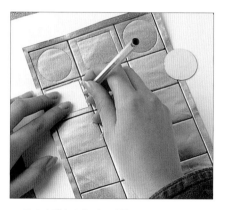

2 用薄纸片分别做一个矩形和圆形模板，注意，大小不要超出格子的边框。再做一些小一点的矩形和圆形。将大圆放在第一个格子中央，用没水的圆珠笔沿其轮廓画一圈。第二个格子用大矩形重复相同的操作。画满所有的格子。

3 在矩形内画小矩形，在圆形内画小圆形，用相同的方法完成所有图案。

4 在圆形中画一些双线扇形，中心画一个双线圆形。在矩形中心画一个双线椭圆形，从椭圆形出发画一些辐射线。环绕矩形画一些点状线，同样，环绕铝箔的矩形外沿也画上点状线。

5 翻过来，正面朝上。用细头画笔在格子内的圆点处点上金色硝基颜料。晾干后，粘在书皮上。

做这个可爱的风向标不需要有金属制作的经验。从塑料片上剪下图形，再贴上防水铝膜，成品会呈现点状凹纹的肌理。

锤花风向标

Hammered Weathervane

需要准备

- ✂ 纸
- ✂ 铅笔
- ✂ 尺子
- ✂ 剪刀
- ✂ 不褪色记号笔
- ✂ 塑料片
- ✂ 手锯、线锯或带锯
- ✂ 木板
- ✂ 钻
- ✂ 美工刀
- ✂ 小号画滚
- ✂ 电镀丝
- ✂ 防水铝膜
- ✂ 直边金属片
- ✂ 钢锯
- ✂ 锉子
- ✂ 黄铜螺钉
- ✂ 螺丝刀
- ✂ 金属棒和扫帚柄
- ✂ 报纸
- ✂ 小号锤子
- ✂ 蓝色玻璃颜料
- ✂ 画笔
- ✂ 塑料滚筒手柄

1 从书后描下图样，放大，使这个公鸡图案大约有24cm长，剪下该图案。沿公鸡图案轮廓将其画在塑料片上。

2 用线锯锯下图案。用木板衬着，用钻在标示位置钻一排孔，再钻出公鸡眼睛。

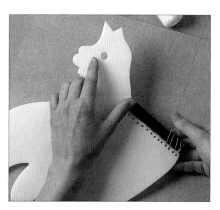

3 用美工刀从小号画滚上截取一段中空塑料管，用电镀丝把塑料管沿塑料片穿孔穿在塑料片上。

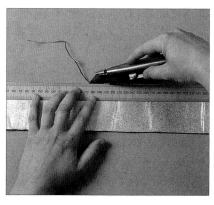

4 取一段足够覆盖塑料片的防水铝膜。用美工刀修剪铝膜的边缘，这样拼贴时拼贴缝会很整齐。

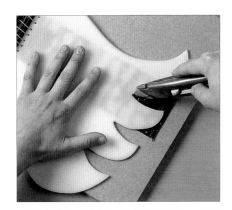

5 在塑料片的正反两面都贴上铝膜，用美工刀修整边缘。塑料管也用铝膜包裹。

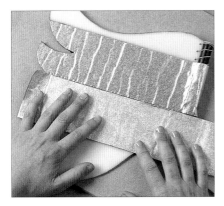

6 贴的时候，要仔细对齐铝膜的拼贴缝。切掉眼睛部分的铝膜。在箭头上贴上铝膜，再钻一个小孔用来拧螺钉。

7 截去金属棒的弯曲部分，打磨边缘。

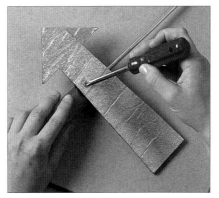

8 用螺钉把箭头固定在塑料滚筒手柄上，将滚筒手柄装在金属棒和扫帚柄上，这样风向标就有了支架。

9 在报纸上操作，锤打两个包铝膜的塑料片表面，形成小凹痕。将图样上标记的部分染成蓝色。最后，把公鸡塑料片穿在金属棒上。

衣钩可以把衣服、雨伞、帽子整齐地挂起来，避免了走廊的凌乱。饱满的紫色背景和浅浮雕的图案使这个衣钩看起来很华丽。

皇家衣钩
Regal Coat Rack

需要准备
- ✂ 铅笔
- ✂ 坐标纸
- ✂ 尺子或卷尺
- ✂ 剪刀
- ✂ 5mm 厚的 MDF 板
- ✂ 手锯或线锯
- ✂ 细砂纸
- ✂ 木器底漆
- ✂ 刷子
- ✂ 釉面木器涂料
- ✂ 描图纸
- ✂ 软芯铅笔
- ✂ 薄纸板
- ✂ 0.08mm 厚的红铜箔
- ✂ 没水的圆珠笔
- ✂ 0.1mm 厚的铝箔
- ✂ 冲头
- ✂ 环氧树脂胶
- ✂ 钻
- ✂ 3 个圆头挂钩
- ✂ 2 个金属衬片

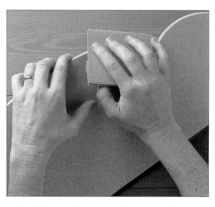

1 在坐标纸上画下衣钩形状，尺寸约为 60cm 宽、20cm 高。剪下图样，描在 MDF 板上，用手锯或线锯锯下图样，用砂纸打磨板子边缘。

2 用木器底漆涂抹 MDF 板。晾干后，轻轻打磨表面，再上釉面木器涂料，彻底晾干。从书后描下皇冠、梅花（纸牌中的梅花）和星星图样，转印到薄纸板上，剪下这些图样。

3 星星和梅花图样用铝箔，皇冠用红铜箔，其中星星和皇冠各画两个。用没水的圆珠笔在金属箔上描下图案，然后剪下来。

4 把图案放在薄纸板上，压平，并用冲头在图案边缘敲上点状装饰线。

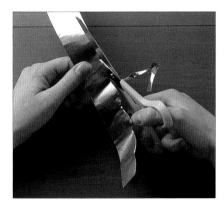

5 取5cm宽、60cm长的一段铝箔，用剪刀剪出波浪纹，并在波浪纹的边缘点上点状装饰线。

6 把皇冠、梅花和星星图案分别如图所示贴在MDF板上，然后贴上装饰边，用环氧树脂胶粘贴到位。

7 胶彻底晾干后，在离板的底边2.5cm的位置均匀地钻三个孔，用螺钉拧上三个圆头挂钩。两端分别装上金属衬片，把衣钩固定到墙上。

不妨用这个童话中的塔楼来装饰你的花园。可以把它装饰在树桩或是信箱的托盘里，撒上一些谷子，来吸引鸟儿。

长发公主塔楼
Rapunzel's Tower

需要准备

- ✂ 纸板
- ✂ 铅笔
- ✂ 花园麻绳
- ✂ 尺子或卷尺
- ✂ 剪刀
- ✂ 直径 15cm 的金属筒
- ✂ 0.9mm 厚、45cm×45cm 的红铜片
- ✂ 瓷器描笔
- ✂ 防护手套
- ✂ 金属剪和夹剪
- ✂ 锉子
- ✂ 3mm 钻头
- ✂ 铆钉枪和 3mm 铆钉
- ✂ 胶枪和胶棒
- ✂ 0.2mm 厚、2.5cm×5cm 的红铜箔
- ✂ 钉子或 6.5cm 长的铁丝
- ✂ 小树枝
- ✂ 钉子

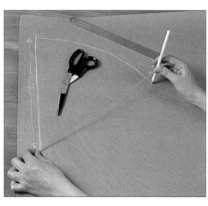

1 在纸板上画一个扇形，扇形的一边多留 2cm，作为连接片。把扇形描到红铜片上。戴上防护手套，把扇形铜片剪下来，打磨边缘。把铜片弯成圆锥形，套在金属筒上看是否合适。

2 在连接片上打上一排 3mm 的孔，用铆钉把连接片固定在一起。等到铆钉打上后，再松开铆钉枪的手柄。用胶枪把圆锥顶和金属筒粘在一起，晾干。

3 用红铜箔剪一个小旗。在铜箔一端剪个 V 形口，另一端缠在钉子上，钉子作为旗杆。用胶把小旗固定在圆锥顶上。

4 将两段麻绳分别缠在小树枝的两端，作为梯子。用金属剪在金属筒上剪一个圆孔，把梯子粘在上面。

自从 300 年前金属片被发明以来，人们就习惯于在金属制品的表面打上一些浮凸的花纹装饰。表面光滑的金属桶最适合用来制作此类饰品。

打花金属桶
Punched Metal Bucket

需要准备
- ✂ 不褪色记号笔
- ✂ 锡皮桶
- ✂ 钝钉或冲头
- ✂ 锤子
- ✂ 木板
- ✂ 抹布
- ✂ 打火机油

1 用不褪色记号笔在锡皮桶的内壁画上连续的卷曲花纹。

2 为了保护工作台面，把锡皮桶放在木板上。用锤子和钝钉沿画好的花纹凿出图案，手要离钉头 1cm 以上。敲完所有的花纹。

3 用抹布蘸上打火机油擦去记号笔印。

灵感来源于墨西哥民间艺术。这个打花的镜框可以给你的居室平添一种异国气息，要用亮色颜料或画笔来制作这个镜框。

墨西哥风情镜子
Mexican Mirror

需要准备
- ✂ 纸
- ✂ 不褪色记号笔
- ✂ 剪刀
- ✂ 铝片
- ✂ 胶枪和胶棒
- ✂ 衬垫
- ✂ 锤子
- ✂ 小号和大号冲头
- ✂ 夹剪
- ✂ 防护手套
- ✂ 凿子
- ✂ 半透明蓝色玻璃颜料
- ✂ 画笔
- ✂ 蓝绿色、绿色、橙色和粉色不褪色记号笔或玻璃颜料
- ✂ 直径 15cm 的圆形镜子
- ✂ 直径 25cm 的蛋糕板
- ✂ 双面胶
- ✂ 钉子或细钻头
- ✂ 电镀丝
- ✂ 丝剪
- ✂ 钳子
- ✂ 7 个短螺钉
- ✂ 螺丝刀

1 把书后的图样放大到直径为 30cm，剪下来，把图样纸粘在铝片上，用记号笔描出轮廓。

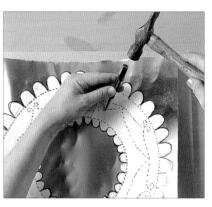

2 把铝片放在衬垫上，用锤子和小号冲头按照图样的花纹敲打出图案，每个凿点敲击两下。

3 戴上防护手套，用夹剪把图样剪下来。剪中心区域时，先用凿子打一个孔，再从孔开始剪。

4 如图所示，用小号冲头在铝片特定区域敲出不规则的凹点，使其富有浮凸感。

5 翻过来，用半透明的蓝色玻璃颜料在浮凸的区域涂色，晾干。如图所示，其他部分分别用不褪色记号笔或玻璃颜料涂上橙色、绿色和蓝绿色。

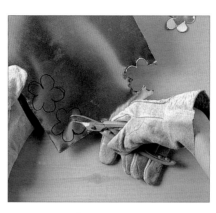

6 画一个直径大约为5cm的花，剪下来描在铝片上，剪出七朵这样的花。

7 用不褪色记号笔给花朵上色。

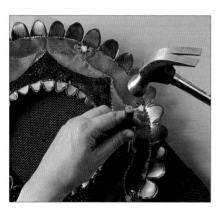

8 将花朵放在衬垫上，在图案的曲折处打七个孔，孔要能让螺钉穿过。如果花朵卷曲了，把它们压平。

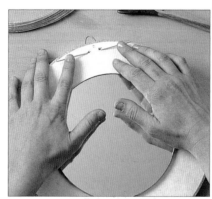

9 用双面胶把镜子粘在蛋糕板上，在蛋糕板顶部打两个小孔用来穿挂绳。截一段电镀丝，穿过小孔，在蛋糕板后弯一个挂钩，拧紧电镀丝两端，压平。

10 把上色的铝片粘在蛋糕板上，用螺钉把花朵拧在铝片相应的位置上，给螺钉上色，使之与花心相配。

上色打花锡饰品是一种在很多国家（特别是印度）都流行的艺术形式。通常在薄锡片上打花，再涂上半透明的颜料。

上色打花镜
Painted Mirror

需要准备

- 0.3mm 厚的锡片
- 记号笔
- 尺子
- 防护服和防护皮手套
- 金属剪
- 两边分别为 90° 和 45° 角的木块
- 台钳
- 皮锤
- 锉子
- 坐标纸
- 剪刀
- 浅碟
- 铅笔
- 遮蔽胶带
- 垫板
- 平头钉
- 冲头
- 圆头锤
- 钉锤
- 瓷器描笔
- 软布
- 半透明颜料
- 画笔
- 方形镜片
- 0.1mm 厚的铝箔
- 环氧树脂胶
- 0.08mm 厚的红铜箔
- D 形环钩

1 取一块 30cm 见方的锡片作为画框，在方形内画一条宽 1cm 的边线。再在离正方形外角边 2cm 处做上记号，沿这些记号向正方形的角画对角线。穿上防护服，戴上防护皮手套，用金属剪把锡片剪下，并沿对角线修剪矩形的角。这样，矩形的边就能弯折起来插入凹槽内。

2 将木块的 90° 边牢牢地夹在台钳中，把画框压在木块 90° 的边上。把木块的边和锤打边对齐，用皮锤锤打。

3 把画框翻过来，使锤打线和木块 45° 的边齐平，用手按牢木块锤打。锤平一条边后，按照同样的方法把其他边也锤平。打磨边角。剪下一块和画框一样大的坐标纸。

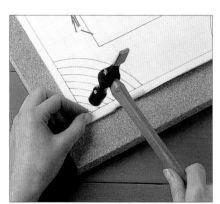

4 在纸上画上装饰线条，中间的正方形要略大于镜片。垫上垫板，把图样粘在画框的背面（折边面），四周用平头钉固定在垫板上。

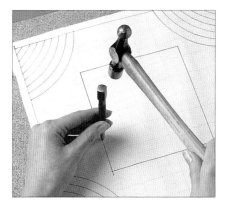

5 使用冲头和锤子沿图案轮廓锤打出凹痕。随着线条的变化移动冲头，每间隔3mm锤打一个凿点，锤打出全部图案。

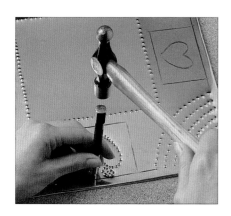

6 去掉平头钉和图样纸，将画框翻过来。用瓷器描笔在四周中心各画一个正方形，在正方形内再画一个心形，再把画框固定到垫板上，敲打小正方形以内心形以外的部分，使其出现凹痕。取下画框，用软布擦掉油污。

7 给凹点部分和四角上色。晾干后，如果第一遍的颜色不够，再上一遍颜色。把镜片放在正方形铝箔的中心，描出轮廓，再向内画一条1.5cm宽的边框。剪掉中心窗口部分。把镜子放在铝箔窗口下，把铝箔的内边粘在镜片上。

8 剪下四个小红铜箔方片，在窗口的四角各粘上一个方片。把铝箔粘在画框上，在画框背后粘一个环钩，彻底晾干。

因为质地柔软，薄铝箔是最理想的贴珠材料。铝箔暗淡的金属色泽映衬着彩色的玻璃珠，使相框富有浓郁的凯尔特风情。

压花相框
Photograph Frame

需要准备
- 相框
- 尺子
- 0.1mm 厚的铝箔
- 剪刀
- 环氧树脂胶
- 铅笔
- 薄纸板
- 记号笔
- 没水的圆珠笔
- 透明的和彩色的玻璃珠

1 小心拆掉相框的玻璃和背板。取四块铝箔包裹相框的四周（要能包住相框的边缘和背面）。把铝箔粘在相框上。

2 裁四块铝箔包裹相框的四角，把铝箔粘在相框上。

3 在纸板上画一个圆形，剪下来作为图样。用记号笔把图样描在铝箔上，剪下十个圆形铝箔。用没水的圆珠笔在每个圆形铝箔上都画上图案。这是圆片的背面。

4 把圆片翻过来，浮凸面朝上。把玻璃珠粘在圆片的中心，五个粘上彩色珠，五个粘上透明珠。

5 把两种玻璃珠圆片均匀地交替粘在相框四周。彻底晾干后，再装上玻璃和背板。

这个烛灯是由八个小罐头盒和一个馅饼环做成的，用能够承重的串珠链悬挂烛灯。

锡罐烛灯
Tin-can Chandelier

需要准备

✂ 卷尺
✂ 记号笔
✂ 直径 30cm 的锡制馅饼环
✂ 木块
✂ 锥子
✂ 锉子
✂ 起罐器
✂ 8 个小罐头盒
✂ 木杆
✂ 台钳
✂ 8 个螺帽和短螺栓
✂ 螺丝刀
✂ 钳子
✂ 4 个 S 形连接件
✂ 结实的串珠链
✂ 丝剪
✂ 4 个吊环
✂ 钥匙环
✂ 环氧树脂胶
✂ 彩色玻璃珠

1 把馅饼环等分成八份，把它放在木块上，然后用锥子钻八个孔。打磨孔的边缘。

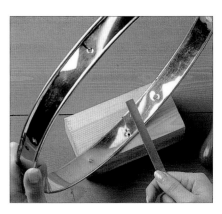

2 再把环三等分，在边缘处凿三个孔作为串珠链的穿孔，用来悬挂烛灯。打磨孔的边缘。

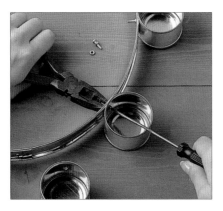

4 钻好孔后，把环孔和罐头盒孔对准，用短螺栓把罐头盒固定在环上。拧紧螺帽，固定好罐头盒。

5 在三个挂孔上分别穿一个 S 形连接件。完成后，用钳子捏紧。

3 去掉罐头盒的顶，打磨边缘。在罐体中间做一个标记。将一根木杆固定在台钳中，把罐头盒放在木杆上，用锥子在标记处钻孔。打磨孔的边缘。

6 取三段 30cm 长的串珠链，一端挂在 S 形连接件上，一端穿一个吊环。用钳子捏紧接合口。

7 用一个 S 形连接件把三条串珠链穿在一起，捏紧。再在 S 形连接件的另一端穿一个钥匙环。

8 把绿色玻璃珠粘在馅饼环上，把红色玻璃珠粘在罐头盒中间。

卡通造型的铝制烛台很讨人喜欢。先做好各个部件，再用铆钉把部件连接在一起就做成了。

火箭烛台
Rocket Candlestick

需要准备

- ✂ 描图纸
- ✂ 软芯铅笔
- ✂ 薄纸板
- ✂ 胶
- ✂ 剪刀
- ✂ 薄铝片
- ✂ 防护服和防护皮手套
- ✂ 金属剪
- ✂ 锉子
- ✂ 钻
- ✂ 钳子
- ✂ 带 90° 边的木块
- ✂ 铆钉枪和铆钉
- ✂ 黑色硬黏土块
- ✂ 环氧树脂胶
- ✂ 锤子

1 从书后描下图样，复印放大到所需尺寸。把放大的图样用胶粘在薄纸板上，晾干后，把图样精确地剪下来。

2 剪下图样后，将其轮廓描在薄铝片上。需要剪六个边件、三个支腿和一个顶座。穿上防护服，戴上防护皮手套，剪下图样，并打磨其边缘。

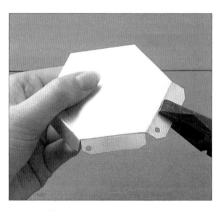

3 在打孔处做上标记。把构件放在木块上，分别用钻打孔。

4 用钳子小心把折边和打孔边弯折 90°，弯折好全部构件。

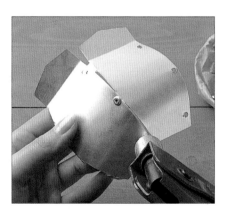

5 把边件放在木块上，轻轻按住，用锤子敲打一个折边。

6 握住两个边件，将铆钉钉在中间和下孔内，连接两个边件。再用相同方法连接其他两组边件。

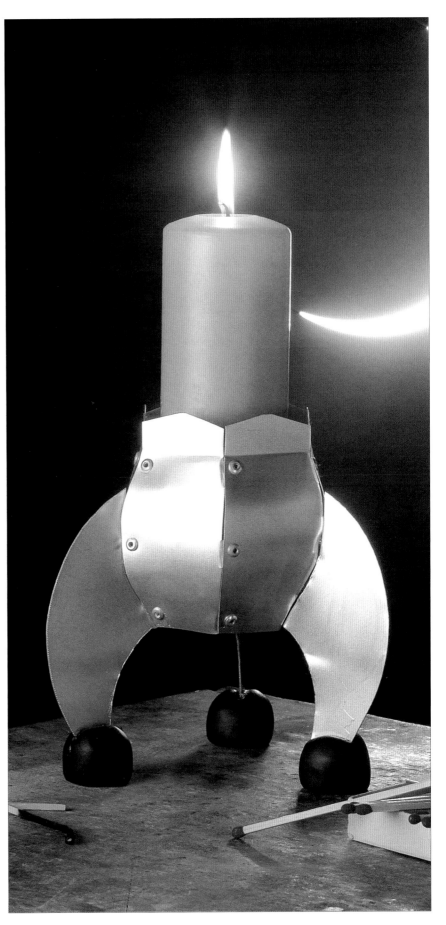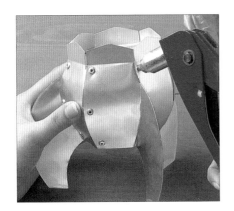

7 在每组边件之间插装一个支
腿，把组合好的三组边件全部
组装在一起。记住，每组边件都要
加装一个支腿。

8 顶座折边朝下固定在边件的上
端。用铆钉穿过上孔固定顶座。

9 用三块黑色球形黏土块做脚。
压平黏土球的底部，在顶部压
一条沟，用来放置支腿。按制作
说明烘烤黏土球。冷却后，将其
粘在支腿上。

画框装裱

Picture Framing

　　在本章，你将学到如何用多种方法装裱画框，使得原本普通的画框变得美丽动人。不管是简单质朴的涂水彩或镶木条的画框，还是复杂奢华的贴金箔或玳瑁效果的画框，都会为你的居室添上一笔浓重的色彩。用模板或图章添加额外的装饰，要上蜡和清漆来保护成品。

制作本章中的大多数饰品都需用到基本的装裱工具，这些工具的使用率很高，如果你还没有，买一套也很值得。

材料和工具
Materials and Equipment

夹角尺
使用它可以准确测量出画框所需用衬板的大小。

美工刀（多用）
在装裱画框时经常会用到。它有很多不同的尺寸，要选择合适的尺寸。

切割垫
在切割时要使用衬垫，防止割伤工作台面。

钻和钻头
装裱画框时可以用电钻也可以用手钻。

D 形画钩
在 D 形画钩上穿上绳子，把画悬挂起来。用螺丝钉把画钩钉在背框上，用一个或两个画钩都可以。

画夹
在胶水干之前，可固定粘在衬板上的画。

射钉枪
这种特殊的工具用来制作框架，用它可以把钉子垂直钉入。

玻璃刀
用来切割厚玻璃的金刚石头钨钢制玻璃刀价格昂贵，平常可以使用便宜的玻璃刀。

无酸胶带
水溶性胶带，用于把画粘在背板上。所选用的胶带应该比画纸薄，这样的话，万一画框摔下来，胶带会先破裂，起到保护画作的作用。

刀片
在衬垫上切割框条时，使用刀片可以使切口整齐，尤其是使斜角边整齐。

手锥和钻
用来在硬纸板和木头上钻孔。

抛光工具
用来抛光衬纸板的边缘。传统镀金艺人用玛瑙给金箔抛光。

夹具
有各种形状和尺寸可供选择。斜角夹具是金属材质，通常把它固定在工作台上，用它夹住衬板纸，做 45° 切割。

胶

PVA 胶用来黏合画框的接合角。

环氧树脂胶用来黏合金属或石材。

橡胶胶水用来黏合布料和衬板。

钢锯

用来切割木头或成批的框条。有多种锯刀可供选择,有的锯刀甚至可以切割金属。

热熔枪

用来给木头剥色,电热熔枪还用来在木质框条上烫图。

斜角盒

两边都有 45° 角沟的木盒,可配合榫锯来切割框条。

衬板

各种各样的衬板可以分成两类:普通型和特制型。普通型的很便宜,不过木头渗出的酸性物质会腐蚀画作。特制型的无酸,不会损坏画作。

衬板切割刀

这种刀可切割出带斜角的衬板,在美工商店或装裱店都可以买到。

画笔

使用 1cm 和 2.5cm 宽的平头黑貂毛画笔来绘制细节和画。用铁笔来画蜡画。

镶板钉

用来组合框架和衬板。

防护手套

橡胶手套在绘画时戴。在镶嵌金箔和切割玻璃时应戴棉质或皮制的手套。

防护面罩

在绘画和上漆时戴上,防止吸入有毒气体,还可防止在切割 MDF 板时吸入细小灰尘。

直尺

用来标记或辅助切割直线。

钉锤

钉镶板钉时用的轻质锤子,可替代 V 形钉接合件。

卷尺

用来测量画作、衬板和框条的长度。

榫锯

这种锯有 30cm 宽的扁平锯片,配合斜角盒来切割框条。要保证锯刀锋利。

丁字尺

用来测量正方形或矩形,在切割玻璃和衬板时使用。

V 形钉接合件

可放在框条的斜角边接合部,连接两根框条,同样可用于连接背板和框架。

V 形钉

用来钉框架。

丝剪

用来剪挂画丝。

木头

模制件可用硬木也可用软木制作。售卖的模制件有适合不同玻璃和画的尺寸。三合板是制作画框的理想型材,主要由木屑胶合而成,非常结实耐用。硬木板也可以作为背板。

画框主要有两种作用：一是保护画作，二是装饰。

画框构件
The Parts of a Frame

画框是一种多层夹心的木质结构。背板主要是硬木板，起着稳固的作用。在装裱昂贵的画作时，要加入无酸的隔板来保护画作。可用粘条把画作粘在背板上。

如果想要画作呈现视窗的效果，衬板下边的空白要留得比上边多一些，这样挂在墙上时，视觉上才会是一样。如果上下边一样宽，那么看起来上边就要宽一些。

制作衬板时一定要测量，切割前也要测量准确。

如果不用衬板的话，一定要在玻璃和画作之间加小木条，防止玻璃接触画作。挂起来的时候会看到木条，所以要选用与画作和画框搭配协调的木条。

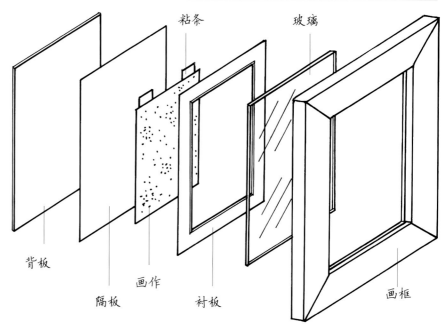

背板　隔板　画作　粘条　衬板　玻璃　画框

玻璃商店会切割好你所用的玻璃。但如果装裱的画较多，也可自行切割，切割时要小心。

玻璃切割
Cutting Glass

需要准备

- ✂ 画框
- ✂ 卷尺
- ✂ 防护棉手套
- ✂ 黑色细头记号笔
- ✂ 玻璃
- ✂ 丁字尺
- ✂ 玻璃刀
- ✂ 板子
- ✂ 铅笔

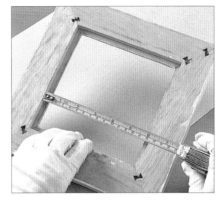

1 把画框翻过来，量取槽口之间的距离。切割玻璃时戴上防护棉手套。

2 缩小2mm，用黑色细头记号笔画上切割线。

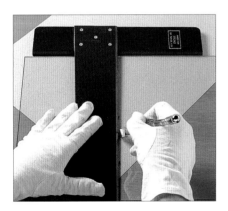

3 用丁字尺比着切割线，用玻璃刀一次画出切割痕，避免玻璃破碎。

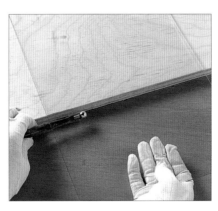

4 把玻璃搁在板子上，使切割痕和板子的边缘重合，用玻璃刀的尾端轻轻敲打切割痕。

5 把玻璃全部放在板子上，在切割痕下垫一根铅笔。双手同时压按玻璃两边，玻璃就会从切割痕处断开。清洗玻璃后置入框槽。

用织物，特别是昂贵的真丝或天鹅绒布来包裹衬板，会增加衬板的多样性。一般可使用波斯和印度织布。

布板画框
Fabric-covered Mount

需要准备
- ✂ 裁好的衬板
- ✂ 卷尺
- ✂ 织物
- ✂ 切割垫
- ✂ 美工刀
- ✂ 尺子
- ✂ 布胶
- ✂ 胶刷
- ✂ 油墨滚筒

1 把衬板翻过来放在织物上，每边要留出约 2.5cm 来包边，修剪角部的包边。

2 在衬板正面涂上一层布胶，用干净的油墨滚筒滚平布块。

3 翻过来，在布中央裁出一个窗口，同样留 2.5cm 的包边。

4 在布边的重合处切割斜角。在衬板上涂胶，包边，按压平整。

5 在布边的重合处用美工刀割两个斜角，拼齐布边。

有多种方法切割框条，框条的斜角要切割准确，用斜角夹具或斜角盒都可以。

原木画框
Basic Wooden Frame

1

需要准备

✂ 卷尺
✂ 木框条
✂ 斜角夹具或斜角盒
✂ 锯
✂ 铅笔
✂ PVA 胶和刷子
✂ 画框夹具
✂ 布
✂ V 形钉接合件和 V 形钉或台钳、镶板钉和钉锤
✂ 木材填孔剂
✂ 软木打磨块
✂ 中粒度砂纸和细砂纸

1 测量衬板和画槽的尺寸。握住木框条的一端，另一端切一个 45° 的斜角。切割时尽可能使身体远离，避免被木屑打到。

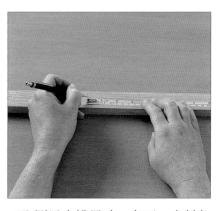

2 测量内槽尺寸，在下一个斜角处做标记。

3 将框条放入夹具，切一个 45° 的斜角。

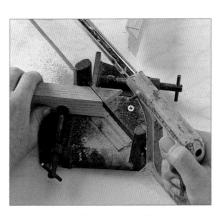

4 切下一块有 45° 角的直角三角形，再测量第二根框条的长度。

5 在第二根框条上测量、做标记。重复上述步骤，切割好四根框条。比对上下、左右两对框条，确保其匹配精确。

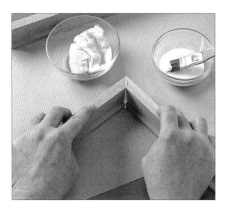

6 用 PVA 胶把框条黏合起来，对好斜角。其他部分按相同方法操作，将画框黏合完毕。

7 捏住粘好的框条，用湿布擦去多余的胶，否则溢出的胶会弄脏背板或画作。

8 为使画框更牢固，用 V 形钉和 V 形钉接合件固定。或者，将画框的直角固定在台钳中，用钉锤将镶板钉钉入框条的角边。固定好画框的四个角后，晾干。

9 翻过来，用木材填孔剂填充斜角处的接合缝。用湿布擦去多余的填孔剂，晾干。

10 用软木打磨块和中粒度砂纸打磨画框，再用细砂纸打磨一遍。

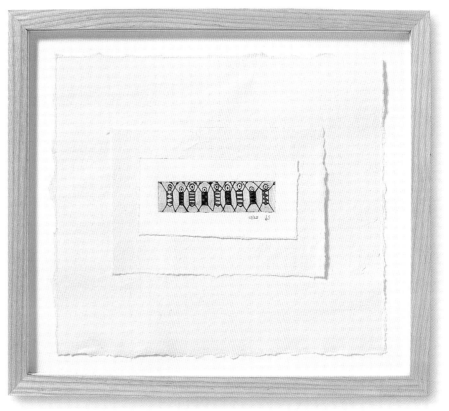

用浅色木材装饰现代艺术画非常不错。

使用水粉、丙烯或乳胶颜料给木框上色，木质仍能保持原有的迷人纹理。

彩色画框
Colourwashed Frame

需要准备
- 深紫色水粉颜料
- 碟子
- 2.5cm 宽头画笔
- 打磨好的橡木或松木画框
- 细砂纸
- 布
- 透明蜡
- 硬纸板

1 在碟子中挤入胡桃大的一块水粉颜料，加水搅匀。加水越多，颜料就越透明，要想得到浓色的颜料，请少放些水。在画框背面测试颜色浓度，调好颜色。刷色前，刮去画笔上多余的颜料。

2 从一个框角开始涂色，涂到另一个框角，再涂侧边。用此方法涂完画框。至少放置15min晾干。涂的颜料层数越多，颜色就越重，建议涂两层。晾干。

3 用细砂纸轻轻打磨画框至光滑。用布上蜡，上蜡要迅速，因为长时间的摩擦会造成脱色。上完一遍后，再上一遍。需要上两三遍蜡。

此作品将印花工艺的优越性发挥到了极致：通过四个步骤——着背景色、以一种颜色印花、以另一种颜色重复印花和打磨来完成作品。

星星印花画框
Stamped Star Frame

需要准备

- 打磨好的木质画框
- 天蓝色、红褐色和金色乳胶颜料
- 画笔
- 调色盘
- 泡沫块
- 大、小星形印章
- 细砂纸

1 把画框涂成蓝色，晾干。将红褐色颜料放在调色盘中，用泡沫块均匀蘸上红褐色颜料，为小星形印章涂色，在画框边的中部印出星形。

2 用大星形印章在泡沫块上蘸色印在画框的角上，晾干。

3 为大星形印章涂上金色，套印框角的星形。晾干后，用细砂纸打磨。

这种有着叶片图形的画框很容易制作，只需用内填剂把图案刷在画框上即可。何不多做几幅有着混合图案的画框作为搭配呢？

点画树叶画框
Leaf-stippled Frames

需要准备
✂ 2个打磨好的木质画框
✂ 深绿色丙烯颜料
✂ 画笔
✂ 细砂纸
✂ 纸
✂ 铅笔
✂ 蜡纸板
✂ 剪刀
✂ 调好的内填剂
✂ 模板刷

1 用深绿色颜料给画框上色。晾干后，打磨画框，使其呈现怀旧的风格。将书后的图样放大到适合画框的尺寸，描到蜡纸板上，裁出图案。

2 把蜡纸模板放在画框上，用模板刷蘸内填剂刷出图案。用相同的方法为整个画框刷出图案，图案之间留出均匀间距。晾干。

3 制作第二个画框时，可使用混合图案装饰。待内填剂完全变硬后，用细砂纸轻轻打磨图案。

即便你住在海边，优质、干净的浮木也是很难找到的。但你可以将旧木板或包装箱做出浮木感，折断木板，用凿子凿出冲刷纹。

浮木画框
Driftwood Frame

需要准备
- 木板或包装箱
- 凿子
- 锤子
- 锉刨
- 粗砂纸
- 绿色、蓝色和深红色水彩颜料
- 画笔
- 环氧树脂胶
- 手锯
- 硬木板
- 黑板涂料
- 遮蔽胶带
- 钻
- 1m 细麻绳
- 1m 粗麻绳
- 剪刀

1 用锤子和凿子把木板分成窄条。

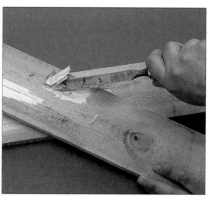

2 选四块宽度相近的木条作为画框的边，凿出冲刷纹。

4 用粗砂纸打磨毛刺，并把框条的边磨成圆边。

5 把绿、蓝、深红三种颜料混合起来，涂在木框上，晾干。

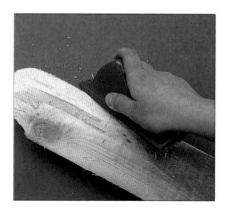

3 用锉刨把周边打磨光滑。

6 给木条涂抹环氧树脂胶，晾干。裁一块硬木板作为画板，涂上黑板涂料。

7 分别在木条两端和黑板四角钻孔。如图所示，用细麻绳把底边的画框穿起来，在木框正面打结，剪去多余的细麻绳。

8 将画框顶部的两个孔扩大，用粗麻绳穿起来，绳子留长一点，可以用来悬挂，正面打结。

用内填剂很容易就可以在画框上制作出三维图案。加入各种颜料可以给内填剂染色。

浮凸图案画框
Raised Motif Frame

需要准备
- ✂ 碟子
- ✂ 钴蓝色水粉颜料
- ✂ 2.5cm 宽的扁头黑貂毛画笔
- ✂ 打磨好的木质画框
- ✂ 细砂纸
- ✂ 描图纸
- ✂ 铅笔
- ✂ 蜡纸板
- ✂ 切割垫
- ✂ 美工刀
- ✂ 内填剂
- ✂ 色素
- ✂ 模板刷

1 在碟子中混合一份钴蓝色颜料和三份水。把调好的颜料涂在木框上，放置至少 15min 晾干。

2 用细砂纸打磨木框表面和边缘，做出陈旧效果。

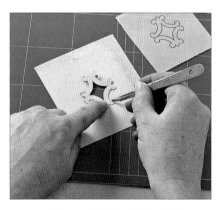

3 将书后图案描到蜡纸板上，用美工刀裁出图案。

4 取两份内填剂混合一份水调成糊状，加入色素染色。将蜡纸模板放在木框上固定好，用模板刷刷上图案。

5 用同样的方法在木框周围都刷上图案，放置至少30min晾干。最后，用细砂纸打磨画框。

精美的金箔画框和上色的金箔贝壳看起来极富巴洛克风格。贝壳很适于金箔加工，金箔的色泽可以凸显贝壳美丽的天然纹理。

金箔贝壳画框
Gilded Shell Frame

需要准备
- ✂ 各种贝壳
- ✂ 红色氧化底漆喷雾
- ✂ 1cm 宽的画笔
- ✂ 水性胶
- ✂ 荷兰金属箔：金箔、铝箔
- ✂ 软刷
- ✂ 丙烯酸漆
- ✂ 黄褐色虫胶清漆
- ✂ 浅蓝色、粉色和橙色丙烯颜料
- ✂ 软布
- ✂ 金色画框
- ✂ 透明强力胶

1 在贝壳上均匀地喷上红色氧化底漆，放置 30~60min 晾干。再涂上一层薄薄的水性胶，放置 20~30min 晾干，这时贝壳表面会透明发黏。

2 用铝箔或金箔包裹贝壳。用软刷把金属箔刷平整，同时刷掉多余的金属箔。

3 在包金箔的贝壳上刷一层薄薄的黄褐色虫胶清漆，放置 45~60min 晾干。在包铝箔的贝壳上刷一层丙烯酸漆，放置至少 1h 晾干。

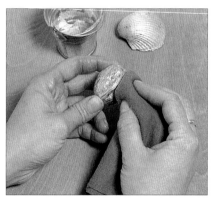

4 在浅蓝色丙烯颜料中加入一点水。将颜料涂在贝壳上，然后用布擦掉大部分颜料，只在贝壳凹陷的区域留一点。给其他贝壳涂上粉色或橙色丙烯颜料，放置 30min 晾干。

5 用透明强力胶把贝壳粘在画框上。悬挂画框前要彻底晾干。

在有着漂亮纹理的松木或橡木上涂上石灰蜡，这种白色的粉末会渗入木纹里，其中的蜡会呈现出透明的光泽。

石灰蜡画框

Lime-waxed Frame

需要准备
- 打磨好的木质画框
- 粗、细砂纸
- 石灰蜡
- 布
- 钢丝绒

1 分别用粗、细砂纸打磨画框。

2 用钢丝绒蘸取一些石灰蜡，均匀地涂在画框上。在涂的过程中，石灰蜡会渗入木框的纹理中。再涂一层加强效果。

3 涂完后，用布轻轻地抛光。不要用力过大，以免擦掉蜡质。

木器颜料会渗入木框，但不会遮盖住木头本身的纹理，成品呈现半透明的光泽。用甲醇木器颜料时，要用工业酒精清洗画笔。

彩色木质画框
Woodstained Frame

需要准备

- ✂ 打磨好的木质画框
- ✂ 甲醇木器颜料
- ✂ 工业酒精
- ✂ 玻璃碗
- ✂ 橡胶手套
- ✂ 2.5cm 宽的扁头黑貂毛画笔
- ✂ 丙烯酸漆和刷子

1 使用未经稀释的甲醇木器颜料，成品将呈现不透明的效果；加工业酒精稀释颜料，成品将呈现透明的效果。颜料须盛在玻璃碗里，操作时戴上橡胶手套。

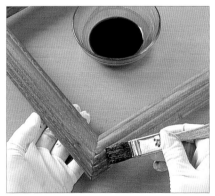

2 将画笔蘸上颜料，在碗边刮去多余颜料。给木框上色时，要一笔一笔地刷，刷完木框各边。放置 10~15min 晾干。需上两至三遍颜料。

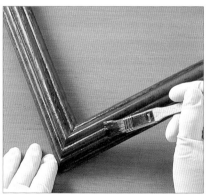

3 晾干后，上一层丙烯酸漆。干透后，再上一至两遍。

用荷兰金箔和漆可以把普通的木框变成奢华的画框。在画框上涂上珐琅漆很有复古的风味。

金箔画框
Gold Leaf Frame

需要准备

- ✂ 打磨好的木质画框
- ✂ 红色氧化底漆喷雾
- ✂ 画笔
- ✂ 水性胶
- ✂ 荷兰金箔
- ✂ 软刷
- ✂ 工业酒精
- ✂ 钢丝绒
- ✂ 旧的硬刷
- ✂ 透明虫胶清漆
- ✂ 橡胶手套
- ✂ 法国珐琅漆
- ✂ 橙色丙烯颜料
- ✂ 软布

1 在画框上均匀地喷上红色氧化底漆，确保画框被漆完全覆盖。

2 涂上一层薄薄的水性胶，除去胶起的泡泡。按照使用说明，等胶变得粘手时，进行下一步。

3 在画框上覆金箔，用软刷轻轻地把金箔刷在画框上，边刷边补充，修补剥落和有缝的地方。

4 包完金箔，用软刷除去多余金箔。将钢丝绒蘸上工业酒精摩擦画框的凸起部分，露出画框基底。

5 为防止金箔变暗，再刷一层虫胶清漆。

6 戴上橡胶手套，用旧硬刷蘸上法国珐琅漆，轻轻拨拉刷子的硬毛，使珐琅漆喷洒在画框上。

7 待漆晾干后，加水稀释橙色丙烯颜料作为釉色，给画框刷上一层釉色。

8 在釉色还未干时，用软布擦去多余的颜料，在细节区域留下一些颜料。晾干。

用简单的蜡画工艺，再涂上裂纹釉彩，就制作出了这个现代感十足的画框。亮彩的画框呈现迷人的风采。

裂纹釉彩画框
Crackle-glaze Frame

需要准备
✕ 打磨好的木质画框
✕ 赭黄色、青绿色、橙色、柠檬绿色和亮粉色乳胶涂料
✕ 画刷
✕ 丙烯裂纹釉彩
✕ 遮蔽胶带
✕ 美工刀
✕ 平头画笔
✕ 粗砂纸
✕ 丙烯酸漆和刷子

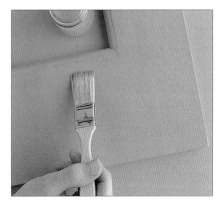

1 在画框上涂两层赭黄色乳胶涂料，每一层都要晾干。刷上裂纹釉彩，晾干。

2 在画框的两个对边上用遮蔽胶带贴出想要的图案。

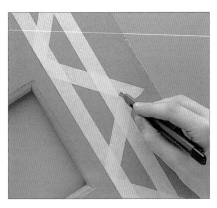

3 用美工刀划去多余胶带，呈现一条直边。

4 在胶带以外的区域涂上青绿色乳胶涂料。横向涂抹，做出裂纹效果。

5 用同样的方法在胶带以内的区域交替涂上柠檬绿色和橙色乳胶涂料。晾干后，小心揭掉胶带。

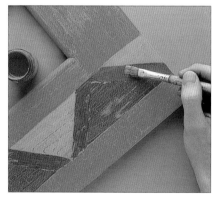

6 用平头画笔在空白处刷上亮粉色乳胶涂料。徒手上色，使画框更有手工感。晾干。

7 用粗砂纸打磨画框，露出一点赭黄色的底。

8 最后，给画框上两遍丙烯酸漆。刷的时候要迅速，注意不要刷得过多，以免裂纹釉彩失去光泽。

使用两三种画框条来制作画框。下面给出了两种选择：黑色画框和原木色画框。

使用装饰框条
Using Decorative Mouldings

需要准备
- ✂手锯
- ✂木器胶
- ✂斜角夹具或斜角盒
- ✂V形钉接合件和V形钉或台钳、镶板钉和钉锤

黑色画框
- ✂1.6m 扭花框条
- ✂80cm 半圆珠框条
- ✂80cm 平框条
- ✂黑色木器颜料或墨水
- ✂刷子
- ✂黑色鞋油
- ✂软布
- ✂鞋刷

原木色画框
- ✂80cm 长的 5mm 方框条
- ✂80cm 长的 1.5cm×2cm 的平框条
- ✂2.4m 装饰框条
- ✂角夹
- ✂聚氨酯漆和刷子

黑色画框

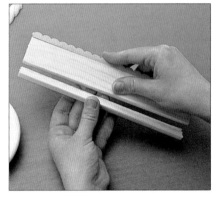

1 用手锯把框条截成 20cm 长。用木器胶把半圆珠框条粘在平框条的一侧，晾干。

2 用斜角夹具或斜角盒和手锯切割框条的斜角边（具体做法见第336页），做好画框。量好长度，切割扭花框条的斜角边，把扭花框条粘在画框上，晾干。

3 用刷子给画框上黑色木器颜料或墨水。

4 颜料干后，用软布给画框上黑色鞋油，用鞋刷将其擦亮。

原木色画框

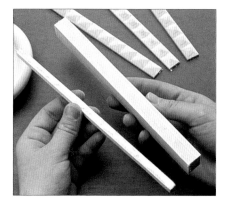

1 用手锯把方框条切割成 20cm 长，把平框条也切割成 20cm 长。把方框条粘在平框条的边上。

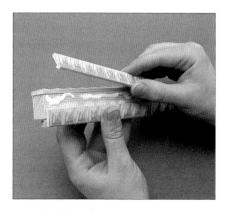

2 切割 12 根 20cm 长的装饰框条，把两根装饰框条粘在加工过的框条的正面边上，一条粘在侧边上，晾干。

3 切割粘好的框条的斜角边。对齐框条的斜角边，粘牢。

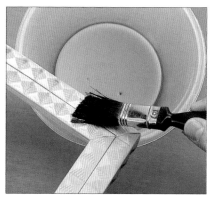

4 至少给画框上一遍聚氨酯漆，突出木框本色。

联格画框是展示藏品的理想饰品。这个三联画框中展示的是压制过的树叶，呈现出一种引人注目的三维效果。完成后，给画框上丹麦木器油。

联格画框
Multi-window Frame

需要准备

- ✂ 卷尺
- ✂ 丁字尺
- ✂ 铅笔
- ✂ 18mm 宽桦木胶合板：2 个 60cm×6cm 的大前板；4 个 13cm×7cm 的小前板；60cm×25cm 的背板
- ✂ 手锯
- ✂ 线锯
- ✂ 中粒度砂纸和细砂纸
- ✂ 软木打磨块
- ✂ PVA 胶和胶刷
- ✂ 自粘胶带
- ✂ 剪刀
- ✂ 小碟
- ✂ 软布
- ✂ 丹麦木器油
- ✂ 橡胶手套
- ✂ 薄布
- ✂ 钢尺
- ✂ 美工刀
- ✂ G 形夹具
- ✂ 钉锤
- ✂ 2.5cm 长的大头钉
- ✂ 环氧树脂胶和刷子
- ✂ 压制过的树叶

1 用卷尺、丁字尺和铅笔测量并标记所要用的框条的长度和宽度，切割好。把切好的木条摆在一起看一下尺寸是否正好。切好背板备用。打磨所有框条的边缘。

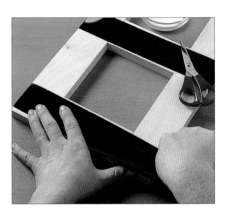

2 用 PVA 胶把框条粘在一起，前后都缠上胶带，固定。用湿布擦去多余的胶，放置一夜晾干。

3 胶干后揭掉胶带。先用软木打磨块裹上中粒度砂纸打磨一遍，再用细砂纸打磨一遍。

4 在小碟里倒入一些丹麦木器油。戴上橡胶手套，用软布蘸上油转圈涂抹木框，再用软布把木框擦亮。

5 在背板的四周涂上大约宽 3cm 的胶水，把薄布贴在上面，然后晾干。

6 用钢尺比着，用美工刀裁去多余的布。

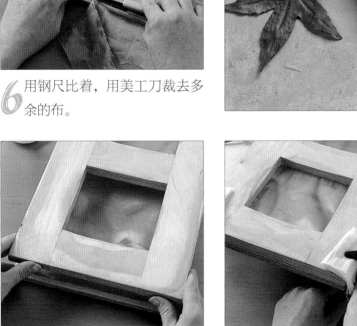

7 在木框的背面涂上胶水，把木框粘在背板上（粘在有布的那一面）。

8 把重物压在木框上，或用 G 形夹具夹紧木框的四个角。注意在重物或夹具的下方放一块布，以免损坏木框表面。用湿布擦去多余的胶，放置一夜晾干。

9 在背板的边缘涂一层丹麦木器油。在每个画窗的中心钉一个大头钉，留 1cm 在外面。在钉头上涂一些环氧树脂胶，把树叶放在上面。

博古框（多格画框）最适于陈列像装饰品、珠宝、徽章这样的小物件，可根据你的陈列品来决定间隔的大小。

博古框
Multi-box Frame

需要准备

- ✂ 30mm×5mm 的长板条
- ✂ 铅笔
- ✂ 小号钢锯
- ✂ 钢尺
- ✂ 木器胶
- ✂ 平头钉
- ✂ 锤子
- ✂ 硬木板
- ✂ 线锯
- ✂ 白色丙烯酸底漆
- ✂ 画笔
- ✂ 各色包装纸
- ✂ 遮蔽胶带
- ✂ PVA 胶和刷子
- ✂ 黄色和蓝色丙烯颜料
- ✂ 30mm×2mm 的长板条
- ✂ 小块印度水烟玻璃

1 用厚长板条裁出矩形的四条边。用木器胶把它们粘起来，并用平头钉固定。

2 截取一块硬木板作为背板，并在背板的光面涂上丙烯酸底漆。晾干后，把背板粘在矩形框架上，用钉子固定。

4 用木器胶把间隔条粘在框架内，先用遮蔽胶带固定位置，再抹胶。

5 先在分格里抹上 PVA 胶，然后把包装纸撕成条，粘在分格内。将浅色的纸覆在深色的上面，形成纵深感。

3 确定间隔的大小，锯薄长板条做间隔条。

6 再小心给分格上黄色丙烯颜料，晾干。

7 用木器胶把薄长板条粘在框架上，形成槽边。晾干。

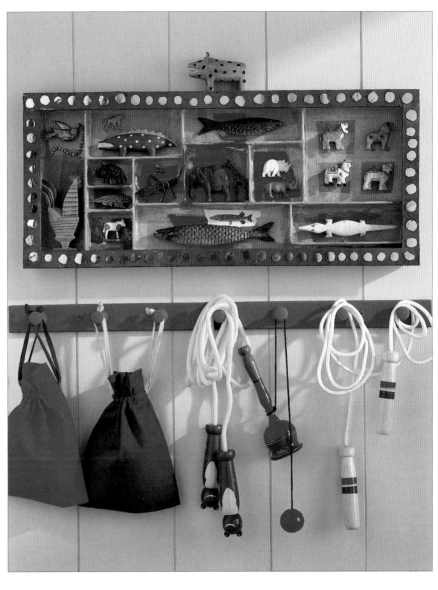

8 用PVA胶把蓝色包装纸粘在槽边上。

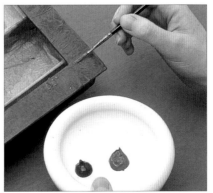

9 用蓝色丙烯颜料轻轻地给槽边上色。晾干。

10 在槽边上粘一些小块印度水烟玻璃，把你的收藏放进格子内，用胶固定。

旧木头有着自然的磨损纹理和厚重感。这款画框没有光泽，却呈现出自然粗糙的质感和现代艺术的感染力。

旧木画框
Reclaimed Timber Frame

需要准备

- 旧木头：纵板，62cm×10cm；横板，18cm×10cm
- 卷尺
- 铅笔
- 手锯
- 砂纸
- 54cm×28cm 的硬木板
- 线锯
- 织物胶和刷子
- 黑毛毡
- 装饰纸
- PVA 胶和刷子
- 粉笔
- 锥子
- 14 个 2.5cm 长的螺钉
- 螺丝刀
- 锤子
- 4 个回收的铁片
- 8 个 2.5cm 长的镀锌钉
- 5mm 深的嵌条
- 画框里放的自然物品

1　测量横边和纵边的长度和宽度，将木头用手锯切割好。轻轻打磨见光边。按尺寸裁切硬木板，用织物胶把黑毛毡粘在硬木板背面，在正面贴上装饰纸。

2　用粉笔标出上螺钉的地方。把木条翻过来拼好，用锥子在硬木板上钻孔，再用螺钉把硬木板和木框固定在一起。

3　把画框翻到正面，用镀锌钉把回收的铁片钉在木框上。

4　把嵌条截成小块，蘸上PVA胶粘在画框内，再把自然物品粘在嵌条上，这样画框就会呈现三维的视觉效果。

在这类画框中，画作的边缘和画框齐平，留出一定的缝隙使画作更有进深感。要选择和油画相配的颜色给画框上色。

油画装裱
Framing a Canvas

需要准备

- ✕ 卷尺
- ✕ 油画
- ✕ 铅笔
- ✕ 打磨好的木质画框
- ✕ 黑色和深蓝色水粉颜料
- ✕ 画笔
- ✕ 碗
- ✕ 布
- ✕ 2.5cm 宽、5mm 厚的木条
- ✕ 手锯
- ✕ 硬纸板
- ✕ 线锯
- ✕ 黑色乳胶涂料
- ✕ PVA 胶和刷子
- ✕ 射钉枪
- ✕ 平头钉和钉锤（非必需）
- ✕ 锥子
- ✕ 1cm 长的螺钉
- ✕ 螺丝刀
- ✕ 自粘胶带
- ✕ 美工刀

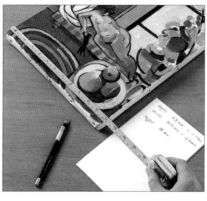

1 测量一下油画的尺寸。画框的横边和纵边要比油画的横边和纵边各长 1cm，这样油画就可以正好卡在画框中，并在四周留出 5mm 的间隙。量一下油画（包括衬板）的厚度，选择合适的画框。

2 取两份深蓝色水粉颜料和一份黑色水粉颜料调色，再加入四份水，用画笔搅匀，颜色呈不透明状。给画框上色，晾干。

3 把画框翻过来放在布上。测量画框内部的纵边和横边，依据此尺寸测量、制作背板和缘条。

4 给缘条的一面和侧边涂上黑色乳胶涂料，背板的四周涂宽约 5cm 的黑色条带。晾干，给油画的边缘上色。

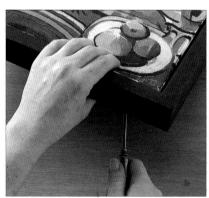

5 缘条晾干后，在未上色的那一面涂上 PVA 胶，粘在画框的内边上。

6 缘条固定好后，给背板上色，用射钉枪把背板固定在画框上，也可以用平头钉和钉锤固定背板。

7 把油画放在画框内，用锥子在油画的四个角分别钻一个孔。再在背板上用螺钉固定油画。最后，在画框后贴上胶带。

如果要装裱的画很简单朴素，那么就可以在画框上嵌入一些有趣的元素。选择厚的木框，这样就可以在上面凿出图案。

嵌饰画框
Decorative Insets

需要准备

- 打磨好的木质画框
- 钢尺
- 软芯铅笔
- 美工刀
- 凿子和锤子
- 中粒度砂纸和细砂纸
- 软木打磨块
- 软布
- 橡胶手套
- 橄榄绿色油画颜料
- 黑色纸板
- 切割垫
- PVA 胶和刷子
- 2mm 厚的玻璃
- 玻璃刀
- 丁字尺
- 金属箔
- 玻璃蚀刻剂
- 防护面罩
- 遮蔽胶带
- 鹅卵石和其他装饰物
- 环氧树脂胶

1 用钢尺和软芯铅笔在画框中部画一些长方形和正方形。

2 用美工刀和钢尺描刻画好的形状。按照这些形状凿刻，要凿得深一些，否则玻璃就会凸出来。

3 使用软木打磨块裹上中粒度砂纸打磨画框，再使用细砂纸打磨一遍。

4 戴上橡胶手套，用软布蘸上橄榄绿色油画颜料给画框上色。裁好黑色纸板，放入凿好的图形中，用胶固定。

5 用丁字尺和玻璃刀切割好凿槽的玻璃。可以在一些玻璃上粘金属箔，也可用玻璃蚀刻剂蚀刻玻璃，但玻璃仍要透光，使人能看清下面的装饰物。在通风处戴上防护面罩操作。

6 选择放入凿槽中的装饰物。使用鹅卵石时，先用遮蔽胶带粘住玻璃的两边，中间留缝，再喷上玻璃蚀刻剂，手握喷剂离玻璃约20cm。蚀刻剂干后，揭去遮蔽胶带。

7 用黑色纸板裁一些尺寸合适的缘条，粘在凿槽内缘。

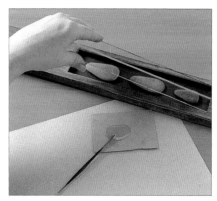

8 用环氧树脂胶把鹅卵石粘在凿槽内，把玻璃粘在缘条上。

9 在其他凿槽内放入其他装饰物。如果装饰物是扁平的，就用PVA胶粘在玻璃上，这样，胶干后，装饰物就会呈现半透明状。

用两种漆就可以制作出裂纹效果，一种是慢干漆，一种是快干漆。把慢干漆涂在已经干的快干漆上，就会有裂纹效果。

裂纹画框
Craquelure Frame

需要准备

✂ 2.5cm 宽的扁平头的黑貂毛画笔
✂ 白色水粉颜料
✂ 打磨好的木质画框
✂ 细砂纸
✂ 2.5cm 宽的扁平油画笔
✂ 双层裂纹漆
✂ 布
✂ 透明喷漆
✂ 调色盘
✂ 橄榄绿色油画颜料

1 用扁平头的黑貂毛画笔给木框上四层白色水粉颜料，晾干之后，再上下一层。用砂纸打磨画框。在画框上喷一些透明喷漆，以减少画框表面对颜料的吸收。

2 先用油画笔给画框上第一层裂纹漆，等漆变得有些粘手后，再上第二层裂纹漆。1h 后就会出现裂纹。放置一夜晾干。

3 手指裹上布蘸橄榄绿色油画颜料给画框上色，使颜料渗入裂纹中。然后用布擦去颜料，这样颜色就留在裂纹中了。

镜面是由玻璃裹了金箔或银箔而形成的，它散发着神秘的气息。
这个工艺是以18世纪的艺术工匠尚－巴提·格鲁米的名字命名的。

镜面画框
Verre Eglomise Frame

需要准备

- ✂ 2.5cm 宽的扁平油画笔
- ✂ 橡胶手套
- ✂ 抛光剂
- ✂ 打磨好的木质画框
- ✂ 海绵
- ✂ 黑色氧化剂
- ✂ 抛光工具
- ✂ 软布
- ✂ 工业酒精
- ✂ 明胶胶囊
- ✂ 玻璃
- ✂ 玻璃碗
- ✂ 深盘
- ✂ 白金箔
- ✂ 镀金刀
- ✂ 镀金衬垫
- ✂ 2.5cm 宽的扁平头的黑貂毛画笔
- ✂ 水壶
- ✂ 镀金管
- ✂ 棉球
- ✂ 浮石粉（0003 级）
- ✂ 防护面罩
- ✂ 黑色喷漆

1 戴上橡胶手套，用油画笔把抛光剂涂在画框上。用海绵摩擦抛光剂，这样画框表面就会出现纹理。放置 30min 晾干。再涂一层抛光剂，放置一夜晾干。

2 在画框上涂一层黑色氧化剂，然后擦掉。氧化剂会留在纹理里，这样就会呈现陈旧感。放置一夜晾干。

3 用抛光工具给画框抛光，使其富有光泽。

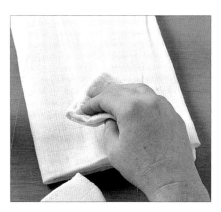

4 为了制作镜面，先用软布蘸工业酒精彻底清除玻璃上的油污和灰尘。

5 在玻璃碗里放半个明胶胶囊，再加入一点沸水。当明胶胶囊完全溶解后，加入300mL冷水。

6 把玻璃倾斜45°放入深盘中，这样溶液就会流进盘里。用镀金刀把白金箔割成小块。用扁平头的黑貂毛画笔把明胶溶液刷在玻璃上，立刻铺上白金箔。

7 在玻璃上贴满白金箔，晾干。如果白金箔闪亮，表明已经干了；如果没有光泽，那就是还没干。

8 手握贴了白金箔的玻璃离沸水壶的蒸汽20~25cm远，热固白金箔，晾干，用棉球去除多余的白金箔。

9 把浮石粉撒在白金箔上，用手指轻轻地摩擦，这样更有古旧的风味。完成后，刷去白金箔上多余的浮石粉。

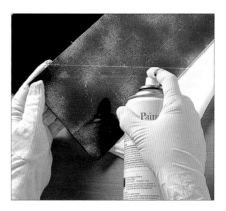

10 戴上橡胶手套和防护面罩，手持黑色喷漆离玻璃20~25cm远把漆喷在玻璃的贴金表面上，晾干。把贴金玻璃放入画框中，这样就完成了。

钢笔画作为一种消遣艺术，流行于 18 世纪末期。这种精巧的黑色装饰物是用黑色墨水把图案描在白色的画框上而完成的。

墨画画框
Ink Penwork Frame

需要准备

- ✂ 画笔
- ✂ 亚克力石膏粉
- ✂ 打磨好的木质画框
- ✂ 中粒度砂纸和细砂纸
- ✂ 白色丙烯颜料
- ✂ 描图纸
- ✂ 图案
- ✂ 遮蔽胶带
- ✂ 软芯和硬芯铅笔
- ✂ 黑色细头记号笔
- ✂ 黑色乳胶涂料
- ✂ 防护面罩
- ✂ 透明喷漆
- ✂ 2.5cm 平头漆刷
- ✂ 虫胶清漆

1 给画框上四层亚克力石膏粉，逐层晾干。先用中粒度砂纸再用细砂纸打磨画框。然后给画框上四层白色丙烯颜料，每层晾 5~10min，再涂下一层。把描图纸放在图案上，用遮蔽胶带固定，用软芯铅笔描图。

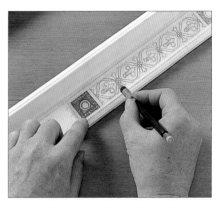

2 把软芯铅笔描的那一面朝下放在画框上，用遮蔽胶带固定好。再用硬芯铅笔描一遍图案，这样图案就会印在画框上。

3 把描图纸揭掉，用黑色细头记号笔描图案，再用黑色乳胶涂料填涂槽边。

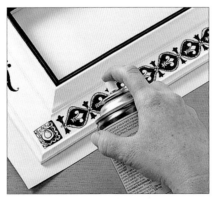

4 墨画完成后，喷上一层透明喷漆。戴上防护面罩，手持透明喷漆离玻璃 20~25cm 远把漆喷在画框上。晾干。

5 用平头漆刷在画框上涂四层虫胶清漆。每层晾 30min，再涂下一层。虫胶清漆会使画框呈现象牙白色的陈旧感。

这种工艺是用热熔枪在画框上烙出图案。建议使用橡木或白蜡木之类的密纹木材，这样烙出的图案才不会扩大。最后用罐装蜡给画框抛光。

烙痕画框
Scorched Frame

需要准备

✂ 厨房用锡箔
✂ 白色瓷器描笔
✂ 美工刀
✂ 橡木或白蜡木画框
✂ 热熔枪
✂ 粗、细砂纸
✂ 防护手套
✂ 富铁黄土颜料
✂ 透明蜡
✂ 软布

1 用白色瓷器描笔在锡箔上画出图案，用美工刀把图案裁下来。把锡箔图案放在木框上，戴上防护手套，手持热熔枪，离木框10~15cm远灼烧图案。

2 先用粗砂纸打磨烙痕，再用细砂纸打磨一遍。

3 把富铁黄土颜料和透明蜡混合，混合比例为每1.5mL富铁黄土颜料加入15mL透明蜡。

4 用软布把混合物涂在画框上。

5 用干净的干布打磨蜡层，使画框富有光泽。

陶瓷彩绘

Decorating Tiles and Ceramics

　　可根据需要，用多种不同的方法装饰陶瓷制品。白瓷盘、白瓷碗或白瓷砖都是完美的画布。无需经过专门的美术训练，也不需要是专业的画师，你就可以在陶瓷制品上画出美丽的图案。拿起调色盘和画笔，将你的构思付诸笔端吧！

陶瓷彩绘中所需的各种材料都可以在美术商店买到。有些物品可以使用家里现有的工具，而颜料等材料则需到专业商店购买。

材料
Materials

等。可用松节油去除图画和画笔的颜料。可溶性颜料至少要放置 24h 才能干透。在颜料上涂漆可以避免脱色。

水性陶瓷颜料

这种颜料色彩丰富，主要用于给陶瓷上釉。可水洗，呈现出浓烈的、不透明的平面色彩效果。绘画完成后要立刻用温水清洗画笔。颜料要晾大约 3h，在完全干透之前不要进行烘烤，以免颜料鼓泡。烘烤成品会使色泽持久，可在洗碗机中使用。把成品放入冷的烤炉中，烘烤结束后，等成品完全冷却再取出。要根据颜料说明中的烘烤温度和时间进行烘烤，为防止过度烘烤使颜色变暗淡，要先做颜色的烘烤试验。

珐琅颜料

这种颜料并不仅用于陶瓷器皿。它颜色多样，晾干后色泽持久。由于含铅，所以不能用来制作盛放食物的器皿，只在装饰器皿上使用。

遮盖液

水粉画遮盖液用来遮盖不需作画的区域。要涂在干爽、干净的器皿表面。在作画之前要等遮盖液干透。

聚氨酯漆和釉料

可用扁平的刷子将漆均匀地刷在陶瓷的表面。刷漆的层数越多，成品就越防水耐用。注意要薄薄地上漆，并且每遍漆之间至少要间隔 4h 使漆干透。聚氨酯漆不适宜涂盛食物的器皿，如碗、盘和茶杯。

可溶性陶瓷颜料

这种颜料颜色多样，可表现出不同的绘制效果，如水洗效果

陶瓷彩绘不需要什么特殊的昂贵的工具。事实上，这里大部分都是我们家里日常用到的工具。

工具
Equipment

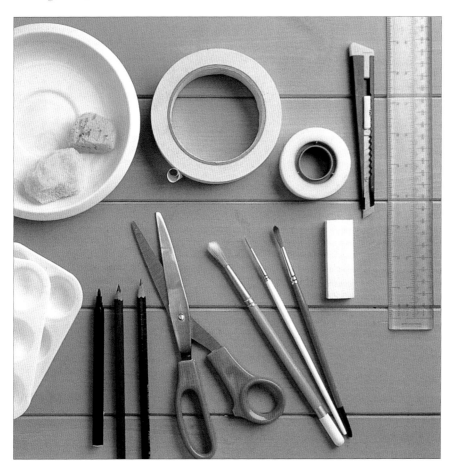

画笔
用细头画笔绘制细节，用扁平软头画笔上色。

调色盘
用来混色或盛放颜料。

铅笔和水笔
硬芯铅笔用来描画，软芯铅笔可直接在陶瓷上绘制。

图案模具
重复的图案可使用图案模具。

尺子或直尺
塑料尺适用于测量，钢尺适用于剪裁。

剪刀
用于修剪图样。

切割垫
用美工刀切割纸张时可保护工作台面。

漏印板
这种含有亚麻油的马尼拉纸板可防水。

描图纸
和复写纸一起使用，用来把画稿转印到瓷器上。

松节油
用来清洗画笔、擦除画错的部分以及淡化颜色。

复写纸
使用复写纸可以把画作转印到瓷器上。复写面朝下和陶瓷面接触，先把描图纸粘在复写纸上，再把图案转印到瓷器上。

透明胶带
用于把画稿粘在瓷器上。

美工刀
配合金属直尺和切割垫一起使用，用来切割纸张和纸板。

遮蔽膜
这种透明的膜可以自动附着在物体上，背面涂有蜡层，很容易剥落。可把它覆盖在留白的区域。

海绵和人造海绵
用来绘制出均匀的或是肌理性的绘画效果。

遮蔽胶带
用来固定模具和遮蔽陶瓷上的部分区域。

制作本章中的饰品不需要特殊的技巧，但在开始绘制前要多加练习。下面列出的技巧在绘制时十分有用。

基本技巧
Basic Techniques

清洁瓷器

在绘制前要清洁瓷器上看不见的污迹。松节油、打火机油、清洁液、工业酒精等都是很好的清洁剂。使用这些清洁剂时要远离明火。

安全饮用线

确保在安全饮用线内不要做任何绘制。绘制要距离玻璃杯口、碗口至少3cm。如果绘制超过安全饮用线，就要对瓷器进行烧制。

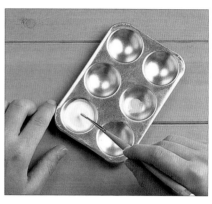

绘画

绘制瓷器可使用水性或油性颜料。需要注意的是，水性和油性颜料不能混合使用。绘制完成后要彻底清洗画笔。

使用画笔

根据图案来选择合适的画笔。图案较长的区域要用长柄画笔，面积较大的区域用大画笔，精细的线条用细头画笔。

水洗效果

用松节油和油性颜料可以画出水洗的绘画效果。水性颜料加水也可画出水洗效果。

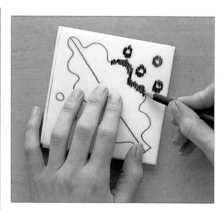

转印图案

裁一块和瓷砖一样大小的描图纸，把图案画在描图纸的中央，然后开始转印：将图案面向下放在瓷砖上，对齐各边。用硬芯铅笔沿图案反复涂写，将图案转印到瓷砖上。

画空白线条

如果想在瓷器上画出空白线条，要首先涂上遮盖液，再涂颜料。等颜料干透后，就可以用尖头的美工刀把凝固的遮盖液轻轻揭起来，露出白色的线条。

使用遮盖液

在纯白盘上涂遮盖液时，可以先在遮盖液中加入水性颜料，这样，揭起来的时候就容易看清楚。

使用海绵

用海绵作画时，用美工刀把海绵切成整齐的小方块。应多准备一些海绵块，以备替换使用。

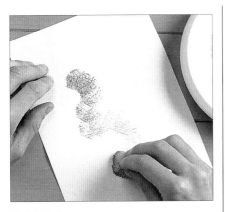

海绵试色

用海绵在瓷器上作画前，应先在纸上进行试色，防止海绵过于饱和，造成颜料溢出，影响绘画效果。

丰富海绵画效果

可用海绵制作出层叠图案和色彩的绘画效果。在第一层颜料干透之后，才能继续涂第二层颜料。

绘画棒

在绘制瓷器之前要在草纸上试色。使用时，轻轻转动绘画棒使着色均匀。

切割瓷砖　　　　把完整的瓷砖放在墙上，算好切割尺寸和块数，进行切割。下列步骤对初学者很有用。

1 用手动瓷片切割器切割所需尺寸时，要扣除2mm的切割损耗。画出切割线，用钢尺压住切割线，然后用切割器一次性地划透瓷砖的釉面。

2 戴上护目镜和防护皮手套。切割时，切割齿要咬在最边缘切割痕上，捏紧手柄，这样瓷砖就一分为二了。

3 用手动瓷片切割器切割迅速准确，可用来切割5mm厚的瓷砖。调至所需宽度，迅速压下手柄，这样瓷砖上就会出现一条切割痕。沿切割痕敲分瓷砖。

4 戴上防护面罩、护目镜和防护皮手套，用瓷砖锉锉平瓷砖的切割边。

右图：瓷片切割器、灰浆、瓷砖、直尺和所需的其他瓷片切割工具。

混合灰浆

为灰浆上色时，整个过程中要使灰浆和上色剂充分混合，因为再次混色时很难和颜色搭配。

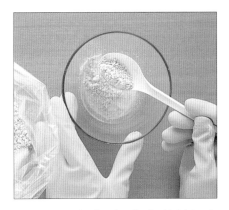

1 在混合灰浆时，把灰浆粉加入适量的水中，而不要把水倒入灰浆粉中，这样可以防止灰浆粉结块，使灰浆粉与水充分混合。混合时，要戴上护目镜、防护面罩和橡胶手套。

2 在加水之前可以用灰浆上色剂给灰浆上色。穿上防护衣，按照使用说明上的比例加水混合。

除油

很多人都愿意直接在瓷砖上作画，不过为了保证均匀的绘画效果，应先清洗瓷砖。在绘制前，用一份大麦醋和十份清水混合来清除瓷砖上的油脂和手印。

下图：可用一块彩绘的瓷砖来装饰整面普通的瓷砖墙。

这种颜色明快的陶瓷饰品是基于墨西哥风格的一款基本设计。你很快就能绘制出一套这种简单的图案。这套设计可以为厨房的墙壁增添明快的色彩。

墨西哥风格瓷砖
Mexican Folk Art Tiles

需要准备

- ✂ 软芯铅笔
- ✂ 纯白瓷砖
- ✂ 中号和细头画笔
- ✂ 调色盘
- ✂ 无毒水性冷固型陶瓷颜料

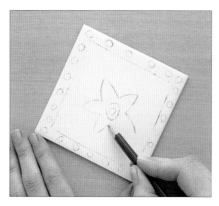

1 用软芯铅笔在瓷砖上画一朵简单的花朵和小圆圈装饰边。

2 用中号画笔给花瓣上色，花朵中心点上圆点作为花蕊。

3 给装饰边上深色，小圆圈不上色。用细头画笔在小圆圈中间点上不同的颜色，晾干。

孩子们一定会喜欢这种可爱的字母瓷砖的。可把它们作为卧室或是活动室的装饰板或装饰墙围。不妨随意排列这些字母瓷砖，或用它们拼出名字。要使用无毒陶瓷颜料。

字母瓷砖
Alphabet Tiles

需要准备
- 黑色细头记号笔
- 干净的纯白瓷砖
- 细头和中号画笔
- 黑色无毒水性冷固型陶瓷颜料
- 调色盘

1 用黑色细头记号笔在瓷砖上画出字母的轮廓线，使字母的顶边、底边与瓷砖的边缘重合。用细头画笔蘸上黑色颜料勾勒出字母的轮廓，晾干。

2 如图所示，用中号画笔画出黑白相间的色条。

3 字母留白，其他部分用圆点、色块和细线条装饰，晾干。

蜡印陶瓷简单便捷。这些简单的柠檬图案很好地装饰了果碗，只用两三种颜色就可做出丰富美丽的效果。

水果图案果碗

Citrus Fruit Bowl

需要准备

- ✂ 软芯铅笔
- ✂ 描图纸
- ✂ 遮蔽胶带
- ✂ 蜡印卡
- ✂ 美工刀
- ✂ 纯白色果碗
- ✂ 切割垫
- ✂ 布
- ✂ 清洁液
- ✂ 黄色瓷器描笔
- ✂ 果绿色、绿色、深绿色和黄色水性陶瓷颜料
- ✂ 调色盘
- ✂ 画笔
- ✂ 丙烯酸漆（非必需）

1 在描图纸上手绘一个柠檬图案，然后把描图纸粘在蜡印卡上，转印下图案。把蜡印卡放在切割垫上，用锋利的美工刀小心地裁出柠檬图案。

2 清洗白碗，用遮蔽胶带把蜡印卡粘在碗上。用黄色瓷器描笔沿图案边缘把图案画在碗外壁上。用此方法把柠檬图案画满碗的整个外壁。

3 用画笔给柠檬涂上果绿色颜料，待颜料干透，用绿色颜料给柠檬加亮，再晾干。

4 用深绿色颜料画出柠檬的果柄，晾干。

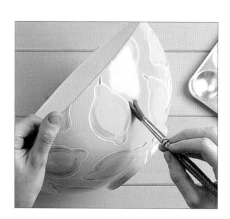

5 用黄色颜料涂满背景，为了突出图案效果，柠檬边缘要留出白线。最后，用干净的刷子给上过色的碗涂上丙烯酸漆，或按颜料的使用说明将碗放在烤炉里烘烤。

在厨架上放这么一套水杯将会多么令人高兴啊。通过在普通的白色水杯上画画，你可制作出可爱的有个人风格的水杯。

海绵画印花水杯

Stamped Spongeware Mugs

需要准备

- 圆珠笔
- 厨房用纤维海绵
- 剪刀
- 万能胶
- 波纹纸板
- 深蓝色和深绿色陶瓷颜料
- 调色盘
- 厨房用纸
- 干净的白色瓷杯
- 遮蔽胶带
- 美工刀
- 黑色细头记号笔
- 小块化妆海绵

1 在海绵上画只螃蟹。剪下螃蟹图案，把它粘在波纹纸板上。蘸上深蓝色颜料，用厨房用纸吸去多余颜料。再把图案均匀地印在瓷杯上，晾干。

2 在水杯底缘贴上遮蔽胶带，用黑色记号笔在胶带上手绘出装饰带。用美工刀小心地把装饰带下缘的胶带切掉。

3 用化妆海绵修饰装饰带，为了加深颜色，可同时使用深蓝色和深绿色颜料。给水杯手柄上色，其他水杯可绘制同一主题的图案。揭去遮蔽胶带。

这个精致的雪花盘作为冬季的装饰品确实非常美丽，而且轻轻松松就可以绘制出这种雪花图案。不妨绘制尽可能多的不同的雪花图案。

海绵画雪花盘
Sponged Snowflake Plate

需要准备
- ✂ 素瓷盘
- ✂ 清洁液
- ✂ 布
- ✂ 铅笔
- ✂ 杯子
- ✂ 遮蔽膜
- ✂ 剪刀
- ✂ 美工刀
- ✂ 切割垫
- ✂ 海绵
- ✂ 调色盘
- ✂ 冰蓝色、深蓝色和金色水性陶瓷颜料

1 清洗盘子。把杯子扣在遮蔽膜上，剪出七个杯口大小的圆形。对折圆形。将每个半圆折两次，形成三个相等的部分，将每个部分对折，形成一个扇形。

2 在纸上画出雪花图案并剪出来。注意，剪纸过程中不要把图案剪断。剪出七个不同的雪花图案。展开这些图案，揭掉遮蔽膜的背层，把图案贴在盘子上。

3 用海绵蘸上冰蓝色颜料涂满整个盘子，晾干。再用深蓝色颜料涂抹盘子的内外边缘，晾干。然后点涂金色颜料突出绘画效果。揭掉雪花图案遮蔽膜。

有着浅浮雕装饰带的陶瓷制品是彩绘的理想材料，就像儿童的涂色书一样，所有图案都已经给出，只需给图案上色即可。上色时要注意分辨图案，避免上错色。

浅浮雕花插瓶
Low-relief Ceramic Pitcher

需要准备

✂ 有着浅浮雕装饰带的素白花插瓶
✂ 中号和细头画笔
✂ 明黄色、金黄色、浅绿色、绿色和
    深绿色可溶性陶瓷颜料
✂ 聚氨酯漆或陶瓷专用釉料

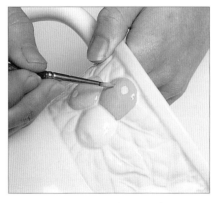

1 给花插瓶上的柠檬果皮上明黄色。一组给两个柠檬上明黄色，另一组给一个柠檬上明黄色。柠檬旁留出白线，籽留白。晾干。

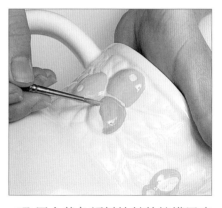

2 用金黄色颜料给其他柠檬果皮上色，丰富图案的色彩层次。柠檬旁同样要留出白线，晾干。

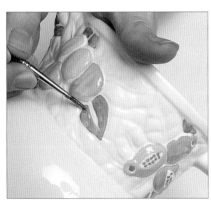

3 给三分之一的柠檬叶片上浅绿色。叶柄留白，每个叶片间要留白线，晾干。

4 给其他叶片上色时，交替使用不同深度的绿色颜料，晾干。给柠檬籽上浅绿色。

5 用明黄色颜料给花插口边缘上色，下边缘与浮雕间留白线。最后，给绘制好的花插瓶上聚氨酯漆或陶瓷专用釉料。

这种奇异的爱神图案花砖可以使墙壁充满欢愉的气息。在锡釉砖上画出色彩明亮而又浪漫的爱神图案很简单。

爱神花砖
Cherub Tiles

需要准备
✕ 铅笔
✕ 描图纸
✕ 4块素白方瓷砖
✕ 细头画笔
✕ 深蓝色、黄色和红色无毒水性冷固型陶瓷颜料
✕ 调色盘

1 从书后描下图案，并用描图纸放大图案。用铅笔把图案转印到四片方瓷砖上。

2 用深蓝色颜料勾勒图案的主线条。如要突出线条，按颜料说明烘烤绘制好的方瓷砖。

3 用黄色颜料给爱神的翅膀、头发和衣带上色，晾干，再涂一层红色颜料使色调变暗。再次烘烤瓷砖，避免脱色。

4 用稀释的蓝色颜料给爱神的脸部、身体画上阴影，然后给需要上更多蓝色颜料的地方上色。在瓷砖的角上徒手画上简单的图案，再进行最后一遍烘烤。

这种具有 15 世纪意大利北部乌尔比诺风格的花瓶图案色彩明快。

意大利锡釉瓶花砖
Majolica Tile

需要准备

- ✂ 描图纸
- ✂ 铅笔
- ✂ 细头画笔
- ✂ 干净的素白瓷砖
- ✂ 黄色、橙色、品蓝色、白色、浅绿色和深绿色无毒水性冷固型陶瓷颜料
- ✂ 调色盘
- ✂ 水性丙烯酸漆

1 描下书后的花瓶图案，如有需要，放大图案。把图案转印到瓷砖上。用细头画笔描绘图案，以每种颜色最淡的色调开始描。

2 分别给花朵、花柄和叶子上色，等一种颜色干透后再上另一种。混合白色和橙色颜料，涂出浅色的花瓶阴影，并为花瓶的顶部和底部上色。用深橙色颜料给花心和花瓶的其他部分上色。

3 用品蓝色颜料勾勒花和花瓶的轮廓。绘制花瓶的把手和头状花序的细节。晾干后，上两遍丙烯酸漆。注意，等一层漆干透后再上另一层。

使用陶瓷颜料绘制的拜占庭艺术风格花砖极具异国情调，色彩丰富绚丽。这个小鸟图案最早出现在一块用珠宝装饰的景泰蓝珐琅板上。

拜占庭鸟图花砖
Byzantine Bird Tile

需要准备
- ✂ 描图纸
- ✂ 铅笔
- ✂ 干净的素白瓷砖
- ✂ 各种颜色的无毒水性冷固型陶瓷颜料
- ✂ 调色盘
- ✂ 细头画笔
- ✂ 金色记号笔

1 从书后描下小鸟图案，可根据需要放大图案，然后将图案转印到瓷砖上。用亮色先绘制鸟头和鸟腿，再绘制羽毛。

2 用选定的颜色绘制植物，静置晾干。

3 用金色记号笔勾勒已上色的部分。最后，在鸟的羽毛和植物上画金色装饰。

有了不干胶贴纸的帮助，在茶杯上着色和手绘凸起的小圆点就容易多了。

叶状图案茶杯和茶托

Leaf Motif Cup and Saucer

需要准备

✂ 白色茶杯和茶托
✂ 清洁液
✂ 布
✂ 棉球
✂ 铅笔
✂ 纸
✂ 剪刀
✂ 不干胶贴纸
✂ 绿色水性陶瓷颜料
✂ 中号画笔
✂ 吹风机（非必需）
✂ 美工刀
✂ 丙酮（非必需）
✂ 银色丙烯颜料和管嘴软管

1 用清洁液、布和棉球清除瓷器上的油污。在纸上手绘出叶片和圆形并剪下，把叶片和圆形描在不干胶贴纸上并剪下来，揭掉不干胶贴纸背面的一层，把图案均匀地贴在瓷器上。

2 瓷器的其他部分涂上绿色水性陶瓷颜料。为了保证颜色一致，多上几层颜料，茶托的中心留白。上色时，一层干透后再上另一层，为了提高速度，可用吹风机吹干。

3 为了保证图案边缘整齐，先用美工刀小心地剥离颜色和图案粘连的部分，再揭掉贴纸。

4 用棉球蘸上水或丙酮去除图案上的污点。在圆形的中心画上绿色的细线。

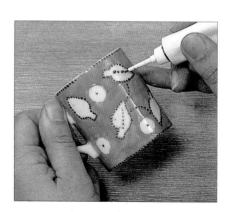

5 把银色丙烯颜料装入管嘴软管内，挤出点状图案来勾勒叶片的轮廓和叶脉。静置36h后，按使用说明烘烤。成品经久耐用，但不要使用洗碗机洗涤。

彩绘香料储存罐可以用来搭配你的厨房的装饰风格，可在每个罐子的色板上写上所要储存的香料的名称。

厨房香料储存罐

Kitchen Herb Jars

需要准备

✂ 描图纸
✂ 软芯铅笔
✂ 复写纸
✂ 遮蔽胶带
✂ 6 个素白香料罐
✂ 清洁液
✂ 布
✂ 蓝色瓷器描笔
✂ 蓝色、柠檬绿色、深绿色和蓝绿色水性珐琅颜料
✂ 调色盘
✂ 画笔
✂ 没水的记号笔

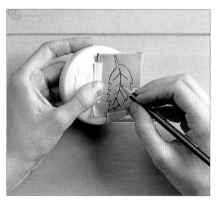

1 在两片描图纸上分别画出一大一小两片树叶。用遮蔽胶带把图案粘在复写纸上，复写面朝下。

2 清洗香料罐。用铅笔描绘图案的轮廓，把大树叶图案转印在罐盖上，每个盖子上转印两个。

3 在罐体不同的位置印上小树叶图案。在中间留出色板的位置。

4 在留出的位置上用蓝色瓷器描笔手绘一个椭圆形，给椭圆形涂上蓝色颜料。

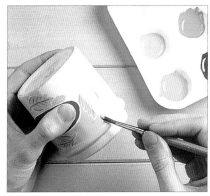

5 在蓝色颜料干透之前，用一支没水的记号笔在上面画一个标记或图案，也可以写上香料的名称：用笔尖刮去蓝色颜料，露出下面的白色瓷器。

6 给叶片上柠檬绿色，晾干。用深绿色颜料勾勒叶脉，晾干。

7 用蓝绿色作为背景色，注意图案之间要留白线。用相同的方法给盖子上背景色，晾干。用互补色给罐子的其他部分上色。

用白瓷砖制作出的引人瞩目的壁画——蓝白色的构图、简洁明快的线条，看起来很有日本艺术风味。

海鱼陶瓷壁画

Maritime Tile Mural

需要准备

✂ 软芯和硬芯铅笔
✂ 描图纸
✂ 遮蔽胶带
✂ 4 个干净的 15cm 见方的素白瓷砖
✂ 蓝色、深蓝色和黑色无毒水性冷固型陶瓷颜料
✂ 调色盘
✂ 瓷器描笔
✂ 小号细头画笔

1 从书后描下图案，如有需要，放大图案。把四块瓷砖拼起来，将图案粘在四块瓷砖中央，用硬芯铅笔把图案转印到瓷砖上。

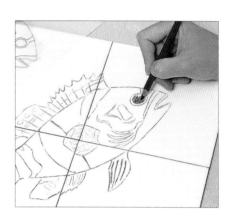

2 用蓝色瓷器描笔再次加深印好的图案线条。根据给出的成品图，手绘壁画的装饰带和鱼的其他细节。

3 先用蓝色颜料给鱼身主体上色。在上色过程中，不要移动拼好的瓷砖。

4 细节和装饰带用深蓝色，鱼鳞用黑色。按照使用说明使颜料固着。可以轻柔地清洁壁画。

用富有想象力的海洋主题图案装饰白色的皂盒和牙刷架，会使你的浴室焕然一新。

海滨浴室多件套
Seashore Bathroom Set

需要准备
- ✂ 素白皂盒和牙刷架或牙杯
- ✂ 清洁液
- ✂ 描图纸
- ✂ 软芯和硬芯铅笔
- ✂ 复写纸
- ✂ 白纸
- ✂ 剪刀或美工刀
- ✂ 遮蔽胶带
- ✂ 布
- ✂ 喷胶
- ✂ 蓝色、象牙白色、柠檬黄色、蓝绿色、粉色、白色和深蓝色水性珐琅颜料
- ✂ 调色盘
- ✂ 中号和细头画笔

1 清洗瓷器。从书后描下图案，必要时可放大。把图案转印在白纸上。在白纸背面喷上胶水，粘在复写纸上。剪下图案，图案边缘留白。把图案连同复写纸（紧贴瓷器）粘在瓷器上，用硬芯铅笔在瓷器上描图。揭去图案和复写纸。

2 用中号画笔画出皂盒的装饰带，背景上蓝色。待干透后，用粉色、象牙白色、蓝绿色、柠檬黄色颜料给鱼和贝壳图案上色。牙刷架也用相同的方式上色。

3 画出水波和气泡。最后用深蓝色颜料小心地勾勒图案的轮廓和细节。晾干。

牛奶罐、果汁罐或花插上的太阳神图案尤其令人精神振奋，不妨用这个图案来搭配你家的餐具。

太阳神罐
Sunshine Pitcher

需要准备
- ✂ 白瓷罐
- ✂ 清洁液
- ✂ 布
- ✂ 描图纸
- ✂ 软芯和硬芯铅笔
- ✂ 剪刀
- ✂ 遮蔽胶带
- ✂ 黑色、明黄色、蓝色、红色、白色和赭色丙烯瓷器颜料
- ✂ 调色盘
- ✂ 细头画笔
- ✂ 吹风机（非必需）

2 用黑色颜料勾勒太阳神的轮廓，晾干。为加快速度，可用吹风机吹干。如图所示，用明黄色给太阳神的脸和内部光线上色，用赭色给光线的其他部分上色。

3 给背景上蓝色，然后画出太阳神面部的细节。点上眼白，做最后的修饰。按照使用说明使颜料固着。成品经久耐用，但不可使用洗碗机洗涤。

1 清除瓷器上的油污。从书后描下图案，必要时可放大。剪下该图案。沿圆形的边缘剪一些豁口，使图案贴合瓷器表面，这样就能更好地把图案转印到瓷器上。用硬芯铅笔沿图案轮廓画线，将图案转印到瓷器上。

动感十足的兔子图案使这套茶具充满生气。按照书后提供的图样，你可轻松完成这套茶具的制作。

欢乐时光茶具套
Playful Fun Tea Set

需要准备
- 素白茶具
- 清洁液
- 布
- 描图纸
- 白纸
- 软芯铅笔
- 复写纸
- 喷胶
- 记号笔
- 棉球
- 剪刀
- 透明胶带
- 黄色、蓝绿色、红色、绿色和蓝色水性珐琅颜料
- 调色盘
- 中号和细头画笔

1 用清洁液和布彻底清洗茶具。把书后的兔子和花的图样用描图纸描下来，转印在白纸上。在白纸背面喷上胶水，粘在复写纸上。剪下图案，注意给图案留出白边。

2 把图案排列好放在餐具上，复写面朝下，用透明胶带固定。用记号笔把图案描在茶具上。揭掉图案，小心地用棉球擦掉污点。

3 给盘子的中心背景上黄色。

4 给盘子的边缘背景上蓝绿色，晾干。

5 接下来给细节上色：花朵上红色，叶子和茎上绿色，花心上蓝绿色。

6 用细头画笔给大兔子和花的图案勾上蓝色轮廓线。给盘子边缘的小兔子图案也勾上蓝色轮廓线。

7 给水杯把手上蓝绿色，晾干。为安全起见，茶具使用前要进行烘烤。

厨房经常要用到储存罐，而这些可爱的手绘蔬菜图案无疑丰富了厨房的视觉效果。

蔬菜图案储存罐
Vegetable Storage Jars

需要准备
- 清洁液
- 布
- 描图纸
- 白纸
- 软芯铅笔
- 复写纸
- 喷胶
- 记号笔
- 剪刀
- 素白储存罐
- 透明胶带
- 珊瑚色、蓝绿色、象牙白色、黄色和蓝色水性珐琅颜料
- 调色盘
- 中号和细头画笔

1 描下书后提供的图案，必要时可放大，再转印在白纸上。白纸背面喷胶，粘在复写纸上。剪下图案，留白边。

2 用清洁液和软布清洗储存罐，复写面朝下，把图案粘在罐体上。轻轻地用记号笔将图案描到罐体上。揭去图案和复写纸，使用相同的方法绘制其他储存罐。

3 用中号画笔给背景上蓝绿色。待颜色干透后再进行下一步，绘制储存罐需要花费几天的时间。

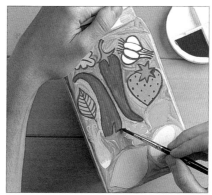

4 用象牙白色和珊瑚色调制出红色颜料给辣椒上色，用蓝色和黄色调制出绿色颜料给蔬菜叶上色。晾干。

5 用细头画笔给蔬菜图案勾上蓝色线条。

6 给罐口边缘上黄色，在蓝绿色背景上点一些象牙白色的装饰点。使用前要彻底晾干。

玻璃彩绘

Decorating Glass

　　业余爱好者也可以制作出色彩绚丽的玻璃彩绘饰品。玻璃彩绘无需烧制，可直接在玻璃上上色。玻璃是一种很好的加工素材，可以用来制作各式各样的居家装饰用品，比如室内的装饰瓶、花瓶和户外的彩灯等。自己切割玻璃时，要采用正确的方法安全切割。

彩绘时需要用到玻璃彩绘颜料、蚀刻膏、黏合膜等各种材料，这些材料在专业玻璃商店和美工用品商店可以买到。

材料
Materials

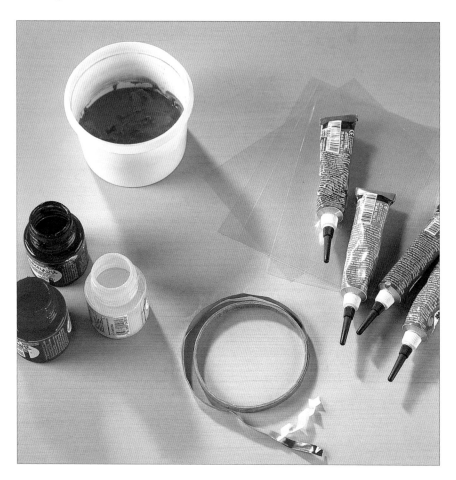

丙烯珐琅颜料

是玻璃彩绘的理想材料。

清漆

和玻璃颜料混合可产生柔和的色调。

轮廓膏

用于绘制玻璃上凸起的线条。用它来绘制图案的轮廓，可使图案更加突出。它可以增加图案的细节感，例如，可用来绘制树叶的叶脉。

环氧树脂胶

用这种强力透明胶可以把其他物品粘在玻璃上，只要几分钟就能粘牢。

蚀刻膏

这种酸性的膏体会腐蚀玻璃，使其呈现磨砂状。可用在透明和浅色的玻璃上。

玻璃颜料

是经过特殊加工的颜料，呈半透明状，色彩鲜亮，不可清洗，只用于装饰。有水性玻璃颜料也有油性玻璃颜料，但两者不可混合使用。陶瓷颜料也可用在玻璃上，打造一种不透明的效果。

遮蔽胶带

在绘制或蚀刻时可用于画出直线。

纸巾

用于清洁玻璃和笔刷，也可用它擦去画错的部分。

可反复使用的黏合剂

可以把图案粘在玻璃上。

黏合膜

在绘制或蚀刻时用来遮蔽大块的不上色区。

牙签

用于在漆面上划出图案。

无影胶（紫外线胶）

这种胶在紫外线照射下会固化。因红色玻璃会阻挡紫外线，所以黏合两块不同颜色的玻璃时，要选用非红色的玻璃，也可用环氧树脂胶黏合。

松节油

作为溶解剂，可以擦去彩绘也可改正画错的部分。

制作本章中的很多饰品时会用到工作台和画笔，拥有下面列出的工具会使制作更加容易。

工具
Equipment

布

将布或毛巾折叠起来是制作碗或瓶子彩绘时非常有用的衬垫。先彩绘容器的一面，晾干后再绘制其他部分。

棉球

用来擦去错误的彩绘，去除瓷器描笔的笔迹。

美工刀

在玻璃彩绘或蚀刻时，用来揭去轮廓膏。要保持刀刃锋利干净。

指甲抛光块

彩绘前，用来清除玻璃两面的所有油迹和指纹。可使用家用清洁产品，但最好使用指甲抛光块，要和纸巾一起使用。

画笔

用于彩绘和涂蚀刻膏，制作完成后要立即清洗画笔。

调色盘

使用多种颜料时，可在塑料调色盘里调色。

铅笔和水笔

画图样时可使用铅笔或深色记号笔。瓷器描笔笔迹易于清除，可用来在玻璃上绘制图样草图。

橡胶手套

在蚀刻玻璃时，戴上橡胶手套保护你的双手十分重要。

直尺

在测量或画直线时不可或缺。

剪刀

各种不同的切割工作，包括切割图样，都要用到锋利的小号剪刀。

海绵

在大面积玻璃上作画时，把海绵切成合适的小块。天然海绵用来制作装饰性的斑点效果，而人造海绵则适于制作规则的绘制效果。

下面几页将会逐步介绍玻璃彩绘的基础工艺步骤，这些工艺步骤将会提高你的技巧，使你能制作出完美的作品。

玻璃彩绘工艺
Glass Painting Techniques

使用图样和蜡纸

有很多图样和蜡纸都适用于玻璃彩绘，请使用大小和风格合适的图样来彩绘你的玻璃制品。

1 如果在平板玻璃上彩绘，可将图样压在玻璃板下，或者用可反复使用的黏合剂把图样粘在玻璃下，防止图样移动。

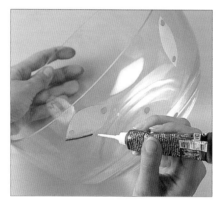

2 在给像玻璃碗这样的曲面玻璃上彩绘时，可用胶带把图样粘在碗的内侧，在外侧描出图样。

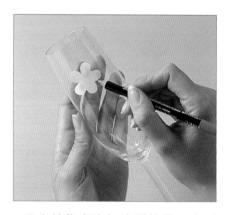

3 在给像高脚杯这样的曲面小型玻璃制品上彩绘时，把图样粘在玻璃外侧，再用瓷器描笔进行描绘则会更容易。

4 剪直线条时，把蜡纸放在切割垫上，用钢尺和美工刀进行裁割。手指和刀刃要保持距离，要经常更换刀刃以免刀钝撕裂纸张。

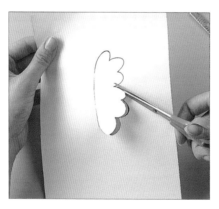

5 剪曲线条时，先用美工刀裁切，再用锋利的剪刀沿图案曲线轮廓平稳地进行剪裁。

准备玻璃

在彩绘前，使用纸巾和指甲抛光块清洁玻璃两面。一定要彻底清除玻璃彩绘面的油迹和指纹。

转印图样

除了用图样和蜡纸外，把图案印在玻璃上还有多种方法，用描图纸、铅笔描绘，使用复写纸甚至是水都可以把图案印在玻璃上。

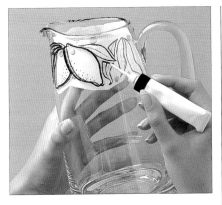

在玻璃上描绘

把从书后描下的图案用可反复使用的黏合剂或遮蔽胶带粘在玻璃内壁上。如果是曲面容器，则把图案剪成几部分再贴上。用管状轮廓膏在容器表面描出图案。

记号笔

水性投影笔是理想的玻璃手绘工具，许多记号笔也可以。画好之后，再用轮廓膏描出图案。

水位线

在圆形玻璃容器上画环线时，把水注至所需的位置，轻轻转动容器，用轮廓膏沿水位线在玻璃表面描出环线。

使用复写纸

把复写纸放在要彩绘的玻璃表面，上覆以设计图案，压紧，用圆珠笔临描图案线。有些复写纸可能不适用于玻璃——使用手写复写纸最合适。

使用轮廓膏

轮廓膏很容易使用，但是要想挤压出理想的线条则要经过一些练习。因为这是基础的玻璃彩绘技巧，所以一定要熟练掌握。

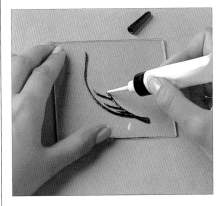

1 挤压管体，直到膏体刚刚出来，然后停止。手拿管体，和作画面呈45°角，把管头顶端压在玻璃上，边移动边轻轻挤压管体。

2 有时管内会出现气泡，气泡会造成膏体溢裂。当这种情况发生时，要么用纸巾立即擦除溢裂的部分，要么在它变干之后，用美工刀去除。

混合颜料和作画

玻璃彩绘颜料有着丰富、鲜艳的色彩，可以绘制出美丽的半透明效果。可先在一块空白的玻璃板上试绘，测试颜料的稀稠度。

1 用调色盘调配彩绘颜料。需要浅色时，在颜料中加入白色或无色颜料。注意，一次加入少许，直到调出所需的颜色。取颜料时每种颜色单用一支画笔，否则会造成颜料罐的污染。

2 如果需要不透明的效果，在调色盘里加入少量的白色颜料。

3 选取合适的画具作画。大而扁平的画笔适用于大面积图案的绘制，可快速涂抹，上色平整。

4 用很细的画笔绘制图案的细节和细线条。要等一种颜料干透再上另一种颜料。

5 在颜料还没干的时候，用牙签或画笔的末端刻画图案线条。为了保持图案整洁，要及时擦去多余颜料。

用海绵作画

使用海绵可以制作出斑点和淡化效果，要首先在草纸上试验。

1 用湿海绵画出斑点效果。蘸取颜料，先在草纸上蘸除多余颜料，再往玻璃上画。

2 用遮蔽胶带或可反复使用的黏合剂把图案粘贴在玻璃内壁上。

自由风格

不使用轮廓膏作画，逐个填色也可以。可以使用不同的颜料画出图案，使颜色自然融合。

3 第一种颜料干后，使用第二种颜料来增加图案的肌理感。在两面都透明的玻璃上使用这种方法效果最好。

4 用遮蔽胶带贴住高脚杯，只留下作画带，然后用海绵涂染作画带，这样可以保证容器的整洁。

蜡烛快干法

可通过加热来加快干燥。蜡烛是理想的热源，注意不要灼伤自己，距火焰15cm烘干彩绘。

切割玻璃

为确保正确地制作玻璃饰品，在切割玻璃前，要仔细阅读这部分的操作说明。准确测量并切割玻璃，否则一旦出错玻璃就报废了。

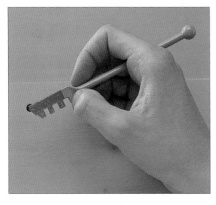

1 用食指压在玻璃刀上部，用中指和拇指捏紧玻璃刀的前段两侧，玻璃刀锯齿面向手肘。只有使用角度正确，手臂才能活动自如，正确地切割玻璃。

2 从一边开始切割玻璃至另一边，一次完成。从一边开始切割时，玻璃刀的角度一定要正确。从一边切至另一边时，动作要连续。

3 用食指和拇指轻轻地捏着玻璃，用玻璃刀的尾端圆球敲击切割线。

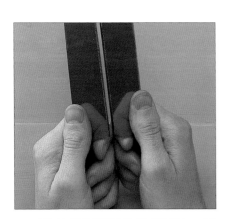

4 用双手分别握住玻璃两边，用力掰，玻璃就会沿切割线分开。直线切割时都使用此法。

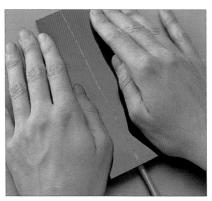

5 同样，也可把玻璃平放在玻璃刀上，用双手按压两边，玻璃会沿切割线分开。

6 如图所示，将玻璃沿切割线折断。用水砂轮打磨玻璃边缘，使其光滑。

玻璃镶边

用铜箔给玻璃镶边，然后把玻璃焊接起来，做出彩色玻璃的效果。这项工艺很容易操作。

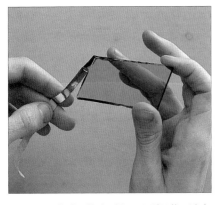

1 用手指捏住铜箔，用拇指剥去胶条背纸，不要碰到胶条，否则就不粘了。

2 使铜箔的边包住玻璃，接口处多压 1cm。

3 用两个手指压住铜箔，再用楔形木条压平铜箔的边缘，使它紧紧粘在玻璃上。

焊接玻璃

这里指把镶有铜箔边的玻璃焊接起来。要做出美观整洁的成品，须经过多次练习。

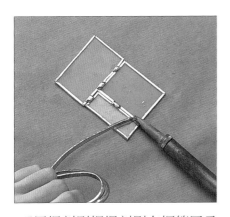

1 用焊剂刷把焊剂刷在铜箔图示面的所有连接边上，一只手握住焊料卷，前面伸出 10cm，用烙铁焊出连接点，使要焊接的玻璃连在一起。

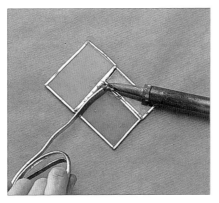

2 再用焊料把焊接边都焊住。应确保总是用少量的焊料焊接，这样焊接边既整齐也牢固。将玻璃翻过来，焊接另一个面的连接边。

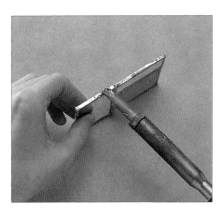

3 在玻璃框的外边缘刷上焊剂，用烙铁沿外边缘焊一圈锡。通常内边框所用的焊料足够外边框镀锡之用。

使用自粘铅条

使用自粘铅条方便又快捷。操作时，一定要保持玻璃容器干净。

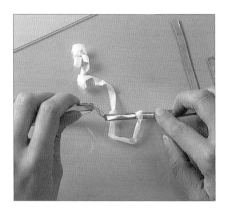

1 清洁玻璃。用手压住铅条的一端，揭去背纸。用一只手拿住铅条一端，另一只手把它弯成所需的图案。制作完要清洗双手。

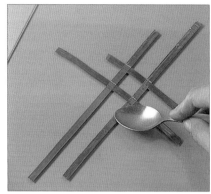

2 用剪刀修剪铅条末端。把铅条牢牢贴在玻璃上，这样颜料就不会溢出来。贴好后，用勺背压紧。

简便的自粘铅条可以制作出时髦的花瓶。

使用带槽铅条

这个工艺需要一定的技巧，但人人都能学会。它要用到特殊工具，其价格昂贵。

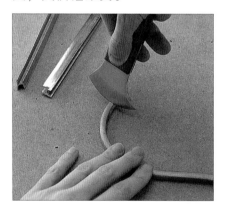

1 画出设计图案中的每片玻璃的轮廓线，每个围合的轮廓线即表示带槽铅条所包围的中心区域。按此线条切割每个玻璃片。将弹簧钳固定到工作台上，将铅条的一端夹进去，用扁嘴钳拉铅条的另一端，使铅条不留任何扭结，更容易成形和切割。注意不要截断铅条。

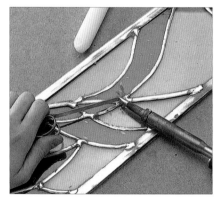

2 用铅刀将铅条弯成玻璃边的形状。用铅刀刃在要截断的地方做记号，记号要稍短于铅条所包嵌的玻璃片的边长。垂直切断铅条，切断时要迅速准确。

3 焊接时抹上护手霜，用含铅的焊线焊接。一手捏紧焊线，一手拿烙铁熔化焊线，把每块玻璃的铅条边都牢固地焊在一起。

美工商店有各式各样的玻璃可供彩绘。这些小巧的心形玻璃挂在窗户上捕捉光线，真是美丽可爱。

心形装饰品

Heart Decoration

需要准备

- ✂ 干净、透明的心形玻璃
- ✂ 指甲抛光块
- ✂ 纸巾
- ✂ 蚀刻膏
- ✂ 中号画笔
- ✂ 海绵
- ✂ 浅金色、深金色和古铜色轮廓膏

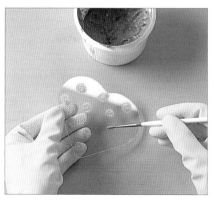

1 清洁玻璃的两面，清除油污。在玻璃的一面用蚀刻膏点上圆形，晾干，用温水和海绵洗去膏体。

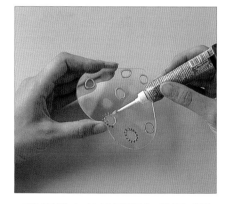

2 用浅金色轮廓膏勾勒圆形边缘，晾干。用深金色轮廓膏画出边缘的"射线"，然后画出浅金色"射线"，晾干。

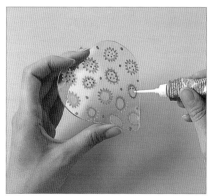

3 用古铜色轮廓膏在这些圆形之间点上小圆点。把玻璃翻过来，用古铜色轮廓膏在圆形中间点上多个小点，晾干。必要时按照使用说明烘烤玻璃，使颜料变硬。

阳光可以透过彩色玻璃。这个挂在窗户上的阳光捕捉器可以捕捉任何光线。它用金色线作为轮廓，还点缀有橙色、黄色、红色和蓝色。

阳光捕捉器
Sunlight Catcher

需要准备
- ✂ 直径 20cm、厚 4mm 的干净的圆形玻璃
- ✂ 纸
- ✂ 铅笔
- ✂ 描图纸
- ✂ 持久的黑色记号笔
- ✂ 金色轮廓膏
- ✂ 橙色、黄色、红色和蓝色玻璃颜料
- ✂ 细头画笔
- ✂ 73cm 长的铁链
- ✂ 钳子
- ✂ 环氧树脂胶

1 用铅笔在纸上描出圆形玻璃的外径。

2 将书后图样描在纸上，根据纸上圆形玻璃的外径放大图案。

3 把玻璃压在图案上，使其外径重合。用记号笔在玻璃上描出图案。

4 用金色轮廓膏再次描图，晾干。

5 用橙色和黄色玻璃颜料给图案中心的太阳上色，晾干。每次上色前都要洗净画笔。

6 用红色和蓝色玻璃颜料给剩余的部分上色，晾干。

7 用铁链缠绕圆玻璃，按所需尺寸剪断。用钳子将铁链的连接处重新接合。

8 截取一段 8cm 长的铁链，将两端的连接处打开，用钳子将其接入铁链圈。用环氧树脂胶把铁链粘在玻璃边缘。

这个画框只需用金色画笔和金色颜料来装饰，这个设计沿袭了西班牙南部格拉纳达的阿尔罕布拉宫的艺术风格。

阿尔罕布拉画框
Alhambra Picture Frame

需要准备
✂ 带有干净玻璃的画框背板
✂ 金色永久记号笔
✂ 细头画笔
✂ 深红色、蓝绿色和深蓝色玻璃颜料
✂ 剪刀
✂ 玻璃片
✂ 厨用海绵
✂ 纸巾

1 描下书后图样并按画框背板的尺寸放大。从画框上去掉玻璃并把玻璃压在图案上，用金色永久记号笔在玻璃上描下图案。

2 把玻璃翻过来，用深红色玻璃颜料点涂宝石图案，在深红色和金色线条之间留白线。

3 用厨用海绵把蓝绿色和深蓝色颜料涂在图案的边框内，用纸巾擦去溢色部分，晾干。

这种神奇的方法可以把一个普通的花瓶变成一个原创性十足的漂亮作品。揭掉叶状图形之前，要使玻璃蚀刻均匀。

磨砂花瓶
Frosted Vase

需要准备
✄ 彩色玻璃花瓶
✄ 描图纸
✄ 铅笔
✄ 薄纸板或纸
✄ 剪刀
✄ 自粘胶纸
✄ 蚀刻膏
✄ 中号画笔

1 清洗并晾干花瓶。画一些叶形图案，描在薄纸板或纸上剪下来。将这些图案的轮廓描在自粘胶纸的背面，手绘一些圆点。

2 将图案剪下来，把自粘胶纸的背纸揭掉，贴在花瓶上，仔细贴平。花瓶的其余部分涂上蚀刻膏，按照使用说明放在温暖处晾干。

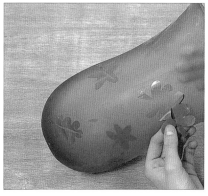

3 在温水中洗去蚀刻膏。如果磨砂面均匀，就揭去图案；如果不均匀，重复上述步骤直至磨砂面均匀。然后清洗，揭去图案。

这种绚丽的瓶子能够给浴室架增辉。蓝色和绿色装饰出了可爱的泡泡，你也可以根据瓶子的形状调整图案。

带图案的浴室瓶
Patterned Bathroom Bottle

需要准备

✂ 干净的带瓶塞的玻璃瓶
✂ 记号笔
✂ 纸
✂ 黑色轮廓膏
✂ 蓝色、绿色、紫色和蓝绿色玻璃
　　颜料
✂ 细头画笔
✂ 无影胶
✂ 蓝绿色玻璃圆块
✂ 沐浴液

1 设计适合瓶子的图案，在纸上画出草图。

2 彻底清洁玻璃瓶，晾干。然后用记号笔小心地把图案画在玻璃瓶上。

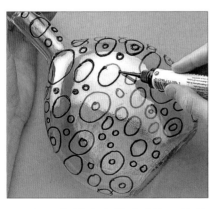

3 用黑色轮廓膏描玻璃瓶一边的图案，晾干。

4 将玻璃瓶转过来，给另一边的图案上轮廓膏，晾干。

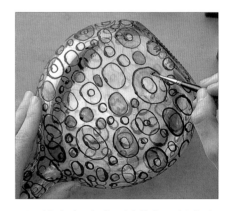

5 轮廓膏干后，用蓝色、绿色和紫色玻璃颜料给泡泡上色。根据颜料的使用说明，上每种颜色前都要先洗净画笔。

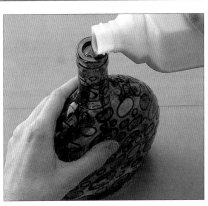

6 泡泡干后，用蓝绿色颜料给背景上色，晾干。

7 用无影胶把玻璃圆块粘在瓶塞头上。

8 瓶内装入你最喜欢的沐浴液，塞上塞子。

在夏季夜晚，人们会点上一盏蜡烛灯。普通的玻璃罐可以防水，是绝佳的蜡烛灯材料，施以彩绘，它就变成了迷人的挂灯。

彩色玻璃挂灯
Coloured Glass Lantern

需要准备

- 玻璃罐
- 指甲抛光块或玻璃清洁剂
- 纸巾
- 黑色轮廓膏
- 卷尺
- 胶带卷
- 瓷器描笔
- 红色和橙色玻璃颜料
- 中号和细头画笔
- 牙签（非必需）
- 细金属丝
- 丝剪
- 8个珠子
- 圆口钳

1 仔细清除玻璃罐上的油污和指印，把罐子翻过来，用黑色轮廓膏沿底边画线。

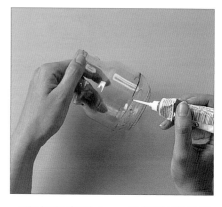

2 在离底线2cm处用瓷器描笔画一条和它平行的线，用轮廓膏沿这条标记线画线。再画上两条间隔2cm的平行线。

3 以最上边和最下边两条纬线为边界，环罐周用轮廓膏画出间隔为2cm的多条经线。彻底晾干。

4 把罐子放在胶带卷上防止滚动。在一个方块上涂红色玻璃颜料，干之前用牙签或细头画笔的末端在方块中心画一个星形符号。

5 把相邻的一格涂成橙色，也用牙签或细头画笔的末端在中心画一个星形。交叉着涂红色和橙色，涂满所有方格。每次只涂罐子最上面的区域，这样颜料不会流到别处，等涂过的颜料晾干之后，再转动罐子涂别的地方。需要时可烘烤罐子，使颜料变硬。

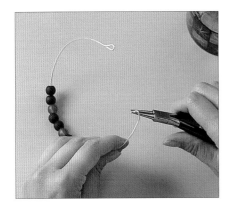

6　截取一段长 30cm 的金属丝，把珠子穿在上面，用圆口钳在金属丝的两端各弯一个小钩。

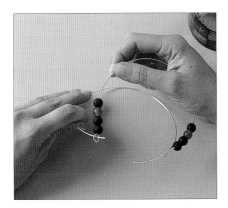

7　截取另一段比罐口周长长 3cm 的金属丝，穿过第一根金属丝两端的小钩，再缠绕在罐口下。

8　将第二根金属丝的一端弯钩，另一端穿过这个小钩，拉紧，向后弯，将小钩闭合。

在花丛中翩翩飞舞的蝴蝶图案使玻璃碗看起来无比迷人。制作时，可手绘出花瓣和蝴蝶翅膀，再蚀刻出线条。

蝴蝶飞飞碗
Butterfly Bowl

需要准备

✂ 透明玻璃碗
✂ 指甲抛光块或玻璃清洁剂
✂ 纸巾
✂ 瓷器描笔
✂ 卷尺
✂ 圆头中号和细头画笔
✂ 灰色、紫色、浅紫色、亮粉色、灰蓝色和翡翠色玻璃颜料
✂ 牙签
✂ 棉球

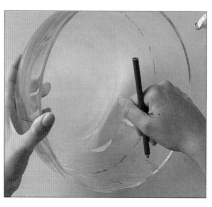

1 清洗玻璃碗。在内壁上画图，用瓷器描笔在离碗口5.5cm处画一条环线，环线上部分成宽5.5cm的格子。

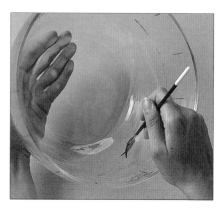

2 在环线下，用圆头中号画笔蘸灰蓝色颜料画出蝴蝶的身体，用细头画笔画蝴蝶的触须。

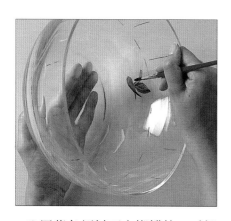

3 用紫色颜料画出蝴蝶的一对翅膀。趁颜料还没干时，用牙签在翅膀上画一些简单的图案。在环线下随意地画出多个蝴蝶，用浅紫色颜料绘制其中一些蝴蝶的翅膀。

4 为了描绘花朵图案，在环线上分格的中心用浅紫色颜料画一个圆点。

5 用圆头中号画笔蘸亮粉色颜料，以圆点为中心画五片花瓣。

6 用牙签在每个花瓣中心画线。按照上述方法画出其他花朵，晾干。

7 在每个蝴蝶之间用灰蓝色颜料画出旋涡纹，晾干。

8 用棉球擦去环线。用翡翠色颜料在花朵之间画一些波纹。

用不透明的颜料在透明的玻璃上绘制。枝干袅绕、花朵摇曳的法国薰衣草使这个花瓶看起来格外美丽。

法国薰衣草花瓶
French-lavender Flower Vase

需要准备

- ✂ 描图纸
- ✂ 记号笔
- ✂ 直口花瓶
- ✂ 剪刀
- ✂ 遮蔽胶带
- ✂ 指甲抛光块或玻璃清洁剂
- ✂ 纸巾
- ✂ 高密度人造海绵
- ✂ 金色、白色、紫色、深红色和绿色不透明陶瓷颜料
- ✂ 调色盘
- ✂ 中号和细头画笔

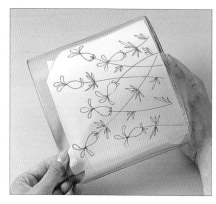

1 从书后描下图样，放大到花瓶需要的大小。用遮蔽胶带把图样粘在花瓶的内壁上。彻底清除花瓶外壁上的指印和油污。

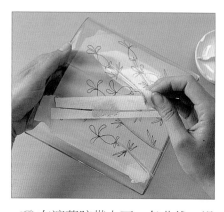

2 在遮蔽胶带上画一条曲线，沿线条将胶带剪开，把它们贴在花茎的两边，中间留3mm空隙。用海绵蘸金色颜料给缝隙部分上色。揭掉胶带，用相同的方法给其他茎上色。

3 用紫色颜料加白色颜料调色，给花朵的水滴形部位上色。再用紫色和深红色颜料给花朵底部上阴影，使用点画法增加肌理感。

4 用浅紫色颜料给三个花瓣上色，晾干。用深紫色颜料在水滴形上画出椭圆形的小点，晾干。

5 用细头画笔蘸取绿色颜料给尖尖的叶子上色。彻底晾干，必要时可按照使用说明烘烤图案，使颜料变硬。

瓶身优雅的蓝色瓶子可以用古董店常见的 19 世纪的图案来装饰，使它变得更加美丽。

波西米亚风格瓶
Bohemian Bottle

需要准备

- ✂ 描图纸
- ✂ 铅笔
- ✂ 剪刀
- ✂ 蓝色玻璃瓶
- ✂ 指甲抛光块或玻璃清洁剂
- ✂ 纸巾
- ✂ 遮蔽胶带
- ✂ 瓷器描笔
- ✂ 金色、白色、绿色、红色和黄色陶瓷颜料
- ✂ 中号和细头画笔
- ✂ 调色盘

1 从书后描下图样，剪下图样。清除玻璃瓶上的油污和指印。把图样贴在瓶子上，用瓷器描笔描下图案。

2 多涂几层金色颜料，用点画法画出肌理感，晾干。用细头画笔蘸白色颜料给图案的轮廓上色，在图案顶部画卷草纹。

3 将一些白色颜料和绿色颜料混合，在卷草纹上加一点浅绿色。

4 画出绿色的叶子，再在叶片上涂上浅绿色。在叶片之间点上红色和黄色的小点，作为花蕊。

5 用白色颜料在金色中画一朵大雏菊，在叶片间画六朵小雏菊。

这个花瓶的创意是受了设计师查尔斯·瑞尼·麦肯托什的启发，把自粘铅条粘在花瓶上做出了铅玻饰品的效果。

樱花花瓶
Cherry Blossom Vase

需要准备
- ✂ 纸
- ✂ 铅笔
- ✂ 花瓶
- ✂ 可反复使用的胶块
- ✂ 3mm 和 4mm 宽的自粘铅条
- ✂ 剪刀或美工刀
- ✂ 木栓
- ✂ 白色和粉色玻璃颜料
- ✂ 亚光漆
- ✂ 调色盘
- ✂ 细头画笔

1 描下书后的图案，依据花瓶的尺寸放大。把图案贴在花瓶的内壁上。将 3mm 宽的自粘铅条沿樱花和细枝的轮廓粘在花瓶上，用剪刀或美工刀修剪铅条末端。

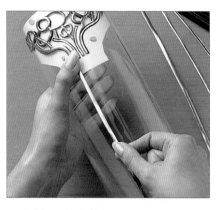

2 粘四条主枝，使主枝和花瓶的高一样长，并与上面的樱花和细枝自然连接在一起。外侧主枝用 4mm 宽的铅条，内侧主枝用 3mm 宽的铅条。

3 轻轻将主枝的底部末端张开，修剪整齐。

4 环花瓶底周贴一圈 4mm 宽的铅条，使之正好与主枝条的底部交叠。用木栓压平贴好的铅条。

5 在白色和粉色颜料里分别加一点亚光漆。在花朵造型中涂上白色颜料，再用粉色颜料点缀作为花蕊。

东欧的民间艺术常用不透明的珐琅颜料制作出艺术橱柜。民间艺术通常用简单的配色和线条来表现饰品。

民间艺术橱柜
Folk Art Cabinet

需要准备

✂ 带玻璃门的小橱柜
✂ 可反复使用的胶块
✂ 细头画笔
✂ 白色、浅绿色、深绿色、红色、黄色和棕黄色丙烯珐琅颜料
✂ 调色盘

1 放大书后的图样，把它粘在玻璃门的背面。用白色丙烯珐琅颜料在玻璃正面描图，晾干。

2 揭去玻璃背面的图样。用浅绿色珐琅颜料给叶片上色，晾干。

3 如图所示，给叶片的下（右）边勾勒深绿色的线条。

4 用红色颜料给花瓣上色，注意使花瓣边缘露出白色。

5 花茎一半用黄色，一半用棕黄色，晾干。

在这个破旧的磨砂玻璃板上贴上铅条、涂上颜色，就能使它重新焕发光彩，显得比彩色玻璃更清爽。

铅条装饰门板
Leaded Door Panels

需要准备

- 带两块磨砂玻璃板的门
- 卷尺
- 纸
- 铅笔
- 尺子
- 黑色记号笔
- 剪刀
- 遮蔽胶带
- 不褪色黑色记号笔
- 筒子插钉
- 1cm 宽的自粘铅条
- 美工刀
- 切割垫
- 蓝绿色、绿色、黄色和浅绿色玻璃颜料
- 松节油
- 细头画笔

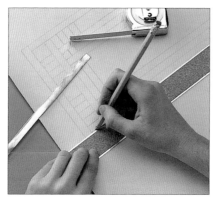

1 用卷尺量出玻璃板的尺寸，按照玻璃板的尺寸在纸上画出草图。使用尺子，在草图上画出图案，包括 1cm 的装饰线条，以便贴上铅条。用黑色记号笔把图再描一遍，在需要贴铅条的部分画上剖面线。

2 用剪刀小心地把图案剪下来，贴在玻璃背面，使图案的边正好和玻璃边重合。

3 用不褪色黑色记号笔把图描在玻璃的磨砂面上。描完后，揭去背面的图纸。

4 缓缓地将铅条拉直，根据玻璃板四边的尺寸，用锋利的美工刀裁切四根铅条。揭去铅条的背纸，将其粘贴到位。

5 测量框内待贴铅条的长度，用美工刀裁切相应长度的铅条。刀刃与铅条保持 90°，确保铅条切直。先切割并粘贴较长的铅条，再粘贴较短的铅条。

6 贴铅条时，要按照图示进行，使铅条呈现交错的效果。揭去铅条的背纸，用指尖将其按压到位，然后用筒子插钉牢牢按压铅条，使其固定到玻璃上。再用筒子插钉有尖头的一端按压铅条的外部边缘，打造一种严整的效果。

7 加入30％的松节油稀释颜料，使成品呈现出水彩效果。用细头画笔在铅条之间较小的区域上色。上不同颜色前要彻底洗净画笔。

8 玻璃中间不上色，给其他部分上色。也可以根据喜好给整块玻璃板上色。使用相同方法制作另一块玻璃板。

这个香水瓶的图案由小花和小圆点组成，重现了 19 世纪意大利珐琅玻璃制品的风貌。它是用不透明颜料绘制的。

威尼斯香水瓶
Venetian Perfume Bottle

需要准备

✂ 带瓶塞的透明圆玻璃瓶
✂ 指甲抛光块或玻璃清洁剂
✂ 纸巾
✂ 描图纸
✂ 铅笔
✂ 剪刀
✂ 瓷器描笔
✂ 白色、红色和金色不透明陶瓷颜料
✂ 细头画笔
✂ 调色盘
✂ 棉棒

2 用瓷器描笔从瓶口开始贴着剪下的图案块描A图案，描八个。接下来，以两个 A 图案的接口处为起点，描八个 B 图案。

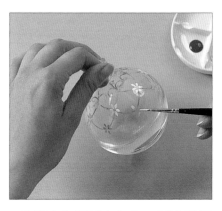

3 用白色颜料在每个 A 图案的端尾画一朵六瓣雏菊。将白色颜料和一些红色颜料混合，用这种调好的粉色颜料在 B 图案的端尾画八朵雏菊。

1 清洁玻璃。从书后描图，把图案调整到可以在瓶子上画下八个的大小，剪下图案块。

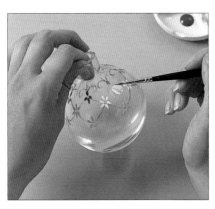

4 如图所示，以图样为参照，先用金色颜料画金色四瓣花，再给雏菊花蕊点金色。

5 用细头画笔分别画上金色、粉色、白色的花瓣连接线。在瓶口点上白点，白色椭圆形内点粉色圆点，在每个粉色雏菊的底部点上两个金色小点，完成图案。

6 在瓶塞的圆顶上画一个粉色的大雏菊，花蕊点金色，每个花瓣点上白色点状的延长线，晾干。用棉球擦掉铅笔印。按颜料说明烘烤图案。

这种别具一格的窗户饰品制作起来并不容易，使用自由上色法可充分体现这种饰品的风格。

窗户挂饰
Window Hanging

需要准备

- ✂ 纸和铅笔
- ✂ 3mm 厚的玻璃
- ✂ 玻璃刀
- ✂ 切割油
- ✂ 磨石
- ✂ 焊剂和焊剂刷
- ✂ 5mm 宽的自粘铜箔条
- ✂ 木栓
- ✂ 红色玻璃圆块
- ✂ 焊具和焊料
- ✂ 1mm 粗的镀锡铜丝
- ✂ 圆口钳
- ✂ 直嘴钳
- ✂ 黑色轮廓膏
- ✂ 调色盘
- ✂ 蓝色、蓝绿色、红色、黄色、紫色和白色玻璃颜料
- ✂ 透明漆
- ✂ 细头画笔

1 放大书后的图样至所需的大小，把玻璃板压在图案上，按图案轮廓切割玻璃（可以请专业人员帮忙切割）。

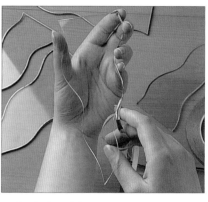

2 洗去切割油。用磨石打磨玻璃边缘，然后用铜箔条给玻璃镶边。用木栓压紧包边。

4 在铜箔镶边上涂焊剂，再焊上薄薄的焊料。截取 10 根 5cm 长的镀锡铜丝，做成挂钩。

5 用圆口钳把铜丝弯成 U 形，再用直嘴钳使 U 形两边呈 90°交叉。如图所示将这些小环焊接在玻璃块的顶部，清洗玻璃块。

3 用磨石轻轻打磨玻璃圆块的边缘，用铜箔条给玻璃块镶边。

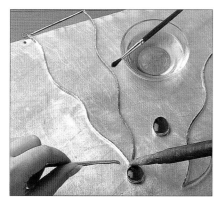

6 把焊剂涂在玻璃的尖头端和玻璃圆块上，使用焊料把镶过边的玻璃圆块焊在玻璃的尖头端。多用些焊料，保证玻璃圆块焊接牢固。

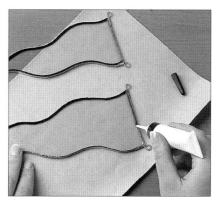

7 用黑色轮廓膏把玻璃的镶边涂成黑色。

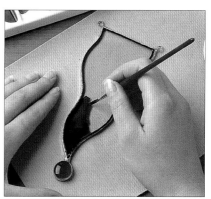

8 使用调色盘调色，放入所需的颜料。每种颜料一半调入透明漆，一半调入不透明白色颜料。使用自由上色法在玻璃上厚厚地涂上颜料，使颜料自然沁色。至少晾置24h，使颜料干透。

这个门号牌由彩色玻璃和玻璃圆块制作而成。玻璃圆块有多种色彩可供选择，使用它可以使玻璃饰品更加绚丽夺目。

门号牌

Door Number Plaque

需要准备

- ✂ 玻璃刀
- ✂ 圆形切割器
- ✂ 切割油
- ✂ 30cm 见方、3mm 厚的透明玻璃片
- ✂ 一块地毯衬垫
- ✂ 描图纸
- ✂ 铅笔
- ✂ 纸
- ✂ 不褪色黑色记号笔
- ✂ 彩色玻璃
- ✂ 磨石
- ✂ 玻璃圆块
- ✂ 无影胶
- ✂ 铅刀
- ✂ 带槽铅条
- ✂ 锥子或钻
- ✂ 2mm 粗的铜丝
- ✂ 圆口钳
- ✂ 焊剂和焊剂刷
- ✂ 焊具和焊料
- ✂ 黑色丙烯颜料
- ✂ 干净棉布
- ✂ 陶瓷粉
- ✂ 陶瓷粉涂抹板

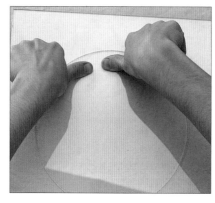

1 切割一个直径为 20cm 的圆玻璃。在圆形切割器上滴上切割油，把玻璃压在纸上，衬上小块地毯衬垫。用玻璃刀按照图案在玻璃上画出切割线。将两个拇指放在切割线内部向下按压，直到切割线开始断裂。重复操作，直到切割线完全被折断。

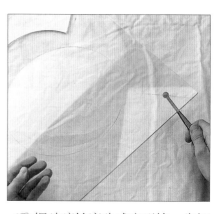

2 把玻璃轮廓分成扇形块，先切割下一个扇形圆弧，然后分几次切割成圆形玻璃。

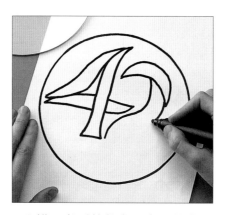

3 描下书后的数字图案，放大到和圆玻璃一样大。在纸上写出你家门牌号的数字，使用书后提供的数字字体。

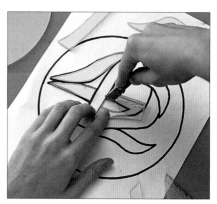

4 把彩色玻璃切割成组成数字所需的小玻璃块，用磨石打磨边缘。使数字处在圆玻璃的正中心。

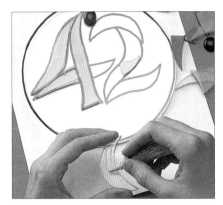

5 用无影胶（这种胶水暴露在紫外线或阳光下就会凝固）粘上数字和玻璃圆块，再切割一些其他颜色的玻璃粘满整个圆玻璃。注意，彩色玻璃块之间要留出一定间隙。

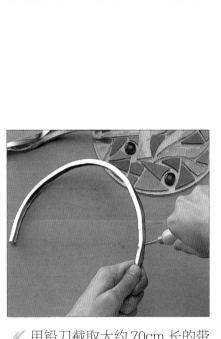

6 用铅刀截取大约 70cm 长的带槽铅条。用钻在铅条中间钻一个孔，用来装挂钩。

7 截取一段 10cm 长的铜丝，用圆口钳弯出一个挂钩。把挂钩穿入铅条内，然后用铅条给圆玻璃镶边，使挂钩位于顶端。

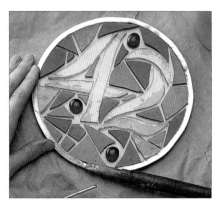

8 用铅刀切去多余的铅条。用焊剂和焊料把铅条的接口焊在一起。

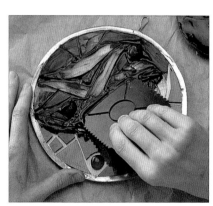

9 在黑色丙烯颜料中加入一些陶瓷粉。把加了陶瓷粉的颜料压进彩色玻璃的间隙里，刮掉多余的部分。晾干后，用棉布擦干净。这样门号牌就做好了。

马赛克饰品

Mosaic

马赛克工艺对初学者来说非常容易学会。我们可以认为它是一种绘画——用玻璃或陶瓷进行的绘画，这种绘画是通过镶嵌片而不是颜料来完成的。这种工艺将不同的颜色组合在一起形成悦目的效果，营造出具有代表性的绘画意象。制作时，先在胶合板基底上手工绘制出简单的线条以构成优雅的图案，或用工具绘制出几何图案，然后用不同颜色的镶嵌片填充图案。

马赛克饰品中最基本的材料就是色块，即镶嵌片，其材质可以是陶瓷、玻璃或其他固体材料。另外一个不容忽视的材料就是马赛克工艺的基底，基底必须坚硬。

材料
Materials

水泥浆

专业的水泥浆比普通的贴瓷片的黏合剂要光滑，而且颜色也较多。

虫胶清漆

用于给完成的马赛克作品尤其是户外使用的马赛克作品封边。

镶嵌片

马赛克材料被称为镶嵌片。

1. **瓷片**　这种材料颜色各异、质地繁多，有的表面光亮，有的并无光泽。家用瓷片可用锤子或瓷片钳加工成大小合适的小块。

2. **瓷器碎片**　旧瓷器可以充当与众不同的马赛克材料，可用锤子将瓷器敲碎。这种材料尤其适用于不平整的表面，因此多用来装饰表面不平整、非实用型的物体。

3. **大理石**　可以购买预先切割好的大理石片，如需精确切割则需使用专业工具。

4. **镜面玻璃**　镜子碎片可用来为马赛克作品增添反射的亮光效果。可用瓷片钳或玻璃刀进行切割，也可用锤子直接将镜面敲成碎片。

5. **彩色玻璃**　是用不透明的玻璃切割成的规则的玻璃块，表面能反射柔和的光线。

6. **玻璃镶嵌片**　这种背后有褶皱的玻璃方块便于涂抹瓷片黏合剂，它十分耐磨，因此比较适宜室外物体的装饰。

黏合剂

有多种方法可将镶嵌片与基底进行黏合。最常见的是水泥基瓷砖黏合剂，这种材料还可当作马赛克成品的填缝剂。如果基底是木制的，可以使用PVA胶（白色）；若基底是玻璃，可以使用硅胶或无色万能胶；若将玻璃马赛克粘在金属基底上则需使用环氧树脂胶。PVA胶还可用来对木质基底进行预处理，以便于马赛克的粘贴。

混合剂

可将其加入瓷砖黏合剂以增强其黏合度。

基底

马赛克可粘贴在任何进行过预处理的坚硬表面上，最常用的基底是胶合板。

牛皮纸

可用来作为马赛克的背衬，这是一种半间接的马赛克粘贴法。牛皮纸要使用最厚的。

马赛克工艺所需的工具大多属于家中常备工具，其他的可在五金店买到。瓷片钳是最主要的工具。

工具
Equipment

砂纸

可使用粗砂纸打磨木头，使用时须戴面罩。

夹钳或台钳

这些工具用来夹断木头以便制作基底。

稀盐酸

可将马赛克表面的水泥基黏合剂去除，使用时必须穿防护服，工作环境必须通风良好。

钻头

马赛克工艺品通常较为沉重，可用钻头在墙上钻洞以便将其牢固地挂在墙上。

玻璃刀

可用来划玻璃，或将玻璃切成不规则的玻璃镶嵌片。

刮漆器

用来去除贴错的镶嵌片或将瓷片黏合剂从成品表面去除。

防护面罩

在混合粉状胶、用砂纸打磨成品或用盐酸去除附着物时须戴防护面罩。

护目镜

在剪切或敲碎瓷片，以及使用盐酸时须戴护目镜。

粗麻布（厚布）

在用锤子将瓷片敲碎前要先用粗麻布或厚布将瓷片装好。

锯

用于切割木质基底材料。手锯用来切割基础形状，线锯用来切割更为繁复的图案。

抹刀／涂抹器／橡胶滚子

用于将胶或其他光滑黏合剂（如纤维素腻子）涂抹在基础材料上。

瓷片钳

在切割瓷砖，尤其是要切割出弧度时是不可或缺的。

你会发现以下工具也会非常有用：打眼钻或锥子、粉笔、美工刀、弯刀、橡胶手套、锤子、记号笔、遮蔽胶带、调和容器、指甲刷、画笔、铅笔、塑料喷壶、钳子、直尺、剪刀、三角板、海绵、卷尺。

在开始制作马赛克工艺品之前，要仔细阅读下面的说明，选取合适的加工工艺。制作时一定不能忘记穿防护服。

马赛克工艺
Mosaic Techniques

切割镶嵌片

切割镶嵌片有两种方法，一种是用瓷片钳，另一种是用锤子，要根据所需镶嵌片的大小选择适当的方法。制作时一定不能忘记戴护目镜。

1 用瓷片钳夹住瓷片，握紧钳子手柄，瓷片会从被夹的地方断开一条线。将瓷片夹出想要的形状，再修饰边缘。

2 可用锤子将家用的瓷砖或瓷器砸成碎片，这种工具适用于不需特殊形状的镶嵌片。

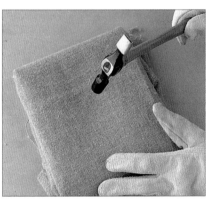

3 使用锤子时建议用粗麻布或厚布将瓷片包裹起来，以免瓷片飞溅。

切割玻璃

这种技艺具有危险性，需要熟练掌握，操作时要戴护目镜，并请遵循以下说明。

2 用力要有力而均匀，一次在玻璃上划出一条连贯的线。可以朝外或朝自己的方向划玻璃。如果划错，不要在已划过线的地方再划线进行修改，可以在玻璃其他地方再划。

3 将划好线的玻璃握在左手中，用右手握住钳子沿划线夹紧。

1 握紧玻璃刀，把食指放在玻璃刀顶端，使玻璃刀与玻璃呈90°角。

4 使钳子尖与玻璃形成角度，然后向下拉，玻璃就会沿划线断成整齐的两片。

直接法　　　　这种将镶嵌片面朝上直接粘在基底上的技法很常见，而且对于立体的或表面不平整的物体也非常合适。

1 在基底表面涂上黏合剂，然后粘上镶嵌片，并涂上填缝剂，晾干后加以清理。

2 如果基底上画有图案，则需在每一块镶嵌片背面涂一层薄薄的黏合剂，然后将镶嵌片粘好。

3 如果镶嵌片是可反光的镜面玻璃，或是金色、银色以及彩色玻璃，需要将镶嵌片以不同的角度粘在基底表面，以便反光。

半间接法　　　　这种方法可在场外将镶嵌片粘成设计图案，然后再用瓷片黏合剂固定在所需位置。

1 在牛皮纸上画出图案，镶嵌片正面朝下，用PVA胶（白色）、刷子或调色刀将其粘在纸上。

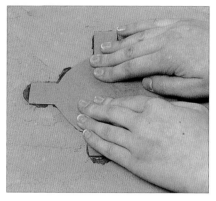

2 在需要粘贴马赛克的区域涂上瓷片黏合剂，将马赛克按入黏合剂中，牛皮纸面朝上。至少晾24h。

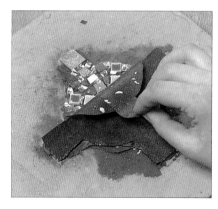

3 用海绵蘸水将牛皮纸打湿，然后将牛皮纸揭下。这时马赛克就可以涂抹填缝剂并加以清理了。

间接法　　　使用这种技法可以先在场外制作大型的马赛克，形成成品便于运输。一般将这种设计好的马赛克分成易处理的不同部分，在现场进行组合。

1 制作一个尺寸合适的木框，用2.5cm 的螺丝钉将四角固定。用牛皮纸画出木框内部的图样，在纸上进行图案设计，四边预留出5mm 的边。在木框内部涂上凡士林油。

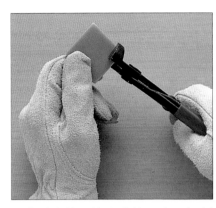

2 戴上护目镜和防护手套，切割出所需的镶嵌片。然后用水溶性黏合剂将它们正面朝下粘在牛皮纸上，晾干。

3 将木框小心地放在马赛克上，在马赛克上撒上干沙子，然后用软刷子将沙子填满马赛克之间的缝隙。

4 戴上防护面罩，在不易损坏的表面上将三份沙子和一份水泥混合。在中间挖个坑，倒入适量的水，用泥刀将其和得具有一定黏度。如果需要可以加水，直至灰浆稀稠合适。

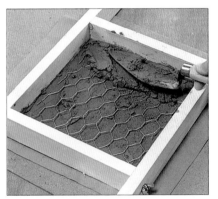

5 用灰浆将木框的一半填满，将四角也填满。剪一块比木框稍小的金属丝网，将其放在灰浆上，四周不接触木框。再将木框剩余部分填满，将表面抹平，在上面覆盖湿报纸，再盖上厚塑料布，晾五至六天。

6 将木框翻过来，用海绵蘸水将牛皮纸打湿，然后将其揭去。松开螺丝钉，去除木框，马赛克就可以填缝和清理了。

填缝

马赛克填缝后更加结实，表面也更光滑，同时填缝剂能够使镶嵌片结合更紧密。彩色填缝剂可使设计更加出彩，粉状的彩色填缝剂可以在商店购得，你也可以在无色填缝剂中加入染料或丙烯颜料自己调和。

1 给立体物品或不平的表面填缝时，可以用软刀或涂抹器进行涂抹。

2 将填缝剂揉进镶嵌片之间的缝隙中，如果直接处理填缝剂请戴上橡胶手套。

3 给大块平面马赛克填缝时，可使用粉状瓷片黏合剂。用勺子将黏合剂撒在马赛克表面，然后用软刷填补镶嵌片之间的缝隙。

4 完成填缝后，可用塑料水壶在黏合剂上喷水，重复上述步骤，直至表面平整。

清理

在填缝剂湿润时，可将多余的填缝剂清除；在物品晾干之前，也可用海绵进行清除。

特制填缝剂

大多数特制填缝剂在晾干后都可用硬毛指甲刷清除，然后抛光。

水泥基黏合剂

水泥灰浆和水泥基黏合剂需用力才能清除，有时可能需要使用砂纸。一种快速的处理方法是将稀盐酸涂在马赛克表面，溶解掉多余的水泥。这种处理方法需要在室外进行，因为盐酸会释放出有毒气体。一旦多余的水泥冒泡清除即完毕，用足量的水洗去盐酸处理过的残渣。在打砂纸时要戴防护面罩，使用盐酸时要戴防护面罩、护目镜和防护手套。

用带有图案的普通的碎瓷片就可以拼成这些马赛克花盆，可以到旧货店找一些不同的旧瓷器作为你的加工材料。

花盆
Plant Pots

需要准备

- ✂ 陶制花盆
- ✂ PVA 胶（白色）（非必需）
- ✂ 调和容器
- ✂ 丙烯颜料
- ✂ 刷子
- ✂ 粉笔或蜡笔
- ✂ 素净的和有图案的瓷片
- ✂ 瓷片钳
- ✂ 橡胶手套
- ✂ 软刀
- ✂ 瓷片黏合剂
- ✂ 粉状防水瓷片填缝剂
- ✂ 水泥染色剂
- ✂ 布
- ✂ 指甲刷
- ✂ 不起毛软布

1 如果这些花盆不防霜，又要在户外使用，就要用稀释的 PVA 胶处理花盆的里面，晾干。然后用你所选的丙烯颜料涂抹花盆里面，晾干。用粉笔或蜡笔简单地在花盆上打个图样草稿。

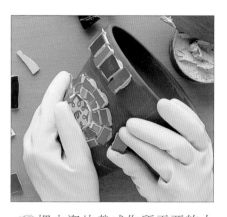

2 把小瓷片裁成你所需要的大小。使用软刀，一次只在花盆上涂抹一小块瓷片黏合剂，然后粘上瓷片，先处理外部轮廓，再处理背景。

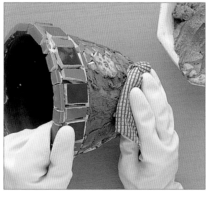

3 把加水的填缝剂和少许水泥染色剂混合。在马赛克的缝隙里涂抹填缝剂，使表面完全晾干。

4 用指甲刷刷去多余的填缝剂，放置 48h 以上彻底晾干，然后用干软布抛光。

在繁忙的家务劳动中，很容易遗失或乱放个人的信件，这个设计简单的信架就可以解决这个问题。

心形信架

Love Letter Rack

需要准备

- ✂ 3mm 和 1.5cm 厚的 MDF 板或胶合板
- ✂ 铅笔
- ✂ 线锯（刀锯）
- ✂ PVA 胶（白色）
- ✂ 画笔
- ✂ 木器胶
- ✂ 镶板钉（曲头钉）
- ✂ 钉锤
- ✂ 仿玻璃镶嵌片
- ✂ 瓷片钳
- ✂ 白色纤维填缝剂
- ✂ 填缝剂涂抹器或软刀
- ✂ 海绵
- ✂ 砂纸
- ✂ 红色丙烯颜料

1 在 MDF 板或胶合板上画出信架的构件图，用线锯切割。在板子表面涂上稀释的 PVA 胶。晾干后，在板上画上图案。用木器胶把板子粘成信架并用镶板钉固定，放置一夜晾干。

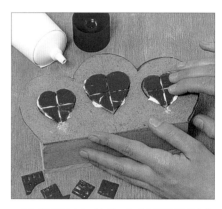

2 选择红色的仿玻璃镶嵌片拼出心形图案。用瓷片钳把镶嵌片做成所需的大小，用白色纤维填缝剂把它们粘在心形图案上。

3 选择其他颜色的镶嵌片贴在心形的周围。修剪镶嵌片，使其边缘不要超过信架的边缘。粘好后，放置一夜晾干。

4 用填缝剂涂抹器或软刀把填缝剂涂在马赛克拼图上，用手指把填缝剂压进每个缝隙里。用湿海绵擦去多余的填缝剂，晾干。

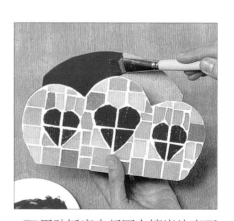

5 用砂纸磨去凝固在镶嵌片表面的填缝剂，并打磨马赛克拼图的边缘。用红色丙烯颜料给信架的其他部分上色，晾干。

这个花盆既美观又实用，马赛克的颜色和图案可以映衬其中花朵的颜色，小镜片则具有反光效果。

半贴片花盆
Part-tiled Flowerpot

需要准备
- 上釉的高温烧制的陶罐
- 粉笔或蜡笔
- 精选瓷器
- 瓷片钳
- 瓷片黏合剂
- 软刀
- 瓷片填缝剂
- 水泥染色剂
- 指甲刷
- 软布

1 用粉笔或蜡笔在陶罐上画一个简单的图案。用瓷片钳剪一些大小合适的瓷片，用瓷片黏合剂粘在陶罐上。先粘线条部分和主图案，这样就可找准其他小镶嵌片的位置。

2 将素色镶嵌片粘在陶罐的其他区域。完成后，放置24h晾干。

3 在填缝剂中添加少许水泥染色剂，用手指把填缝剂抹在马赛克镶嵌片的缝隙里。待表面干后，用指甲刷刷去多余的填缝剂。放置48h彻底晾干，用干软布擦亮。

向日葵马赛克饰品简单易做。如果你有足够的瓷片，不妨选择颜色艳丽的瓷片多做几个向日葵饰板来扮靓外墙。

向日葵饰板

Sunflower Mosaic Plaques

需要准备

✂ 5mm 厚的胶合板
✂ 铅笔
✂ 手锯或钢丝锯
✂ 砂纸
✂ 锥子
✂ 电缆
✂ 丝剪
✂ 遮蔽胶带
✂ PVA 胶（白色）
✂ 画笔
✂ 白色底漆
✂ 瓷器碎片
✂ 镜子碎片
✂ 瓷片钳
✂ 瓷片黏合剂
✂ 瓷片填缝剂
✂ 水泥染色剂
✂ 指甲刷
✂ 软布

1 在胶合板上画出向日葵的图案，用锯锯下来，打磨粗糙的边缘。用锥子钻两个孔，取一截电缆，穿在孔里，做成一个挂环。向日葵板背面涂上白色底漆，正面涂上稀释的 PVA 胶。

2 用瓷片钳把瓷器碎片和镜子碎片剪成不规则的镶嵌片，用瓷片黏合剂把镶嵌片粘在胶合板上。涂黏合剂时，应在边缘部位多涂一些，这样可以使镶嵌片更加牢固。放置一夜彻底晾干。

3 在填缝剂中添加少许水泥染色剂，用手指把填缝剂抹在马赛克镶嵌片的缝隙里。晾 5min 后，用指甲刷刷去多余的填缝剂。放置 5min，用干软布擦亮。放置一夜晾干。

马赛克的多样性使得成品看起来像一条涓涓流淌的小溪。这件作品很容易完成，并不需要使用填缝剂。

水样石搁板
Watery Slate Shelf

需要准备
- ✂ 2cm 厚的胶合板
- ✂ 锯
- ✂ 锥子
- ✂ PVA 胶（白色）
- ✂ 刷子
- ✂ 锤子
- ✂ 石板
- ✂ 粗麻布（厚布）
- ✂ 瓷片黏合剂
- ✂ 黑色水泥染色剂
- ✂ 卵石
- ✂ 软刀
- ✂ 蓝色、灰色和白色玻璃球
- ✂ 银色玻璃
- ✂ 瓷片钳

1 用锯裁一块合适大小的胶合板。用锥子凿出一些浅痕，用PVA胶填平这些浅痕。

2 用锤子把石板砸成大块。为了避免受伤，最好把石板包在粗麻布里再砸。

3 在瓷片黏合剂里加入半勺黑色水泥染色剂，加水调成膏状。

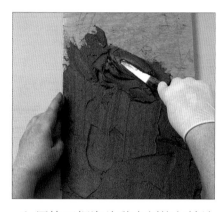

4 用软刀把瓷片黏合剂均匀地涂在胶合板上，涂得厚一些，抹平边缘。

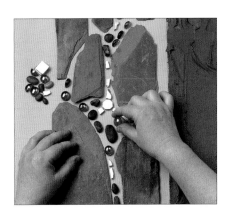

5 按照设计先在一旁摆出石板、卵石、玻璃球和银色玻璃，将位置调整到满意为止。

6 按照摆好的位置，把石板和镶嵌片粘在胶合板上。修剪石板的边缘，使它和胶合板齐平。放置一夜晾干。

因为马赛克防水又易于清洗，所以很适合用来装饰厨房或浴室。这个简单的设计用到了两种颜色的瓷片，将其交错摆放便产生了棋盘格的效果。

方格防溅板
Splashback Squares

需要准备

✂ 12mm 厚的胶合板(切割成与盆子或水槽上沿相匹配、深度为水槽深度一半的形状)

✂ PVA 胶(白色)

✂ 刷子

✂ 锥子

✂ 软芯黑色铅笔

✂ 两种颜色对比强烈的家用薄瓷砖

✂ 瓷片钳

✂ 软刀

✂ 瓷片黏合剂

✂ 湿海绵

✂ 填缝剂涂抹器或布垫

✂ 砂纸

✂ 游艇清漆

✂ 4 个凸型镜钉

✂ 螺丝刀

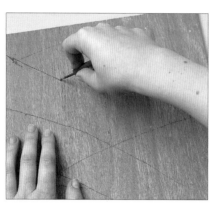

1 在胶合板的两面都涂上 PVA 胶。晾干后，用锥子凿出浅痕以便粘贴瓷片。

2 把板子分成八个方格，在每个格子里都画一些简单的图案。

3 在板子的四个角分别钻一个孔，以便把板子固定在墙上。

4 用瓷片钳把瓷砖剪成不规则的形状。用 PVA 胶按照设计图样把剪好的瓷片粘在板子上面。粘贴瓷片时要避免粘住钉孔。在胶干透前，用湿海绵擦去多余的胶。放置一夜彻底晾干。

5 用填缝剂涂抹器或布垫在板子上涂一些瓷片黏合剂，用手指抹平边缘。擦去多余的黏合剂，钻开可能被封住的钉孔。晾置一夜。

6 轻轻地打磨掉附着在马赛克表面的残余黏合剂。给板子背面上游艇清漆以便防水，放置1~2h晾干。用凸型镜钉把板子的四角都固定在墙上。

用这个色彩丰富的原创饰板让你的浴室焕然一新吧。簇拥的珠子给马赛克饰品增添了原创性，也是制作精致图案的完美材料。

鱼儿防溅板
Fish Splashback

需要准备

- ✂ 铅笔
- ✂ 纸
- ✂ 与防溅板匹配的胶合板
- ✂ 复写纸
- ✂ 多种颜色的仿玻璃镶嵌片
- ✂ 木器胶
- ✂ 内填剂
- ✂ 调和容器
- ✂ 汤匙
- ✂ 多种色彩的丙烯颜料
- ✂ 各种珠子：绿色管状珠、绿色和橙色方形磨砂珠、大圆珠和杂色珠
- ✂ 瓷片钳
- ✂ 瓷片填缝剂
- ✂ 布

1 先在纸上画一个草图，图案的线条要简洁大胆。用铅笔和复写纸把图案描在胶合板上。

2 先制作马赛克边。交错摆放仿玻璃镶嵌片，把木器胶涂在板子边上，一次粘一小块区域，小心地把镶嵌片粘在板子上。

3 根据使用说明调好内填剂，再加入一点绿色丙烯颜料。

4 在海草图案上涂厚厚的绿色内填剂，然后小心地把绿色管状珠压在内填剂上。用绿色内填剂和绿色方形磨砂珠填充鱼鳍部分。注意不要把珠子的孔露出来。

5 调好内填剂，加入一点橙色丙烯颜料。在海星图案上涂厚厚的橙色内填剂，然后小心地把橙色方形磨砂珠压在内填剂上，用同色系深色的珠子作为阴影。

6 用木器胶把一颗大珠子粘在鱼眼的位置。调制一些白色内填剂，在鱼身上大约5cm见方的区域厚厚地涂上一层，这次用杂色珠压在上面。重复这个过程，直到珠子布满鱼的全身。

7 粘一些大圆珠作为气泡。用剪成1cm见方的镶嵌片制作背景和饰板底部的石头。

8 用木器胶交错地粘贴背景镶嵌片，修剪边缘以完成曲线部分。按照使用说明混合好填缝剂，涂抹缝隙和珠子的边缘。用湿布擦去多余的填缝剂，晾干。

立板或壁脚板是一种简单又特别的马赛克装饰，制作时可以使用重复的图案（如这个雏菊台阶立板）、系列图案，也可交替使用两种图案。

雏菊台阶立板
Daisy Step Riser

需要准备

- 与房间匹配的立板
- 砂纸
- PVA 胶（白色）
- 刷子
- 黑色铅笔
- 直尺
- 粗麻布（厚布）
- 各种大理石瓷片
- 锤子
- 瓷片黏合剂
- 软刀
- 海绵
- 软布

1 用粗砂纸打磨立板表面使其变得粗糙，涂上稀释的 PVA 胶，晾干。

2 把立板分成大小均匀的几个部分。用黑色铅笔在每部分上画一个简单的图案，这里用的是雏菊图案。

3 用锤子把瓷片敲成小块，操作时最好将瓷片包在粗麻布里。

4 每次用软刀把瓷片黏合剂涂在一小块图案上，选择合适的镶嵌片粘贴图案。用锤子把大瓷片敲成小块时，小块瓷片边缘通常都很粗糙。图案贴完后，用海绵擦去多余的黏合剂，晾置一夜。

5 用锤子敲出背景用的镶嵌片。
每次用软刀把瓷片黏合剂涂在
一小块板子上，把背景镶嵌片粘在
上面。注意不要使镶嵌片超出立板
的边缘。放置24h晾干。

6 在马赛克表面撒一些瓷片黏合
剂，填满马赛克的缝隙。用软
刀将黏合剂涂到马赛克的边缘，
用湿海绵擦去多余的黏合剂，晾
置一夜。

7 用砂纸磨去凝固在马赛克表面
的黏合剂，然后用干软布擦拭
马赛克表面。把马赛克立板放好。

这个马赛克珠宝盒是受了中美洲阿兹特克人和玛雅人的珠宝（由绿松石、珊瑚和玉制作而成）的启发而制作的。

阿兹特克珠宝盒
Aztec Box

需要准备

- ✂ 带铰链盖子的木盒
- ✂ 记号笔或黑色铅笔
- ✂ PVA 胶（白色）
- ✂ 胶刷
- ✂ 带金色和银色树叶图案的玻璃块
- ✂ 遮蔽胶带
- ✂ 细头画笔
- ✂ 仿玻璃镶嵌片
- ✂ 瓷片钳
- ✂ 沙子
- ✂ 水泥
- ✂ 调和容器
- ✂ 黑色水泥染色剂
- ✂ 海绵
- ✂ 软布
- ✂ 塑料袋

1 用记号笔或黑色铅笔在木盒上画出图案。这里设计的图案是一种凶猛的动物，猛兽的嘴和牙齿要做在盒子的开口处。

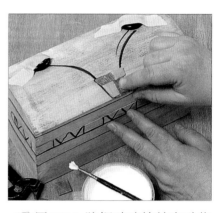

2 用 PVA 胶把玻璃块粘在动物眼睛的位置，然后用遮蔽胶带把眼睛粘住，晾干。把仿玻璃镶嵌片剪成小片，贴在嘴唇和鼻子的位置，使用赤色和粉色片贴嘴唇。

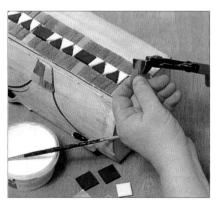

3 把黑色和白色镶嵌片剪成三角形，交错粘在牙齿的位置。

4 用不同颜色和形状的镶嵌片装饰眼窝和鼻梁部分。盒子背后的合页处留 1cm 宽的空隙，可以方便打开盒子。晾干，用同样的方法贴好其他部分。

5 取三份沙子和一份水泥混合，加入一些黑色水泥染色剂，加水调至适宜的稠度。把水泥抹在马赛克表面。用湿海绵轻轻地擦去多余的水泥，并用干布擦亮。覆上塑料袋，放置晾干。

这个设计制作简单，还能为木质托盘增添迷人的色彩。采用这种半间接的马赛克铺贴法是为了使马赛克表面更加平整。

乡间小舍托盘
Country Cottage Tray

需要准备

- ✂ 剪刀
- ✂ 牛皮纸
- ✂ 木托盘
- ✂ 铅笔
- ✂ 描图纸（非必需）
- ✂ 瓷片钳
- ✂ 仿玻璃镶嵌片
- ✂ 水溶胶
- ✂ 石油溶剂油（颜料稀释剂）
- ✂ PVA胶（白色）
- ✂ 调和容器
- ✂ 旧毛刷
- ✂ 打眼钻、锥子（带凿边）或其他锋利的工具
- ✂ 遮蔽胶带
- ✂ 水泥基瓷片黏合剂
- ✂ 带锯齿的涂抹器
- ✂ 海绵
- ✂ 软布

1 裁一张和托盘底一样大小的牛皮纸，在上面用铅笔画一个简单的图案或描下书后的图案。设计好图案的颜色，用瓷片钳剪出所需的镶嵌片。

2 先在纸上摆好图案，满意后再用水溶胶把镶嵌片正面向下粘在纸上。铺贴时注意不要把还未完成的铅笔草图弄花。随时修整镶嵌片的大小。

3 用石油溶剂油擦去托盘底上的漆。涂上PVA胶，晾干。然后用锋利的工具（如打眼钻或锥子）凿出划痕。贴上遮蔽胶带保护托盘的四周。

4 按使用说明混合瓷片黏合剂。用带锯齿的涂抹器均匀地涂满托盘底部，四角也要涂好。

5 把马赛克图案放在托盘底部，纸面朝上，压平，放置30min。然后用湿海绵打湿纸，揭掉。放置一夜晾干黏合剂。

6 一些位置可能还需要再填一些黏合剂，填好后晾干。用海绵擦去马赛克表面多余的黏合剂。揭去托盘底四周的遮蔽胶带，用软布擦亮马赛克表面。

这种特别的设计可用来装饰镜子，也可用来装饰照片和画作。这里只用到了两种颜色的马赛克，而填缝剂则充当了第三种元素。

波形曲线画框
Squiggle Frame

需要准备
- ✂ 9mm 厚的胶合板
- ✂ 线锯（刀锯）
- ✂ PVA 胶（白色）
- ✂ 刷子
- ✂ 光面家用瓷片：6 片蓝色，10 片黑色
- ✂ 厨用抹布
- ✂ 锤子
- ✂ 铅笔
- ✂ 描图纸
- ✂ 卷尺
- ✂ 复写纸
- ✂ 粗记号笔
- ✂ 瓷片黏合剂
- ✂ 混合剂
- ✂ 瓷片填缝剂
- ✂ 橡胶涂抹器
- ✂ 海绵
- ✂ 软布
- ✂ 镜子

1 用线锯裁一块 50cm×70cm 的胶合板。用刷子把稀释的 PVA 胶刷在板子上。放置 24h 晾干。

2 用厨用抹布包裹两块蓝色瓷片，用锤子反复敲击，直到瓷片碎成小块。用同样的方法制作黑色镶嵌片，黑色和蓝色镶嵌片分开放置。

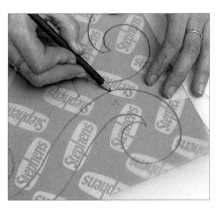

3 先在和胶合板大小相同的描图纸上画一个 39cm×60cm 的矩形，在矩形外面画上涡卷纹，用复写纸把图案印在胶合板上。

4 在瓷片黏合剂中加入混合剂，在一小块涡卷纹上涂 3mm 厚的黏合剂，擦去多余的部分。从涡卷纹的边缘开始粘贴蓝色镶嵌片，其他部分粘上黑色镶嵌片。放置 24h 晾干。

5 用橡胶涂抹器将瓷片填缝剂涂在马赛克上，填平所有缝隙。用湿海绵擦去多余的填缝剂。放置 1h 晾干，用干软布擦亮，并除去多余的填缝剂。把镜子粘在正中间。

制作这个造型逼真的马赛克饰品的关键，就是选择大小合适的镶嵌片，并能在铺贴时不留缝隙。

宇宙挂钟
Cosmic Clock

需要准备

- ✂ 直径 40cm 的模板
- ✂ 130cm 长、比模板厚 5mm 的胶合板
- ✂ 锤子
- ✂ 平头钉
- ✂ 黑色颜料
- ✂ 画笔
- ✂ 牛皮纸
- ✂ 剪刀
- ✂ 钻
- ✂ 碳素笔或黑色记号笔
- ✂ 仿玻璃马赛克
- ✂ PVA 胶（白色）和刷子
- ✂ 瓷片钳
- ✂ 瓷片黏合剂
- ✂ 混合剂
- ✂ 填缝剂涂抹器
- ✂ 平面木板
- ✂ 海绵
- ✂ 美工刀
- ✂ 软布
- ✂ 双面胶
- ✂ 钟表机芯和表针
- ✂ 挂钩

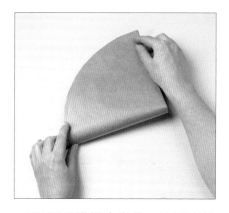

1 沿圆形模板边缘裁一块圆形的胶合板，修整板子边缘。将边缘涂黑，晾干。裁一块和板子一样大小的牛皮纸，两次对折，确定圆心，在圆心留孔。

2 把牛皮纸和板子对齐，依照纸上孔的位置在板上钻孔，孔的大小要适合放置机械表的指针轴。

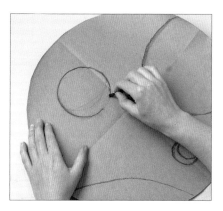

3 使用记号笔或碳素笔在牛皮纸上画上宇宙图案（碳素笔容易改正）。

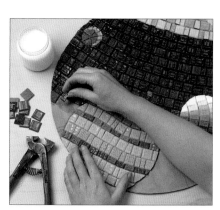

4 用瓷片钳把马赛克剪成镶嵌片。用 PVA 胶把镶嵌片按图案正面向下贴在牛皮纸上。将镶嵌片尽可能地拼紧，中间不要留缝。为了与弧线拼齐，需要不断修剪镶嵌片。

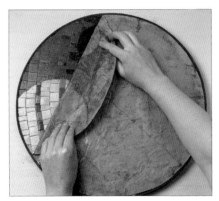

5 按使用说明混合好瓷片黏合剂。用细齿涂抹器将黏合剂涂满整个圆板。将马赛克面朝下压在圆板上。

6 用平面木板刮平纸面，轻轻地打圈刮平。放置20min，打湿纸面，揭去纸。用美工刀刮去挤出的黏合剂。放置2h晾干。

7 用海绵小心地擦去马赛克表面多余的黏合剂，然后用干软布擦亮。用双面胶把钟表的机械装置粘在板子背面，装上针轴和表针。在板后粘一个挂钩，挂在墙上。

制作这个挂板时，镶嵌片要紧密铺贴，无需使用填缝剂，制成的彩色抽象画挂板散发着迷人耀眼的光彩。

彩色抽象画挂板
Abstract Colour Panel

需要准备

✂ 各色仿玻璃马赛克
✂ 与马赛克颜色匹配的彩色铅笔
✂ 纸
✂ 描图纸
✂ 瓷片钳
✂ 50cm×50cm 的带边框 MDF 板
✂ 各色记号笔
✂ 木材着色剂
✂ 刷子
✂ PVA 胶（白色）
✂ 软布

1 使用和马赛克颜色相同的彩色铅笔勾勒草图。画出方格后，用不同的颜色给方格上色。

2 给草图填色，观察挂板的粗略效果。用瓷片钳将与所选颜色一致的马赛克剪成合适的大小。

3 照着画好的彩图，用记号笔在 MDF 板上画出图案。在粘马赛克前先给 MDF 板边上色。

4 在 MDF 板上涂上 PVA 胶，按照图案粘贴马赛克镶嵌片。PVA 胶要涂得厚一点，否则镶嵌片会脱落；但也不要涂得太厚，以免胶被挤出粘在马赛克的表面。先拼方格框。

5 再逐步粘贴其他部分。随时擦去多余的胶，完成时用布擦拭马赛克表面，擦去残留的胶。最后用干软布擦亮。

这张由瓷器碎片拼成的桌子非常吸引人，它设计简单、色调明快，是一件可以放在花园里的漂亮家具。

花园桌

Garden Table

需要准备

- ✂ 至少 122cm 见方、2.5cm 厚的胶合板
- ✂ 绳子
- ✂ 图钉
- ✂ 铅笔
- ✂ 线锯（刀锯）
- ✂ 木器底漆
- ✂ 刷子
- ✂ 瓷器碎片
- ✂ 瓷片钳
- ✂ 瓷片黏合剂
- ✂ 调和容器
- ✂ 软刀
- ✂ 瓷片填缝剂
- ✂ 填缝剂颜料（非必需）
- ✂ 可水洗刷子（厨用抹布）

1 取一段 60cm 长的绳子，一端拴一颗图钉，一端拴住铅笔。把图钉钉在胶合板的中心，制成简易圆规，画出一个圆形。用线锯裁出圆板作为桌面，然后通过调整细绳的长短画出不同大小的圆圈，在圆板上画出草图。

2 用木器底漆涂抹圆板的两面和边缘，底漆要涂得厚而均匀，晾干后再涂一层。进行下一步前，要按使用说明彻底晾干底漆。

3 把瓷器碎片剪成所需的大小，把它们摆在圆板上。

4 按使用说明混合好瓷片黏合剂，用软刀将其涂抹在每块瓷器碎片的背面，把瓷器碎片按照图案贴好，贴完整个桌面。

5 用合适的颜料混合填缝剂，将其涂抹在马赛克表面，填平所有缝隙，擦去多余的填缝剂。

这个奇特的花坛上勾勒出了拜占庭风格的现代人像。用马赛克制作时，采用简单漫画式人像比写实人像效果更好。

花园花坛

Garden Urn

需要准备

✂ 大型耐磨坛
✂ 游艇清漆
✂ 刷子
✂ 粉笔
✂ 仿玻璃镶嵌片
✂ 瓷片钳
✂ 水泥基瓷片黏合剂
✂ 调和容器
✂ 软刀
✂ 海绵
✂ 砂纸
✂ 稀盐酸（非必需）

1 用游艇清漆涂抹坛子内壁，晾干。将坛壁分成四等份，用粉笔画出四幅不同的人像。绘画时要使用简单的线条，突出人像的面部特征。

2 用深色镶嵌片来粘贴人像轮廓和细部（如嘴唇、眼睛）。用水泥基瓷片黏合剂粘贴镶嵌片。选择颜色合适的镶嵌片来粘贴人像的其他部位和阴影部分。

3 每次只粘贴一小部分，将水泥基瓷片黏合剂抹到人像面部，再把镶嵌片按到黏合剂上。阴影部分用深色镶嵌片，高亮部分用颜色浅一些的镶嵌片。

4 选择粘贴背景的镶嵌片，先摆在一旁，观察颜色是否搭配。这里用到的是白色镶嵌片和各种色调的蓝色、浅绿色镶嵌片。用瓷片钳把镶嵌片剪成合适的大小。

5 每次只粘贴一小部分，先涂上黏合剂，再把镶嵌片压在上面。注意，要无序粘贴各种颜色的镶嵌片。贴完后，放置24h晾干。

6　再混合一些黏合剂，涂在马赛克表面。要确保填满所有的缝隙，尤其是花坛要放在户外的时候。用海绵擦去多余的黏合剂，放置24h晾干。

7　用砂纸磨去粘在马赛克表面的干水泥。如果水泥不易弄掉的话，可以用稀盐酸洗去，操作时要戴上防护面罩，穿上防护服。用大量的水冲去残余的盐酸，晾干。

8　在坛口和内壁口再涂一些黏合剂，这样会使花坛的整体风格更加统一。

海胆生活在海边的岩石缝里，它们简单美妙的线条可以给你的花园增加一丝海洋气息。它们有不同的颜色，包括蓝色。

海胆花园椅
Sea Urchin Garden Seat

需要准备
- ✂ 4 整块和 1 小块焦渣石
- ✂ 沙子
- ✂ 水泥
- ✂ 锤子
- ✂ 凿子
- ✂ 木炭
- ✂ 仿玻璃马赛克
- ✂ 瓷片黏合剂
- ✂ 黑色水泥染色剂
- ✂ 带锯齿的抹刀
- ✂ 瓷片钳
- ✂ 石板
- ✂ 粗麻布（厚布）
- ✂ 玻璃饰物、银色玻璃圈、石头

1 取三份沙子和一份水泥加水混合。用砂浆把焦渣石粘成两个 L 形，把两个 L 形对粘起来，把小块焦渣石夹在中间。

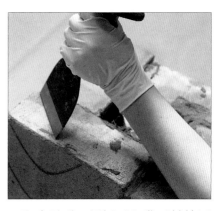

2 晾干后，用锤子和凿子敲掉四角，继续把石块修整成平顶的圆形。

3 用木炭画一条弧线代表圆形的海胆，再从圆顶中心画一些向外辐射的线。粘贴前先把马赛克摆上看看是否合适。这里选用仿玻璃马赛克，因为它适合在户外使用。用瓷片钳将其剪成所需的镶嵌片。

4 在瓷片黏合剂中加入一些黑色水泥染色剂，刷在石块上，不要超过 5mm 厚。把镶嵌片贴在石块上，边贴边用瓷片钳适当修剪。但是也不要过分修剪，否则会造成镶嵌片脱落。用粗麻布包好石板，再用锤子敲碎。

5 石片锋利的边缘必须磨掉。用深色的镶嵌片贴出海胆的边缘。把石片粘在方形的石块基座上，用瓷片钳敲击，使石片粘得更牢固。

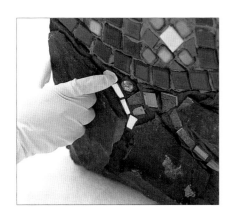

6 在石片之间的缝隙中粘上玻璃珠，银色玻璃圈，蓝、白镶嵌片和石子，形成水波纹。彻底晾干。将沙子、水泥、黑色水泥染色剂和水混合，给马赛克椅子填缝。晾干。为了固定座椅，在地上挖一个可以放下两块焦渣石的浅坑，把椅子放进去。

这种传统的设计在古罗马的马赛克饰品中经常见到，可用来为金属支腿制作一个相称的马赛克桌面。无釉砖比釉砖更容易剪切和塑形。

星星小桌
Star Table

需要准备

- ✂ 2cm 厚的胶合板
- ✂ 绳子
- ✂ 图钉
- ✂ 铅笔
- ✂ 线锯（刀锯）
- ✂ 砂纸
- ✂ PVA 胶（白色）
- ✂ 刷子
- ✂ 打眼钻或锥子
- ✂ 圆规
- ✂ 直尺
- ✂ 黑色记号笔（非必需）
- ✂ 瓷片钳
- ✂ 白色、米色、黑色以及深浅不同的两种沙色的无釉马赛克瓷片
- ✂ 瓷片黏合剂
- ✂ 填缝剂涂抹器
- ✂ 海绵
- ✂ 软布

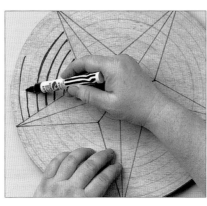

1 按照第 476 页的步骤制作一个圆形胶合板桌面，一面涂上稀释的 PVA 胶，晾干。用锥子划一些浅痕。用圆规画出间隔为 12mm 的同心圆，再在中心画一个星形。如果需要，用记号笔描绘图案。

2 用瓷片钳把白色瓷片剪成整齐的小方块。如图所示，用 PVA 胶把白色瓷片交错地粘在星形上。粘的时候，注意不要让瓷片超出星形的边线，可对瓷片做适当的修剪。

3 用瓷片钳把米色瓷片剪成整齐的小块，按照第 2 步的方法完成星形的铺贴。

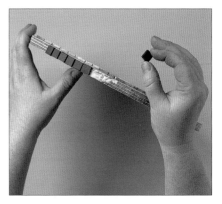

4 把黑色瓷片剪成整齐的小方块，铺贴在圆板的边缘。彻底晾干。

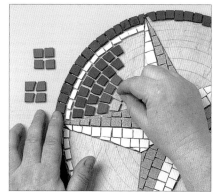

5 在圆板面的最外圈贴上黑色瓷片。把白色瓷片再剪小一半，紧贴着黑色瓷片再铺一圈，瓷片间的缝隙要尽量小。把沙色瓷片剪成小方块。

6 按照所画的线，在圆板的其他部分铺贴上不同颜色的瓷片。在粘之前，要先摆一下看是否合适。粘好后，放置一夜晾干。用瓷片黏合剂填缝，然后用湿海绵擦去多余的黏合剂。晾干后，用砂纸磨去残余的黏合剂，用干软布擦亮。

这个特别的蜻蜓饰板是用胶合板和瓷片制成的。可以用不同的昆虫图形来设计作品。饰板可作为很好的花棚装饰品。

蜻蜓饰板
Dragonfly Plaque

需要准备

- 描图纸
- 铅笔
- 50cm 见方、5mm 厚的胶合板
- 线锯（刀锯）
- 打眼钻或锥子
- PVA 胶（白色）
- 画笔
- 丙烯酸底漆
- 砂纸
- 深绿色丙烯颜料
- 电缆
- 丝剪
- 各种瓷器
- 瓷片钳
- 瓷片黏合剂
- 彩色瓷片填缝剂
- 刷子
- 布

1 放大书后的图样，转印在胶合板上。把蜻蜓图形胶合板切割好，在蜻蜓身体顶部钻两个悬挂孔。在板子背面涂上丙烯酸底漆，在正面涂上稀释的 PVA 胶。晾干后，打磨，给背面涂上深绿色丙烯颜料。剥开电缆，截一段金属丝，穿在两个孔里，拧紧。

2 用瓷片钳把瓷器剪成大小均匀的镶嵌片，每片都蘸上瓷片黏合剂，然后牢固地铺在蜻蜓板上。放置一夜晾干。

3 在瓷片缝隙中填上填缝剂。放置约 5min，刷去多余的填缝剂。再放置 5min，用软布抛光。

运用一点想象，花一点工夫，你就可以把破旧的椅子变成一件别致、迷人的家具。这里向你展示了将马赛克工艺应用到极致的做法。

铺贴椅
Crazy Paving Chair

需要准备
- 木椅子
- 2cm 厚的胶合板（非必需）
- 线锯（刀锯）（非必需）
- 漆或绝缘漆
- 粗砂纸
- 刷子
- PVA 胶（白色）
- 木器胶
- 水泥基瓷片黏合剂
- 混合剂
- 调和容器
- 软刀
- 铅笔或粉笔
- 精选的瓷器
- 瓷片钳
- 稀盐酸（非必需）
- 软布

1 如果你所选的椅子有软包垫，把软包部分去掉。去掉软包后会留下撑板，可把它作为基底铺贴马赛克。如没有撑板，可裁一块大小合适的胶合板，再铺贴马赛克。

2 剥去椅子上的所有颜料或漆，用粗砂纸把椅子整个打磨一遍，涂上稀释的 PVA 胶封闭木料。

3 晾干后，用木器胶将椅子面黏合好；将水泥基瓷片黏合剂和混合剂混合，涂抹椅子的所有缝隙，这样可以使椅子更加结实牢固。

4 使用粉笔或铅笔在椅面上画出图案。图案要简洁，这样容易识别。

5 选择与图案匹配的彩色瓷器，打碎后，用瓷片钳把瓷片剪成合适的大小。

6 将水泥基瓷片黏合剂涂在有图案的地方，把瓷片牢牢地压在上面。

7 选择合适的瓷片铺贴椅子的其他部分。若没有那么多图案相同的瓷器铺贴整个椅子，那么选择两到三种类似的瓷器也可以。

8 把瓷器剪成不规则的瓷片，每次只铺贴一小部分。完成椅子的一个构件后，换另一种瓷片贴另一个构件。

9 把瓷器剪成小细条，铺贴椅子的边条。贴完后，至少要放置24h彻底晾干。

10 将一些瓷片黏合剂和混合剂混合，用软刀把混合好的黏合剂填满所有瓷片间的缝隙，用手指把黏合剂压平。每次填一小部分，一边填一边擦去多余的黏合剂。放置一夜晾干。

11 打磨掉多余的水泥，这可能需要多花一些工夫。也可以使用稀盐酸除去水泥，但要穿上防护服，在户外或通风较好的地方操作。用大量的水洗去残余的盐酸，晾干后，用软布抛光。

用马赛克拼出的传统路径游戏使这个简单的作品充满了吸引力。其背景很容易铺贴，其中蛇形的曲线图案要用色彩强烈的瓷片。

蛇和梯子图案地板

Snakes and Ladders Floor

需要准备

- ✂ 纸
- ✂ 记号笔
- ✂ 卷尺
- ✂ 剪刀
- ✂ 透明膜（塑料薄膜）
- ✂ 玻璃纤维网
- ✂ 各色仿玻璃马赛克和黑色亚光仿玻璃马赛克
- ✂ 瓷片钳
- ✂ PVA胶（白色）
- ✂ 刷子
- ✂ 扫帚
- ✂ 黑色水泥染色剂
- ✂ 瓷片黏合剂
- ✂ 带锯齿的抹刀
- ✂ 沙子
- ✂ 水泥
- ✂ 海绵

1 整个设计由100个大方格组成，因为要在上面玩游戏，所以要做得大一点。量一下需铺贴区域的大小，取25张纸来组成这个铺贴。

2 把纸拼起来，分成100个方格。用粗记号笔在纸上画出图案。

3 用透明膜（防止马赛克和玻璃纤维网粘到纸上）把纸覆盖起来，再覆上一层玻璃纤维网，剪成合适的尺寸。

4 把黑色亚光仿玻璃马赛克剪成两半，铺贴100个方格的边框，用PVA胶把马赛克粘在玻璃纤维网上。数字轮廓用四分之一个的马赛克，蛇的轮廓用四分之一个和半个的马赛克。用亮面彩色马赛克铺贴蛇形和梯子图案。

5 用不同颜色的马赛克铺贴背景。晾置一夜，翻过来，揭去纸和透明膜，彻底晾干。如果有马赛克从玻璃纤维网上掉下来，把它再粘回去。

6 用扫帚清扫铺贴的地板并清洗干净。按使用说明，在瓷片黏合剂中混入黑色水泥染色剂。用抹刀在地板上涂上薄薄的一层。

7 一次铺贴一部分图案，铺贴时允许留缝。将所有马赛克清晰地铺贴到位，操作时要经常参照设计图。把拼好的马赛克铺在地板上，轻轻夯实。彻底晾干。

8 用水、沙子、水泥加黑色水泥染色剂混合，给马赛克地板填缝。用湿海绵擦去多余的填缝剂，晾干。

图样
Templates

这里提供了一些饰品的图案，你可以将其作为图样。复制图样的方法取决于所用的材料，先裁剪一个纸板图样，然后沿其轮廓描绘通常是最好的方式。

描图

如果你没有复印机，那么就要把图样画到纸板上再裁下。

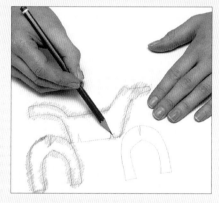

1 把描图纸放在书后给出的图样上，用铅笔或水笔描出来。把描好图样的描图纸翻过来扣在一张纸上，用软芯铅笔沿图样线边缘涂抹。

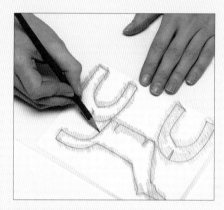

2 把描图纸正面朝上放在一张纸或普通纸板上，用硬芯铅笔沿图样轮廓线用力描绘。

3 拿起描图纸看看图案是否清晰。如不清晰，在剪下图样前再描绘一遍。

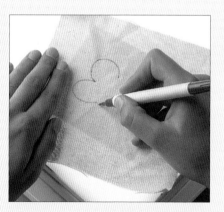

4 使用的材料为布料时，可直接用布料笔描绘图样。先用胶带把图样粘在一个盒子上，然后把布料也固定在上面，这样在你描图的时候，布料就不会挪动了。

放大图样

你所需的图样可能要比给出的图样大。如果有带有放大功能的复印机，那么放大图样就很容易。如果没有，你可以使用坐标纸来放大图样。对于小型的手工制品，有时也需要缩小图样。

1 用描图纸描出图样并用胶带把描图纸粘在坐标纸上（坐标纸上有刻度，可显示图样的尺寸），再在另一张坐标纸上按比例一格一格地画出所需尺寸的图样。

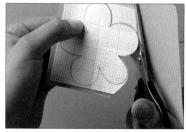

2 把带有图样的坐标纸放在或粘在纸板上，沿图样边缘剪下。

星条图案地垫　22、23页

油毡印制树叶图案　34、35页

墨西哥风情餐具垫　29页

夏凉被被罩　36、37页

海绵转印格子床单　32、33页

遮阳伞　48页

泡沫印染小船图案毛巾　38、39页

带图案的坐垫套　56、57页

绘扇面　49页

描花睡袍　50、51页

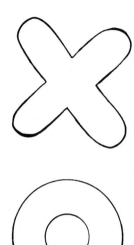

棉布睡袍 78、79 页

罂粟图案 62、63 页

印度风情披肩 60、61 页

彩色玻璃图案的丝绸镶板 64、65 页

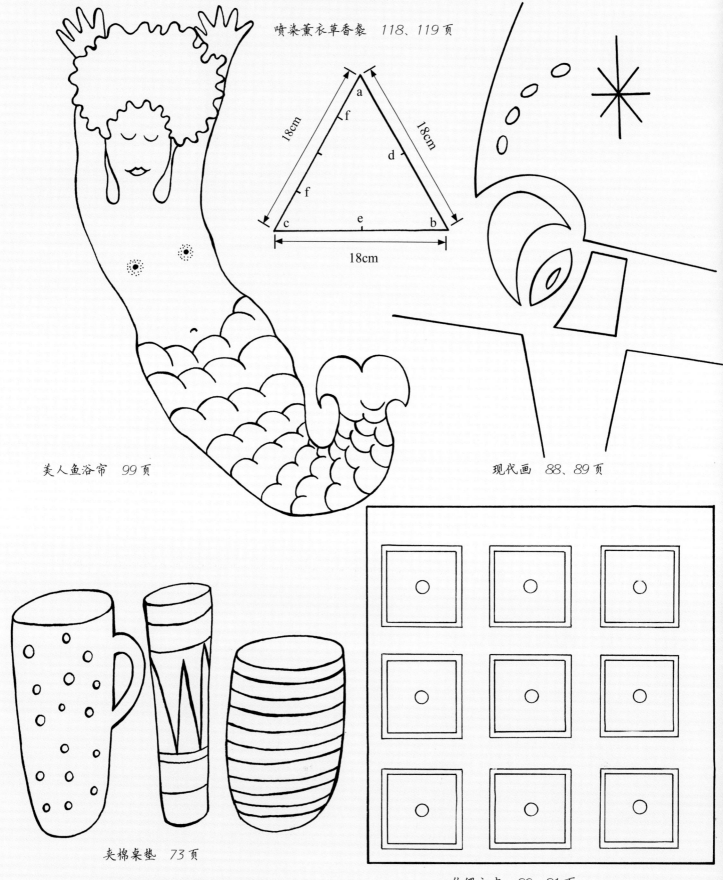

喷染薰衣草香袋　*118、119 页*

18cm

18cm

18cm

a

f

f

d

c　e　b

现代画　*88、89 页*

美人鱼浴帘　*99 页*

夹棉桌垫　*73 页*

丝绸方巾　*80、81 页*

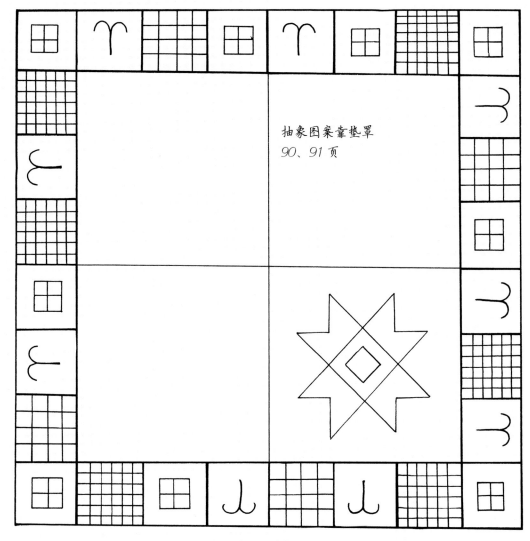

抽象图案靠垫罩
90、91 页

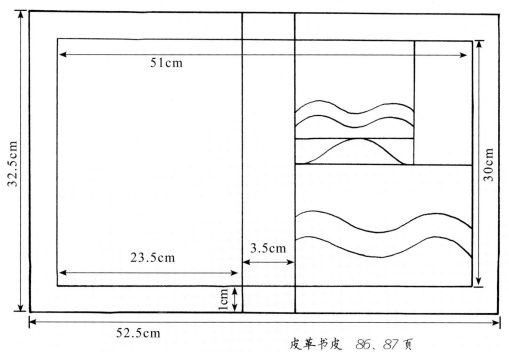

枫叶图案桌布 82、83 页

51cm

32.5cm

30cm

23.5cm

3.5cm

1cm

52.5cm

皮革书皮 86、87 页

条形饰边丝巾 84、85页

茶染热水袋套 104、105页

机织短项链 192、193页

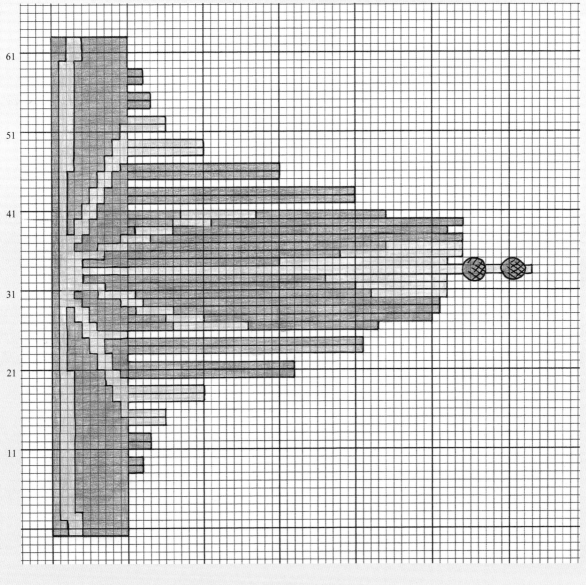

重复第1行
35次
重复第63行
35次

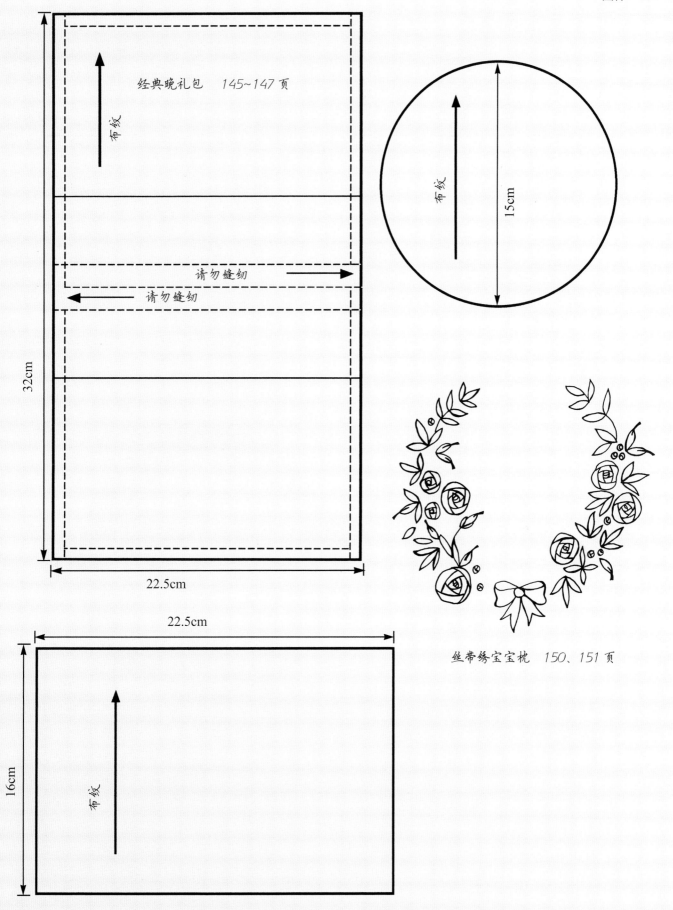

经典晚礼包 *145~147 页*

布纹

请勿缝纫

请勿缝纫

32cm

22.5cm

15cm

布纹

22.5cm

16cm

布纹

丝带绣宝宝枕 *150、151 页*

鸟形领针 212、213 页

花带戒指 216、217 页

鱼儿袖扣 218、219 页

观星者耳环 220、221 页
（这里给出两种图案供你选择）

小猎犬胸针 222、223 页

花朵项坠 224、225 页

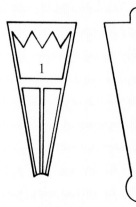

三角形项坠
231 ~ 233 页

盾形耳环 229、230 页

景泰蓝耳环 226、227 页

A B C D E F G H I J K L M
N O P Q R S T U V W X Y Z

字母衣架　242、243 页

字母衣架　242、243 页

书桌饰物　248、249 页

压花贺卡　287 页

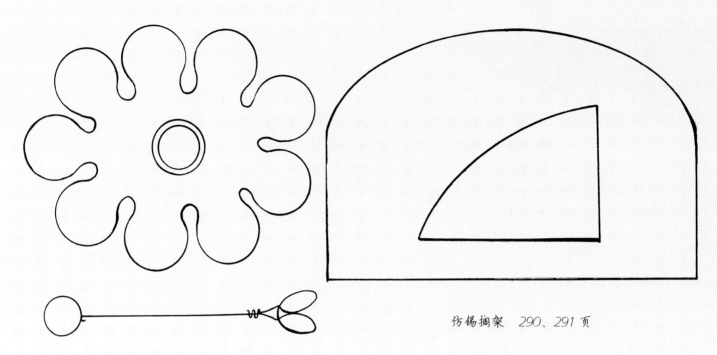

仿锡搁架　290、291 页

花朵蝇拍　244 页

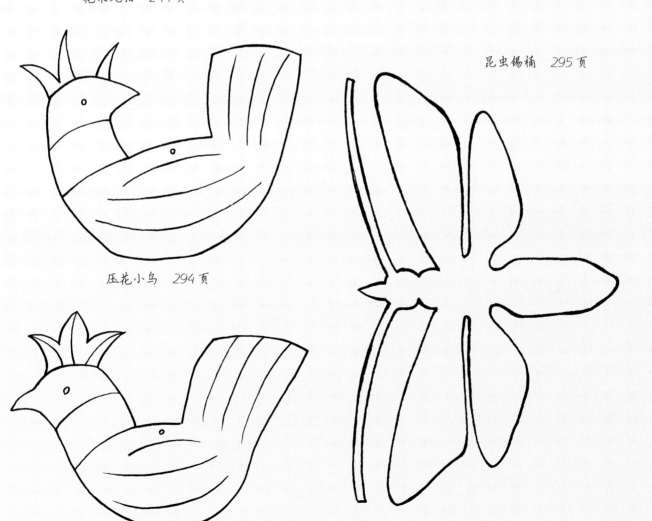

昆虫锡桶　295 页

压花小鸟　294 页

植物花插 297页

啤酒罐烛台 296页

锤花风向标 310、311页

皇家衣钩 312、313页

压花门挡
302、303 页

树冠天使 298、299 页

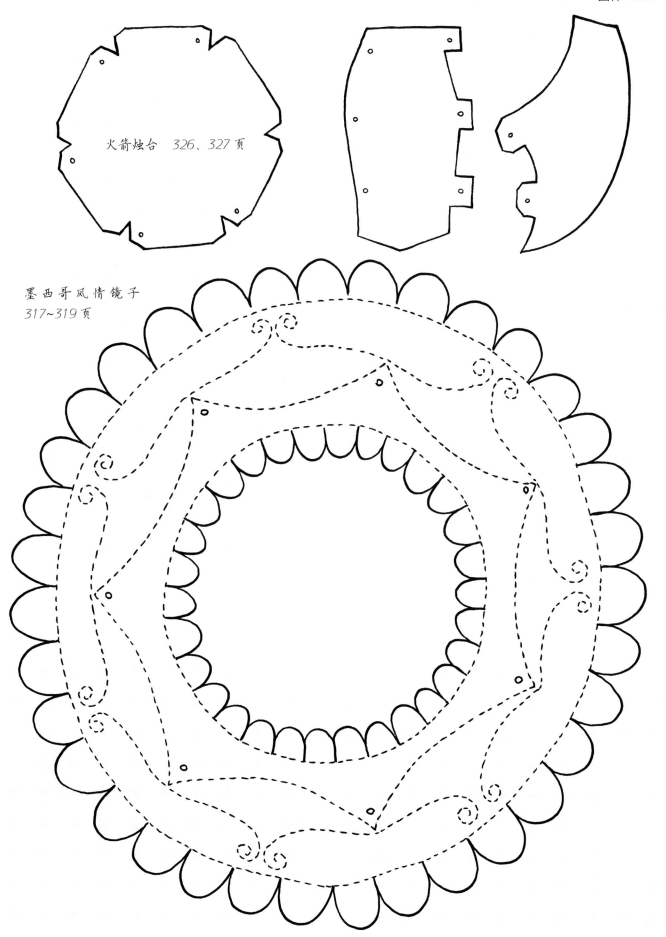

火箭烛台 326、327 页

墨西哥风情镜子
317~319 页

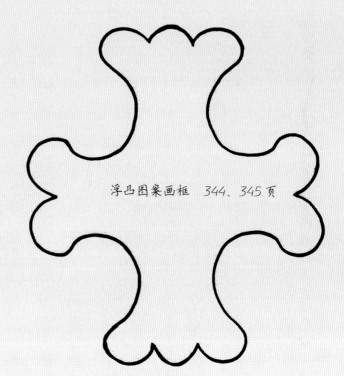

浮凸图案画框　344、345 页

爱神花砖　390、391 页

点画树叶画框　341 页

意大利锡釉瓶花砖　392 页

拜占庭鸟图花砖　393页

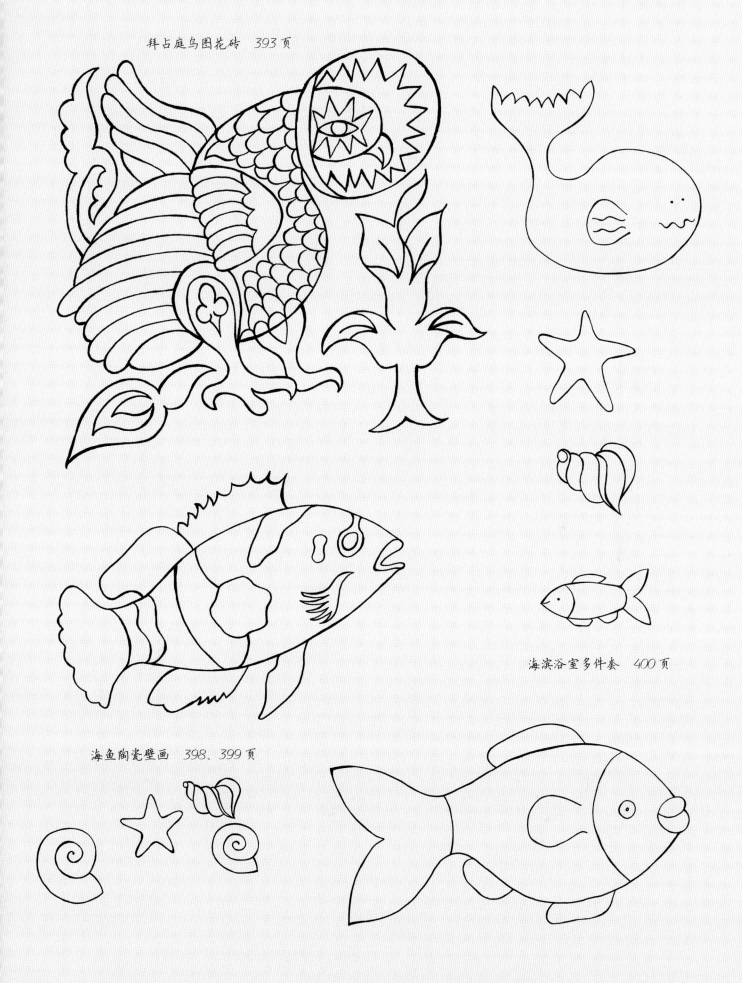

海鱼陶瓷壁画　398、399页

海滨浴室多件套　400页

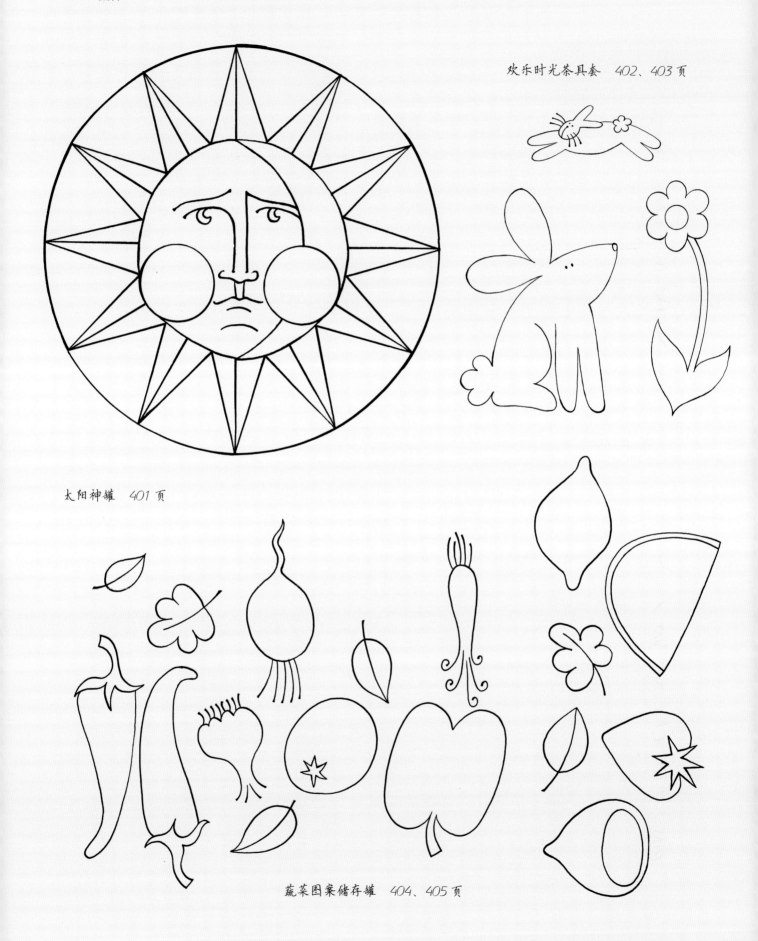

欢乐时光茶具套 402、403页

太阳神罐 401页

蔬菜图案储存罐 404、405页

阳光捕捉器　418、419 页

阿尔罕布拉画框　420 页

法国薰衣草花瓶　428、429 页

波西米亚风格瓶　430、431 页

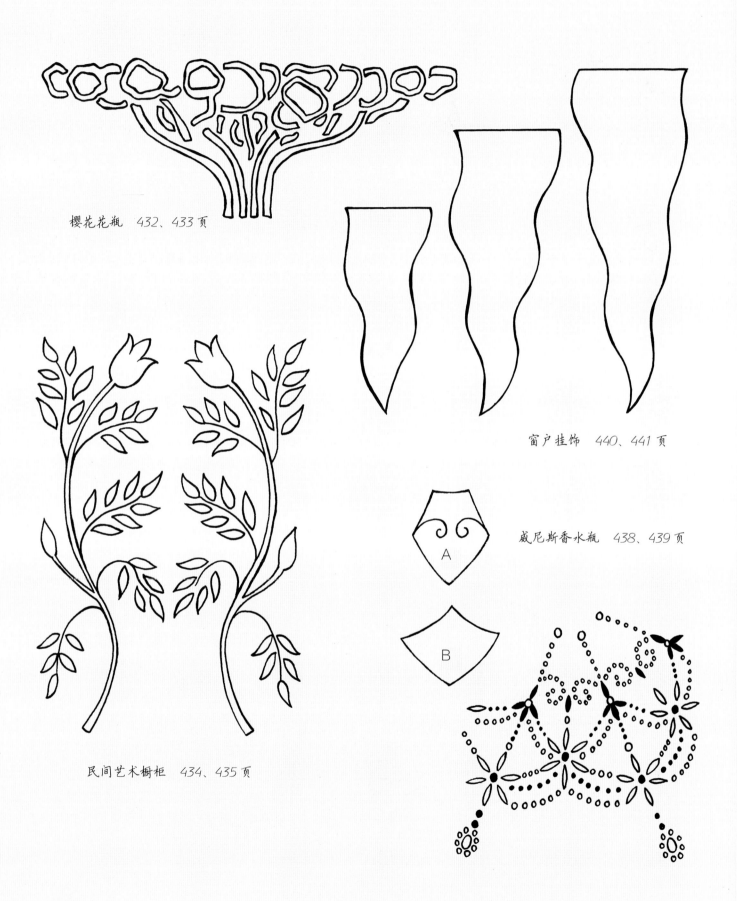

樱花花瓶　432、433 页

窗户挂饰　440、441 页

威尼斯香水瓶　438、439 页

民间艺术橱柜　434、435 页